江川博康
本田龍央 著

弱点克服

# 大学生の複素関数

東京図書

# はしがき

微分積分・線形代数は大学数学の土台をなしますが，理工系の人，数学を必要とする方面へ進もうとしている人にとっては，微分積分・線形代数だけでは十分とは言えません．さらに進んだ数学の知識を身につけなければいけません．本書は，その手助けになることを最大の目標として，「複素変数の関数」の分野について書き上げました．『弱点克服 大学生の微積分』，『弱点克服 大学生の線形代数 改訂版』，『弱点克服 大学生の微分方程式』の姉妹編です．

正則関数・コーシーの積分定理・留数定理など，複素関数に関する重要かつ典型的な内容から，80 項目をとりあげました．レベルは基本から標準です．読みやすく勉強しやすいように，一つの項目を見開きで，左ページが用語および定理・公式などの解説，さらに計算方法・公式の使い方などを説明しました．また，右ページはそれぞれの項目の重要問題の解答および解答へのアプローチとなるポイントを入れました．解答は，さまざまな問題を解く上での土台になるように，きわめてオーソドックスなものを心がけました．さらに，理解の確認をはかれるように，章末に練習問題として類題をつけ，巻末に詳しい解答を載せました．

複素関数は，物理系・工学系ではその道具として必要不可欠の分野ですが，本書がそうした分野を学ぶ方々の絶好の指南書になることを願っています．

最後になりましたが，東京図書編集部のみなさま，特に清水剛氏には執筆の当初より貴重なご意見，温かい励ましのお言葉をいただき，終始お世話になりました．ここに，感謝の意を表します．

2022 年 4 月

江川博康

本田龍央

# 目次

★問題の頁数のあとのマス目は，理解の度合いを記入しておくのにご利用ください．


はしがき …… iii
■このテキストの使用説明書 …… viii
■複素関数のススメ …… ix

*Chapter* **1** 複素数・複素平面と，関連する基本事項 **1**

問題 01 [基本] 複素数 …… 2 □□□
問題 02 [基本] 複素数と代数方程式 (1) …… 4 □□□
問題 03 [基本] 複素数と代数方程式 (2) …… 6 □□□
問題 04 [基本] 複素数と代数方程式 (3) …… 8 □□□
問題 05 [基本] 複素平面（ガウス平面） …… 10 □□□
問題 06 [基本] 複素数と図形 (1) …… 12 □□□
問題 07 [基本] 極形式 …… 14 □□□
問題 08 [基本] 複素数と図形 (2) …… 16 □□□
問題 09 [基本] 複素数と図形 (3) …… 18 □□□
問題 10 [基本] ド・モアブルの定理 …… 20 □□□
問題 11 [基本] $n$ 乗根 …… 22 □□□
問題 12 [基本] 複素数列の極限・無限級数 …… 24 □□□
問題 13 [基本] 開集合・境界・閉集合 …… 26 □□□

*Chapter* **2** 複素関数 **33**

問題 14 [基本] 複素関数 …… 34 □□□
問題 15 [基本] 複素関数の極限，連続関数 …… 36 □□□
問題 16 [基本] 複素指数関数 …… 38 □□□
問題 17 [基本] 複素三角関数 …… 40 □□□
問題 18 [基本] 複素双曲線関数 …… 42 □□□
問題 19 [基本] 写像としての複素関数 (1) …… 44 □□□
問題 20 [基本] 写像としての複素関数 (2) …… 46 □□□
問題 21 [基本] 写像としての複素関数 (3) …… 48 □□□

問題 22 [基本] べき級数 (1) …… 50 □□□
問題 23 [基本] べき級数 (2) …… 52 □□□
問題 24 [基本] べき級数 (3) …… 54 □□□
問題 25 [基本] 複素積分 (1) …… 56 □□□
問題 26 [基本] 複素積分 (2) …… 58 □□□
問題 27 [基本] 複素積分 (3) …… 60 □□□
問題 28 [基本] 対数関数 (1) …… 62 □□□
問題 29 [標準] 関数列・一様収束 (1) …… 64 □□□
コラム ● 指数関数 $e^z$ による像の, 複素平面でのイメージ …… 68

## *Chapter* 3 正則関数 71

問題 30 [基本] 複素微分と正則関数 …… 72 □□□
問題 31 [基本] コーシー=リーマンの関係式 …… 74 □□□
問題 32 [基本] 調和関数 …… 76 □□□
問題 33 [基本] べき級数 (4) …… 78 □□□
問題 34 [基本] コーシーの積分定理 (1) …… 80 □□□
問題 35 [基本] コーシーの積分定理 (2) …… 82 □□□
問題 36 [基本] コーシーの積分定理 (3) …… 84 □□□
問題 37 [基本] コーシーの積分定理 (4) …… 86 □□□
問題 38 [基本] コーシーの積分表示 (1) …… 88 □□□
問題 39 [基本] コーシーの積分表示 (2) …… 90 □□□
問題 40 [基本] テイラー展開・マクローリン展開 …… 92 □□□
問題 41 [基本] コーシーの評価式 …… 94 □□□
問題 42 [標準] 関数列・一様収束 (2) …… 96 □□□
問題 43 [標準] 一致の定理 …… 98 □□□
問題 44 [標準] 最大値の原理 …… 100 □□□
問題 45 [標準] フレネル積分 …… 102 □□□
問題 46 [基本] 対数関数 (2) …… 104 □□□
問題 47 [基本] 対数関数 (3) …… 106 □□□
問題 48 [基本] 対数関数 (4) …… 108 □□□

## *Chapter* 4 有理型関数 113


問題 49 [基本] ローラン展開 (1) …… 114 □□□
問題 50 [基本] ローラン展開 (2) …… 116 □□□
問題 51 [基本] 孤立特異点 (1) …… 118 □□□
問題 52 [基本] 孤立特異点 (2) …… 120 □□□
問題 53 [基本] 無限遠点 …… 122 □□□
問題 54 [基本] 部分分数展開 (1) …… 124 □□□
問題 55 [基本] 一次分数変換 (1) …… 126 □□□
問題 56 [基本] 一次分数変換 (2) …… 128 □□□
問題 57 [基本] 一次分数変換 (3) …… 130 □□□
問題 58 [標準] 部分分数展開 (2) …… 132 □□□
問題 59 [標準] 無限乗積 (1) …… 134 □□□
問題 60 [標準] 無限乗積 (2) …… 136 □□□


## *Chapter* 5 留数定理とその応用 141


問題 61 [基本] 留数定理 (1) …… 142 □□□
問題 62 [基本] 留数定理 (2) …… 144 □□□
問題 63 [基本] 実積分への応用 (1) …… 146 □□□
問題 64 [基本] 実積分への応用 (2) …… 148 □□□
問題 65 [基本] 実積分への応用 (3) …… 150 □□□
問題 66 [基本] 実積分への応用 (4) …… 152 □□□
問題 67 [基本] 実積分への応用 (5) …… 154 □□□
問題 68 [標準] 偏角の原理 (1) …… 156 □□□
問題 69 [標準] 偏角の原理 (2) …… 158 □□□
問題 70 [標準] ラプラス変換 …… 160 □□□
問題 71 [標準] ブロムウィッチ積分 …… 162 □□□

## *Chapter* **6** 発展的な話題 **167**

問題 72 [標準] 解析接続 (1) ········· 168 □□□
問題 73 [標準] 解析接続 (2) ········· 170 □□□
問題 74 [標準] 等角写像 (1) ········· 172 □□□
問題 75 [標準] 等角写像 (2) ········· 174 □□□
問題 76 [標準] 等角写像 (3) ········· 176 □□□
問題 77 [標準] 無理関数のリーマン面 ········· 178 □□□
問題 78 [標準] ガンマ関数 (1) ········· 180 □□□
問題 79 [標準] ガンマ関数 (2) ········· 182 □□□
問題 80 [標準] ポアソン積分 ········· 184 □□□

練習問題解答 **187**

索 引 **210**

■カバー・表紙デザイン 高橋敦

## このテキストの使用説明書

このテキストは，前著『弱点克服 大学生の微積分』『弱点克服 大学生の線形代数 改訂版』，『弱点克服 大学生の微分方程式』と共通して，他の類書にないスタイルをとっている．それは『有限の時間を，いかに活用するか』の具体化ということである．試験の時間が限られた時間であることはいうまでもないが，大学生活の中で数学を勉強する時間もまた，限られた時間でしかない．その限られた時間で，よりレベルの高い複素関数の内容を，数学科はもちろん物理系・工学系などのユーザーが実際の具体的な問題に対応できる実力を養えるように，工夫を凝らしてある．

複素関数を学ぶにあたっては，微積分の分野では 1 変数の微積分法および偏微分法についての基礎知識，すなわち基本から標準的な関数の微分・積分等の計算ができることは前提条件である．さらに，線形代数ではベクトル，行列についての知識も最低限は必要である．

本文はすべて見開き 2 ページである．まず各問題の左ページをじっくり読むことを勧める．重要事項のていねいな解説を置いており，時間がないときでも，とりあえず解説のゴシックやアミの敷かれたところだけを確認することで基本事項が抑えられる．さらに，定理の使い方および問題を解く上での参考となることがらをスペースの許す範囲で取りあげて，理解が深まるようにした．

右ページでは問題の解答を，なるべく詳細に記した．原則的でオーソドックスな解法を心がけ，間違えやすいところは，右の欄に注意事項や解説をつけた．解答へのアプローチとなるポイントも入れた．

章末の練習問題は，本文中の問題よりいくらかレベルの高いものも選び，解答については，やはり思考過程や計算過程をなるだけ省略せず，ていねいな解答を心がけ，いくつか別解や注もつけて，内容の理解がより深められるようにした．

このテキストの内容がかなり理解でき，問題も 8 割以上こなせるようになったとすれば，複素関数については十分な実力がついたと考えてよい．しかし，この「複素関数」という山は，なかなか手強く険しいものである．おすすめしておきたいのは，「最初からパーフェクトを求めない」ということだ．「解けたか・解けなかったか」という結果にとらわれるのではなく，自分でどこまで考えられたか，どのようなヒント（解くための道具）があれば正答にたどりつけるか，と検討して粘り強く勉強を継続することだ．

以上のことを参考に，あなた自身がこのテキストを，あなたにいちばんあったやり方で，あなた自身のスキル UP に活用してくれたら，うれしく思います．

# 複素関数のススメ

数学では，より広く概念を拡張することで，今まで学んできたことがずっと見通しがよくなったり，より効率的に考えられることが，往々にして起こる．たとえば，小学校では複雑な文章題をそのタイプごとに考え方を変えて対処していたのに対し，中学校で方程式を習うと，「未知数を $x$ とおいて，立式して解く」ことであらゆる文章題に対応できるマスターキーが得られるようなものである．

大学での「複素関数」は，それまでの実数の範囲での微積分に対して，まさにそうした関係にある．オイラーの公式 $e^{i\theta} = \cos\theta + i\sin\theta$ から，指数関数と三角関数はひとつながりとなり，加法定理などの三角関数の諸公式はスムーズに導けるようになる．対数において負の対数を考えてもよい．$n$ 次方程式はかならず $n$ 個の解をもつ（代数学の基本定理）．微分可能性（正則性）の条件も実関数より強く，1度微分可能であれば何回でも微分可能となって（それゆえ）級数展開の形に表現できることになる．そして，複素積分での諸定理や留数定理などは，大学数学の中でも“妙技”といってよい，味わい深いところである．実関数での微積分の計算ではたくさんの公式や解法パターンがあって大変だが，この80題の問題および解説では，実関数のときに比べとても見通しがよくなっていることと思う．

複素関数論は数学に限っても，リーマン面やアーベル積分，楕円関数などの代数関数論につながっていく奥行きの深い分野であるが，電磁気学や流体力学などでの現実のさまざまな物理工学現象を表現し解析する際においても，「虚数」$i$ の助けが必要になるほどに応用の広い理論でもある．

実関数の微積分での基本的なところは前提となるが，著者の講義での経験から，既習と思われる複素数や微積分の内容でも，弱点と思われるところは必要に応じて解説した．スペースの関係で詳しく述べられないときは『弱点克服 大学生の微積分』の該当箇所を示しておいたので参照していただきたいが，ともかく予備知識をなるだけ少なくして，計算過程も省略せず説明したつもりである．あと，複素関数の図を多く入れて解説しているが，問題を考える上でも数式だけでなく，自分で図を描いて考えてみることは大切で，そうして複素関数のイメージをつかんでほしい．

この本の内容は複素関数論の基本になるところなので，意欲のある読者はさらに複素関数論のより豊かな理論を他のテキストで学んでいただきたい．

# *Chapter* 1

# 複素数・複素平面と，関連する基本事項

**問題 01　複素数**　基本

(1)　$z_1=4+3i$, $z_2=2-5i$ のとき，次を $u+vi$　$(u, v\in\mathbb{R})$ の形に表せ.
　(i)　$z_1+z_2$　(ii)　$z_1z_2$　(iii)　$z_1/z_2$　(iv)　$z_1\overline{z_2}$

(2)　$z$ の実部 $\mathrm{Re}\,z$, 虚部 $\mathrm{Im}\,z$ を $z$ とその共役複素数 $\overline{z}$ を用いて表せ.

(3)　$\mathrm{Re}(zi)=-\mathrm{Im}\,z$, $\mathrm{Im}(zi)=\mathrm{Re}\,z$ となることを確かめよ.

(4)　$z_1=x_1+yi_1$, $z_2=x_2+yi_2$　$(x_1, x_2, y_1, y_2\in\mathbb{R})$ に対し，$z_1\overline{z_2}$ の実部 $\mathrm{Re}(z_1\overline{z_2})$ と虚部 $\mathrm{Im}(z_1\overline{z_2})$ を求めよ.

**解説**　**[I]　複素数の定義**　$i^2=-1$ となる数 $i$ を**虚数単位**という．すなわち

$$i^2=-1,\quad i=\sqrt{-1},\quad -i=-\sqrt{-1}$$

と定義する．さらに $z=a+bi$　$(a, b\in\mathbb{R}=$ 実数全体の集合$)$ の形の数を**複素数**と呼び，複素数全体の集合を $\mathbb{C}$ という記号で表す．(R と C は，実数 real number, 複素数 complex number の頭文字)

$z=a+bi$ に対して，$a, b$ をそれぞれ複素数 $z$ の**実部**, **虚部**と呼び，それぞれ

$$z\text{ の実部 } \mathrm{Re}\,z=a,\quad z\text{ の虚部 } \mathrm{Im}\,z=b$$

と表す．とくに $b=0$ のとき $z=a+0i=a$ と定義する．つまり実数は虚部が 0 である特別な複素数と考えることにする．また $a=0$ のとき，$z=0+bi=bi$ と定義し，$a=0$, $b\neq 0$ のときの複素数 $bi$ を**純虚数**という.

**[II]　複素数の相等**　2 つの複素数 $z=a+bi$, $w=c+di$　$(a, b, c, d\in\mathbb{R})$ の相等は次のように定める：

$$z=w \Leftrightarrow a=c \text{ かつ } b=d \qquad \text{とくに } z=0 \Leftrightarrow a=b=0$$

**[III]　複素数の演算**　複素数の演算は実数の演算と同じだが，$i^2$ は $-1$ におき換える．すなわち, $i$ を 1 つの文字と考えて普通の計算をし，その結果に $i^2=-1$ を代入すればよい．$z=a+bi$, $w=c+di$　$(a, b, c, d\in\mathbb{R})$ に対し次はその基本公式である:

$$z\pm w=(a\pm c)+(b\pm d)i \qquad (\text{複号同順})$$

$$zw=(ac-bd)+(ad+bc)i$$

$$\frac{z}{w}=\frac{ac+bd}{c^2+d^2}+\frac{bc-ad}{c^2+d^2}i,\quad \text{とくに } \frac{1}{w}=\frac{c-id}{c^2+d^2} \quad (w\neq 0 \text{ のとき})$$

**[IV]　複素共役**　複素数 $z=a+bi$ に対し

$$\overline{z}=a-bi$$

を $z$ の**共役**な複素数という．$z$ に対し

$\overline{z}=z \Leftrightarrow z$ は実数,　　$\overline{z}=-z$ かつ $-\overline{z}+z\ (=2bi)\neq 0 \Leftrightarrow z$ は純虚数

であり，$z(\neq 0), z_1, z_2$ に対し次が成り立つ：

$$\overline{z_1 \pm z_2}=\overline{z_1}\pm\overline{z_2}\ (\text{複号同順}),\qquad \overline{z_1\cdot z_2}=\overline{z_1}\cdot\overline{z_2},$$
$$\overline{\left(\frac{z_1}{z}\right)}=\frac{\overline{z_1}}{\overline{z}},\ \text{特に}\ \overline{\left(\frac{1}{z}\right)}=\frac{1}{\overline{z}}$$

## 解 答

(1) (i)　$z_1+z_2=(4+2)+$ ㋐ $(3+(-5))i$
$=6+(-2)i=6-2i$　　…（答）

(ii)　$z_1z_2=(4\cdot 2-3\cdot(-5))+(4\cdot(-5)+3\cdot 2)i$
$=23-14i$　　…（答）

(iii)　$z_1/z_2=$ ㋑ $\dfrac{(4+3i)(2+5i)}{(2-5i)(2+5i)}$
$=\dfrac{4\cdot 2-3\cdot 5}{2^2+(-5)^2}+\dfrac{3\cdot 2+4\cdot 5}{2^2+(-5)^2}i$
$=-\dfrac{7}{29}+\dfrac{26}{29}i$　　…（答）

(iv)　$z_1\overline{z_2}=(4+3i)(2+5i)$
$=(4\cdot 2-3\cdot 5)+(4\cdot 5+3\cdot 2)i$
$=-7+26i$　　…（答）

(2)　$z=x+yi$ と $\overline{z}=x-yi$ の辺々を加えれば
$z+\overline{z}=2x$．一方，引けば $z-\overline{z}=2yi$ だから，

$$\mathrm{Re}\,z=x=\frac{z+\overline{z}}{2},\quad \mathrm{Im}\,z=y=\frac{z-\overline{z}}{2i}$$　…（答）

(3)　$zi=i(x+y)i=-y+xi$ より

$$\mathrm{Re}(iz)=-y=-\mathrm{Im}\,z,\quad \mathrm{Im}(iz)=x=\mathrm{Re}\,z$$

(4)　$z_1\overline{z_2}=(x_1+yi_1)(x_2-yi_2)$
$=(x_1x_2+y_1y_2)+(x_2y_1-x_1y_2)i$ より

㋒ $\mathrm{Re}(z_1\overline{z_2})=x_1x_2+y_1y_2$,　㋓ $\mathrm{Im}(z_1\overline{z_2})=x_2y_1-x_1y_2$
…（答）

㋐　$a-bi=a+(-b)i$.

㋑　$\dfrac{z_1}{z_2}=\dfrac{z_1\cdot\overline{z_2}}{z_2\cdot\overline{z_2}}$.

㋒　これは平面上の内積となる．

㋓　これを平面上の斜交形式という．

☞　複素数の基本演算を覚えること．２つの複素数が等しいのは，実部と虚部がそれぞれ一致するときである．

**問題 02 複素数と代数方程式 (1)** 基本

(1) $a, b$ を実数とする．このとき $(x+iy)^2 = a+ib$ を満たす複素数 $x+iy$ （$x, y$ は実数）は次で与えられることを示せ．

$$x + iy = \pm\left(\sqrt{\frac{\sqrt{a^2+b^2}+a}{2}}+\varepsilon i\sqrt{\frac{\sqrt{a^2+b^2}-a}{2}}\right) \quad \cdots ①$$

ここで $\varepsilon$ は $b \geq 0$ ならば $+1$，$b<0$ ならば $-1$ と定める．

(2) $z^2 = 3-4i$ となる $z$ を求めよ．

**解 説** 例えば，方程式 $x^2-5=0$ の解は実数 ($\mathbb{R}$) の範囲内で $\sqrt{5}, -\sqrt{5}$ と解けるが，$x^2+1=0$ つまり $x^2=-1$ は実数の範囲内では解けない．$x \in \mathbb{R}$ ならば必ず $x^2 \geq 0$ となり，したがって平方して $-1$ となる実数はないからである．そこで方程式 $x^2=-1$ が解けるように導入した新しい数が複素数である．

**[I] 負の数の平方根** 正の実数 $a$ に対し $-a = (-1)\cdot a = i^2\cdot(\sqrt{a})^2 = (i\cdot\sqrt{a})^2$ より，$-a$ の平方根（$=2$ 次方程式 $z^2=-a$ の解）は $i\sqrt{a}$ または $-i\sqrt{a}$ となる．そこで

$$\sqrt{-a} = i\sqrt{a}$$

と定義する．定義にしたがえば，$a, b>0$ に対し

$$\sqrt{-a}\cdot\sqrt{-b} = i\sqrt{a}\cdot i\sqrt{b} = i^2\sqrt{a}\sqrt{b} = -\sqrt{ab}$$

となる（実数の場合と同様に計算しようとすると，

$$-1 = (\sqrt{-1})^2 = \sqrt{-1}\cdot\sqrt{-1} = \sqrt{(-1)^2} = \sqrt{1} = 1$$

という矛盾が生じる!)．

**[II] 複素数の平方根** この問題は一般の複素数 $\alpha$ に対する平方根，すなわち $z^2=\alpha$ となる $z$ の公式を代数的に与えたものである．極形式などの幾何学的な考察を用いれば，より一般の $n$ 乗根が求められる（問題 11 参照）．

**解 答**

(1) $(x+iy)^2 = x^2-y^2+2ixy$ より $x^2-y^2=a$，$2xy=b$．それぞれの両辺を 2 乗して加えると

$$(x^2-y^2)^2+(2xy)^2 = a^2+b^2$$

すなわち ㋐ $(x^2+y^2)^2 = a^2+b^2$.

$x^2+y^2 \geq 0$ だから $x^2+y^2 = \sqrt{a^2+b^2}$ となる．これと

㋐ $(x^2-y^2)^2+(2xy)^2$
$= x^4-2x^2y^2+y^4$
$\quad +4x^2y^2$
$= x^4+2x^2y^2+y^4$
$= (x^2+y^2)^2$

$x^2-y^2=a$ と併せて

$$x^2=\frac{\sqrt{a^2+b^2}+a}{2},\quad y^2=\frac{\sqrt{a^2+b^2}-a}{2}$$

$$\therefore\quad x=\varepsilon_1\sqrt{\frac{\sqrt{a^2+b^2}+a}{2}},\quad y=\varepsilon_2\sqrt{\frac{\sqrt{a^2+b^2}-a}{2}}.$$

ここで $\varepsilon_1$ と $\varepsilon_2$ は $+1,-1$ のいずれかを表す．$2xy=b$ より

$$\begin{aligned}2xy&=2\varepsilon_1\sqrt{\frac{\sqrt{a^2+b^2}+a}{2}}\times\varepsilon_2\sqrt{\frac{\sqrt{a^2+b^2}-a}{2}}\\&=2\varepsilon_1\varepsilon_2\sqrt{\frac{\sqrt{a^2+b^2}+a}{2}\cdot\frac{\sqrt{a^2+b^2}-a}{2}}\\&=2\varepsilon_1\varepsilon_2\sqrt{\frac{(\sqrt{a^2+b^2})^2-a^2}{2^2}}\\&=\varepsilon_1\varepsilon_2|b|=\underset{㋑}{b=\varepsilon|b|}.\end{aligned}$$

㋑　問題文の $\varepsilon$ の定義より．

$b\neq 0$ の場合 $\varepsilon_2=\varepsilon_1\varepsilon$ となるから，$\varepsilon_1=\pm 1$ とすれば

$$x+iy=\pm\left(\sqrt{\frac{\sqrt{a^2+b^2}+a}{2}}+\varepsilon i\sqrt{\frac{\sqrt{a^2+b^2}-a}{2}}\right).$$

$b=0$ の場合，$\varepsilon=+1$.

$a\geq 0$ ならば $\sqrt{a^2}+a=2a$，$\sqrt{a^2}-a=0$ より①の右辺は $\pm\sqrt{a}$．一方，$z^2=a$ の解は $z=\pm\sqrt{a}$ なので，この場合も①の等式が成り立つ.

$a<0$ ならば $\sqrt{a^2}+a=0$，$\sqrt{a^2}-a=-2a$ より①の右辺は $\pm i\sqrt{|a|}$．一方，$z^2=a$ の解は $z=\pm i\sqrt{|a|}$ なので，この場合も①の等式は成り立つ.

(2)　①より

$$\begin{aligned}z&=\pm\left(\sqrt{\frac{\sqrt{3^2+(-4)^2}+3}{2}}\underset{㋒}{-i}\sqrt{\frac{\sqrt{3^2+(-4)^2}-3}{2}}\right)\\&=\pm\left(\sqrt{\frac{5+3}{2}}-i\sqrt{\frac{5-3}{2}}\right)\\&=\pm(2-i)\end{aligned}$$

…（答）

㋒　$b=-4<0$ だから $\varepsilon=-1$ となる.

☞　複素数 $\alpha$ の平方根 $z=\pm\sqrt{\alpha}$ を具体的に計算したものが①である（$\sqrt{\alpha}$ は単なる記号であって，このままでは「2 次方程式 $z^2=\alpha$ の解」ということ以外は何も言ってないに等しい）.

**問題 03　複素数と代数方程式 (2)**　基本

(1)　方程式 $z^2-4iz-3+2i=0$ の解を求めよ．

(2)　方程式 $z^3+3z^2+z+1=0$ の解を求めよ．

**解説**　**[I] 2 次方程式の解の求め方**　2 次方程式の解法は実係数の場合と同じである．$Az^2+Bz+C=0$　$(A,B,C\in\mathbb{C},\ A\neq 0)$ に対し平方完成，すなわち

$$Az^2+Bz+C=A\left\{\left(z+\frac{B}{2A}\right)^2-\underbrace{\frac{B^2-4AC}{4A^2}}_{①}\right\}$$

と変形する．問題 02 に与えた公式より①の平方根が求められるので，公式 $X^2-Y^2=(X-Y)(X+Y)$ と "$zw=0$ ならば $z=0$ または $w=0$"（問題 05 の解説参照）という事実を用いれば，解の公式を得る．

**[II] 3 次方程式の解の求め方**　実係数の 3 次方程式 $az^3+bz^2+cz+d=0$　$(a\neq 0)$ の解を次の手順で求める:

(a)　両辺を $a$ で割って，$z^3+Az^2+Bz+C=0$ という形にし，更に $z=Z-\frac{A}{3}$ を代入して整理して $Z^3+pZ+q=0$（標準形）という形にする．

(b)　2 つの補助変数 $u,v$ を準備して，$Z=u+v$ を代入して整理すると

$$(u+v)^3+p(u+v)+q\ =\ u^3+v^3+q+(3uv+p)(u+v)=0.$$

これより

$$u^3+v^3=-q \qquad かつ \qquad u^3v^3=-\frac{p^3}{27}$$

となる $u,v$ があれば，標準形の $Z$ が求められる．

(c)　解と係数の関係より $u^3,v^3$ は 2 次方程式　$t^2+qt-\frac{p^3}{27}=0$　の 2 解だから，

$$u^3=-\frac{q}{2}+\sqrt{R}, \qquad v^3=-\frac{q}{2}-\sqrt{R} \qquad \left(R=\frac{q^2}{4}+\frac{p^3}{27}\right)$$

となる．特に $u^3v^3=-\frac{p^3}{27}$ より，$uv=-\frac{p}{3}$ となるとよい．

(d)　$\omega=-\dfrac{1}{2}+\dfrac{\sqrt{3}}{2}i$ とおく．$\omega^2+\omega+1=0$，したがって $\omega^3=1$ となることが確かめられる．この $\omega$ を使って

$$\begin{aligned}
Z_1&=u+v=\sqrt[3]{-\tfrac{q}{2}+\sqrt{R}}+\sqrt[3]{-\tfrac{q}{2}-\sqrt{R}},\\
Z_2&=u+v=\omega\sqrt[3]{-\tfrac{q}{2}+\sqrt{R}}+\omega^2\sqrt[3]{-\tfrac{q}{2}-\sqrt{R}}, \qquad \left(R=\tfrac{q^2}{4}+\tfrac{p^3}{27}\right)\\
Z_3&=u+v=\omega^2\sqrt[3]{-\tfrac{q}{2}+\sqrt{R}}+\omega\sqrt[3]{-\tfrac{q}{2}-\sqrt{R}}
\end{aligned}$$

がそれぞれ標準形の方程式 $Z^3+pZ+q=0$ の解となる．

3 次方程式の解の公式は，結果的に全ての解が実数になるとしても，複素数 $\omega$ を用いないと表現できない．歴史的には 3 次方程式が複素数の本質的に利用された最初の例である．

## 解答

(1) $z^2-4iz-3+2i=(z-2i)^2+1+2i=0$,

㋐ $(z-2i)^2=-1-2i$ より

> ㋐　$a+ib=-1-2i$ として問題 02 の①を使う．

$$z-2i=\pm\left(\sqrt{\frac{\sqrt{(-1)^2+(-2)^2}+(-1)}{2}}-i\sqrt{\frac{\sqrt{(-1)^2+(-2)^2}-(-1)}{2}}\right),$$

$$\therefore\quad z=\pm\sqrt{\frac{-1+\sqrt{5}}{2}}+i\left(2\mp\sqrt{\frac{1+\sqrt{5}}{2}}\right)\quad（複号同順）$$

… (答)

(2) ㋑ $z=Z-1$ とすると $z^3+3z^2+z+1=Z^3-2Z+2$.

㋒ 補助変数 $u,v$ を用いて $Z=u+v$ とするとき，

> ㋑　解説 [2](a) 参照．
>
> ㋒　解説 [2](b) 参照．

$$u^3+v^3=-2,\quad u^3v^3=-\frac{(-2)^3}{27}=\frac{8}{27}$$

となるように $u^3, v^3$ を定める．㋓ 解と係数の関係より，$u^3, v^3$ は 2 次方程式 $t^2+2t+\frac{8}{27}=0$ の解だから

> ㋓　2 数 $\alpha,\beta$ について $\alpha+\beta=a$，$\alpha\beta=b$ ならば，$\alpha,\beta$ は 2 次方程式 $x^2+ax+b=0$ の解になる．

㋔
$$u^3=-1+\frac{\sqrt{57}}{9},\quad v^3=-1-\frac{\sqrt{57}}{9}$$

> ㋔　2 次方程式の解の公式を使う．

となる．$\omega=\dfrac{-1+\sqrt{3}i}{2}$ とすれば，

$$z_1=1+\sqrt[3]{-1+\frac{\sqrt{57}}{9}}+\sqrt[3]{-1-\frac{\sqrt{57}}{9}},$$

$$z_2=1+\omega\sqrt[3]{-1+\frac{\sqrt{57}}{9}}+\omega^2\sqrt[3]{-1-\frac{\sqrt{57}}{9}},$$

$$z_3=1+\omega^2\sqrt[3]{-1+\frac{\sqrt{57}}{9}}+\omega\sqrt[3]{-1-\frac{\sqrt{57}}{9}}$$

が解となる．… (答)

> ☞　公式を利用するときは，必ず形を整えて慎重に利用する．
> （例えば
> $x^2-3x+4=x^2+ax+b$
> であるとき，
> $-3x=+(-3)x$ より
> $a=-3$ であって，
> $a=3$ ではない．）

**問題 04 複素数と代数方程式 (3)** 基本

(1) 整式 $f(x) = x^5+2x^4-3x^2-4x-2$ を

(i) 整数の範囲で, 因数分解せよ.
(ii) 実数の範囲で, 因数分解せよ.
(iii) 複素数の範囲で, 因数分解せよ.

(2) 実係数の $n$ 次方程式 $x^n+a_1x^{n-1}+a_2x^{n-2}+\cdots+a_{n-1}x+a_n = 0 \cdots$ ① において, $u = \alpha+\beta i$ ($\alpha, \beta$ は実数) が①の解であれば, その共役 $\overline{u} = \alpha-\beta i$ も解であることを証明せよ.

**解 説** **[I] 数の体系** 私たちは, 自然数 → 整数 → 有理数 → 実数 → 複素数と, 拡張していく数の体系について学んできた. この拡張の仕方を「方程式を解く」という立場から整理してみると, 次のようにまとめられる：

(1) **自然数** $\mathbb{N}$ → **整数** $\mathbb{Z}$ $\cdots$ 方程式 $z+a = 0$ $(a \in \mathbb{N})$ が解を持つための拡張.
(2) **整数** $\mathbb{Z}$ → **有理数** $\mathbb{Q}$ $\cdots$ 方程式 $az+b = 0$ $(a, b \in \mathbb{Z},\ a \neq 0)$ が解を持つための拡張.
(3) **有理数** $\mathbb{Q}$ → **実数** $\mathbb{R}$ $\cdots$ 方程式 $x^2-a = 0$ $(a \in \mathbb{Q},\ a > 0)$ が解を持つための拡張.
(4) **実数** $\mathbb{R}$ → **複素数** $\mathbb{C}$ $\cdots$ 方程式 $z^2+a = 0$ $(a \in \mathbb{R},\ a > 0)$ が解を持つための拡張.

**[II] 代数学の基本定理** 複素数を係数とする一般の $n$ 次方程式

$$f(z) = z^n+a_1z^{n-1}+a_2z^{n-2}+\cdots+a_{n-1}z+a_n = 0 \quad (a_j \in \mathbb{C})$$

がどんな場合でも解をもつように, さらに新しく複素数以外の数を拡張する必要が起こるだろうか? 実はその必要がないこと, すなわち次が成り立つ：

**代数学の基本定理** 複素数係数の $n$ 次方程式 $f(z) = 0$ は複素数内に必ず解をもつ.

(問題 41 参照.) $f(z) = 0$ が解 $z = z_1$ をもてば, 因数定理から $f(z)$ は $(z-z_1)$ を因数に持つので, $f(z) = (z-z_1)f_1(z)$ ($f_1(z)$ は $n-1$ 次多項式) という形に書ける. この議論を順次繰り返せば, 次のようになる：

**命題** 複素数係数の $n$ 次方程式 $f(z) = 0$ の左辺は複素数の範囲で $n$ 個の 1 次式の積に因数分解される.

なお, ある有理数係数 $n$ 次方程式の解となる数を**代数的数**, そうではない数を**超越数**という. 円周率 $\pi$ や自然対数の底 $e$ などは超越数であることが知られている.

## 解答

(1) (i)　$f(x)=x^5+2x^4-3x^2-4x-2$ は

$$
\begin{aligned}
f(-1)&=(-1)^5+2(-1)^4-3(-1)^2-4(-1)-2\\
&=-1+2-3+4-2=0
\end{aligned}
$$

から ㋐$x+1$ を因数にもち,

$$f(x)=(x+1)(x^4+x^3-x^2-2x-2)$$

となる. 第 2 因子を ㋑偶数次と奇数次に分けると

$$
\begin{aligned}
x^4+x^3-x^2-2x-2&=x^4-x^2-2+x^3-2x\\
&=(x^2-2)(x^2+1)+x(x^2-2)\\
&=(x^2-2)(x^2+x+1).
\end{aligned}
$$

㋐　定数項が $-2$ なので, $f(x)=0$ の整数解で考えられるのは, $x=\pm 1, \pm 2$. そこで因数定理, 組立除法を使って因数分解する.

㋑　$x^2-p$ の因数があると予想される場合は, このように分けてみるとよい.

$x^2-2$, $x^2+x+1$ は整数の範囲でこれ以上因数分解されないので, 整数の範囲での因数分解は

$$f(x)=(x+1)(x^2-2)(x^2+x+1) \qquad \cdots（答）$$

(ii) 実数の範囲で $x^2-2$ は 1 次式に分解できる. 一方, $x^2+x+1=0$ は判別式が $1-4\cdot 1\cdot 1=-3<0$ だから分解されない. よってこの範囲での因数分解は

$$f(x)=(x+1)(x-\sqrt{2})(x+\sqrt{2})(x^2+x+1) \qquad \cdots（答）$$

(iii) 複素数の範囲で $x^2+x+1=0$ の解が $x=\dfrac{-1\pm\sqrt{3}i}{2}$ だから

$$
\begin{aligned}
f(x)=&(x+1)(x-\sqrt{2})(x+\sqrt{2})\\
&\times\left(x-\frac{-1+\sqrt{3}i}{2}\right)\left(x-\frac{-1-\sqrt{3}i}{2}\right) \qquad \cdots（答）
\end{aligned}
$$

(2)　①の両辺の共役をとる. 共役の性質と各 $a_i$ は実数, とくに $\overline{a_i}=a_i$ となることに注意すれば

$$
\begin{aligned}
&\overline{x^n+a_1x^{n-1}+a_2x^{n-2}+\cdots+a_{n-1}x+a_n}=\overline{0},\\
&\overline{x}^n+\overline{a_1}\ \overline{x}^{n-1}+\overline{a_2}\ \overline{x}^{n-2}+\cdots+\overline{a_{n-1}}\ \overline{x}+\overline{a_n}=\overline{0},\\
&\overline{x}^n+a_1\overline{x}^{n-1}+a_2\overline{x}^{n-2}+\cdots+a_{n-1}\overline{x}+a_n=0.
\end{aligned}
$$

したがって $u$ が①の解ならば $\overline{u}$ も①の解になる.

☞　「代数学の基本定理」で保証されているのは,（複素数）解の存在であって, 実際に解を求める（因数分解する）のは, 一般に「5 次以上の方程式の解の公式は存在しない」（アーベル=ルフィニ, ガロア）ことが証明されている.

**問題 05　複素平面（ガウス平面）**　基本

どんな正数 $r$ についても不等式 $2|rz-1| \geq \left|rz-\dfrac{i}{2}\right|$（$i$ は虚数単位）をみたす複素数 $z$ を表す点の存在する範囲を複素平面上に図示せよ．

**解 説**　平面上の直交座標平面を設定し，複素数 $z=a+ib$ に点 $\mathrm{P}(a,b)$ を対応させると，全ての複素数と平面上の点が 1 対 1 に対応する．そこで平面上の点 $\mathrm{P}(a,b)$ は複素数 $z=a+ib$ を表すと定め，点 P を点 $z$ ということにする．このように各点がそれぞれ 1 つの複素数を表している平面を**複素平面**，または**ガウス平面**（高校数学では “複素数平面”）という．

**[I] 実軸・虚軸**　複素平面では実数 $a=a+0i$ は $x$ 軸上の点 $(a,0)$ で表され，純虚数 $ib=0+ib$ は $y$ 軸上の原点以外の点 $(0,b)$ で表される．そこで $x$ 軸を**実軸**，$y$ 軸を**虚軸**という．とくに $0=0+0i$ は原点 $(0,0)$ で表されるが，原点を点 O で表す．

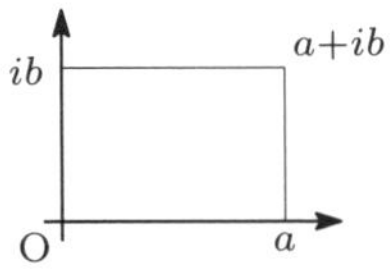


**[II] 絶対値**　複素数 $z$ の**絶対値** $|z|$ を

$$|z| = \sqrt{a^2+b^2} \quad (z=a+ib) \qquad \cdots (☆)$$

により定義する．共役複素数を使うと絶対値の 2 乗は

$$|z|^2 = a^2+b^2 = (a+ib)(a-ib) = z\overline{z}$$

と表される．$|z|$ は原点と平面上の点 $z$ の間の距離を表す（次問題の解説も参照）．絶対値について次が成り立つ：

(i)　$z=0 \iff |z|=0$
(ii)　$|z_1z_2|=|z_1||z_2|$
(iii)　（三角不等式）　$|z_1+z_2| \leq |z_1|+|z_2|$

これらの性質より次のことがわかる：

(a)　$z\neq 0$ ならば $|z|^2\neq 0$ だから，$z\overline{z}=|z|^2$ より $z^{-1}=\dfrac{1}{z}=\dfrac{\overline{z}}{|z|^2}$ となる．

(b)　2 つの複素数 $z, w$ に対し $zw=0$ ならば $|z||w|=|zw|=0$．したがって $|z|=0$ または $|w|=0$，すなわち $z=0$ または $w=0$ の少なくとも一方が成り立つ．

(c)　三角不等式より

$$|z|=|z-w+w| \leq |z-w|+|w|, \qquad |w|=|w-z+z| \leq |w-z|+|z|$$

となるから，これらを併せれば $||z|-|w|| \leq |z-w|$ となる．

## 解答

$z=x+iy\ \ (x, y\in\mathbb{R})$ とおくと不等式は

$$2|(rx-1)+iry| \geqq \left|rx+\left(ry-\frac{1}{2}\right)i\right|$$

㋐

$$4(rx-1)^2+4r^2y^2 \geqq r^2x^2+\left(ry-\frac{1}{2}\right)^2$$

$$\therefore\quad 3(x^2+y^2)r^2-(8x-y)r+\frac{15}{4}\geqq 0 \ \cdots\ ①$$

㋑ $(x, y)=(0, 0)$ のとき，①は任意の $r>0$ について成立する．$(x, y)\neq(0, 0)$ のとき，$x^2+y^2>0$ から①の左辺を

$$f(r)=3(x^2+y^2)r^2-(8x-y)r+\frac{15}{4}$$

とおくと，2 次関数 $Y=f(r)$ のグラフは下に凸である．軸の方程式は $r=(8x-y)/6(x^2+y^2)$ $(=p$ とおく$)$.

(i) ㋒ $p\leqq 0 \iff 8x-y\leqq 0$ のとき，$f(0)=\dfrac{15}{4}>0$ に着目すると，任意の正数 $r$ について①は成り立つ．

(ii) ㋓ $p>0 \iff 8x-y>0$ のとき，判別式が

$$D=(8x-y)^2-4\cdot 3(x^2+y^2)\cdot\frac{15}{4}\leqq 0$$

であればよいから，

$19x^2-16xy-44y^2\leqq 0$,

$(19x+22y)(x-2y)\leqq 0$.

したがって

$$y\geqq -\frac{19}{22}x,\quad y\geqq\frac{1}{2}x$$

または

$$y\leqq -\frac{19}{22}x,\quad y\leqq\frac{1}{2}x$$

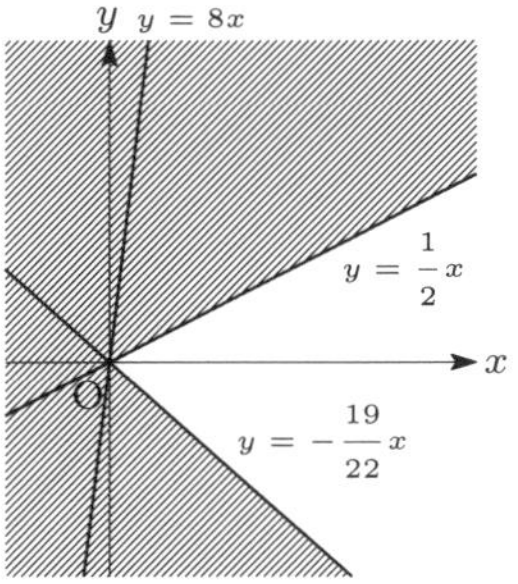


よって求める点 $z$ の存在範囲は上図の斜線部分で境界はすべて含む． $\cdots$ (答)

㋐ $|a+ib|=\sqrt{a^2+b^2}$ にしたがって，両辺の絶対値をとる．両辺ともに 0 以上だから，平方する．

㋑ ①の左辺は $r$ の 2 次式とは限らない．
$(x, y)=(0, 0)$ のときは，①は $\dfrac{15}{4}\geqq 0$ となり常に成り立つ．

㋒ $Y=f(r)$ のグラフ

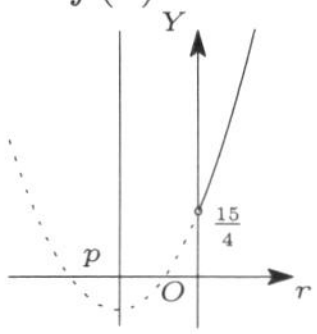


㋓

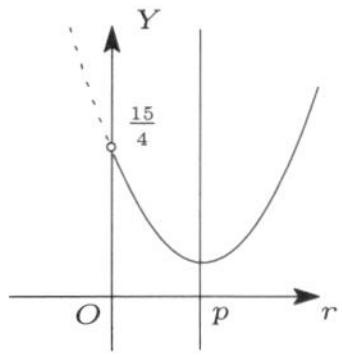


☞ 複素数 $z=a+bi$ を直交座標平面の点 $(a, b)$ と 1 対 1 に対応させて，複素平面はできあがった．これにより複素数における図形および関数への土台ができた．

**問題 06　複素数と図形 (1)**　基本

(1) $\dfrac{z+1}{z^2}$ が実数となるような複素数 $z$ は，複素平面上でどんな図形を描くか.

(2) $z$ が (1) で求めた図形上にあって，かつ $|z| \leq 2$ であるとき，$|z-1+i|$ の最大値と最小値を求めよ.

**解説**　複素数 $z = a+ib$ に点 $(a, b)$ を対応させることにより，複素数を複素平面上の点で表すことを学んだが，複素数の和・差を複素平面で考えるときは，複素数をベクトルとして扱うのが便利である．すなわち

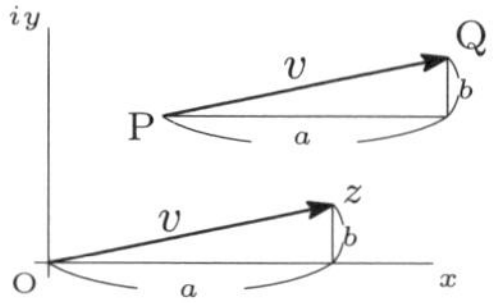


$$\text{複素数 } z = x+iy \ \leftrightarrow\ \text{ベクトル } \boldsymbol{z} = \begin{pmatrix} x \\ y \end{pmatrix}$$

により $\mathbb{C}$ の要素全体と 2 次元ベクトル全体は 1 対 1 に対応する.

**[I] 複素数の和・差**　2 つの複素数 $z_1 = x_1+iy_1$, $z_2 = x_2+iy_2$ を考える.

和 $z_1+z_2 = (x_1+x_2)+i(y_1+y_2)$ にはベクトル $\boldsymbol{z}_1 = \begin{pmatrix} x_1 \\ y_1 \end{pmatrix}$，$\boldsymbol{z}_2 = \begin{pmatrix} x_2 \\ y_2 \end{pmatrix}$ の和 $\boldsymbol{z}_1+\boldsymbol{z}_2 = \begin{pmatrix} x_1+x_2 \\ y_1+y_2 \end{pmatrix}$ が，差 $z_1-z_2 = (x_1-x_2)+i(y_1-y_2)$ にはベクトル $\boldsymbol{z}_1$，$\boldsymbol{z}_2$ の差 $\boldsymbol{z}_1-\boldsymbol{z}_2 = \begin{pmatrix} x_1-x_2 \\ y_1-y_2 \end{pmatrix}$ がそれぞれ対応する.

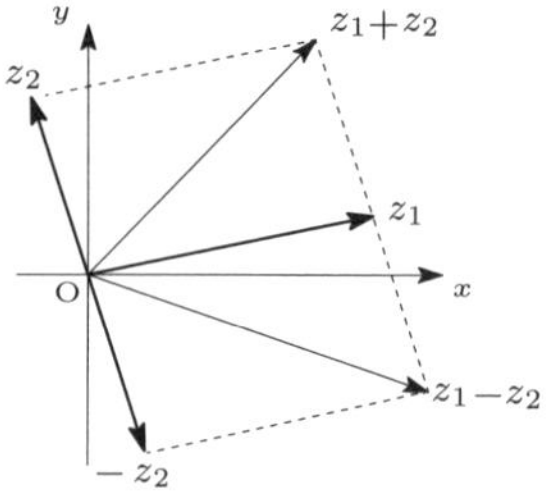


**[II] 2 点間の距離**　複素平面で点 $z_2$ から点 $z_1$ に向かうベクトル $\overrightarrow{z_2z_1}$ は，複素数 $z_1-z_2$ に対応するベクトルである．したがって 2 点 $z_1, z_2$ 間の距離は $\overline{z_2z_1} = |z_1-z_2|$ で与えられる.

**[III] 円・円盤の方程式**　$a$ を一定な複素数，$r$ を正の一定な実数とすると方程式 $|z-a| = r$ をみたす点 $z$ の全体は点 $a$ を中心とし，半径が $r$ の円 $C$ を表す．不等式 $|z-a| < r$ は円 $C$ で囲まれた部分を表す．これを**開円盤**といい，

$$U_r(a) = U(a; r) = \{z \in \mathbb{C} : |z-a| < r\}$$

と記すことにする.

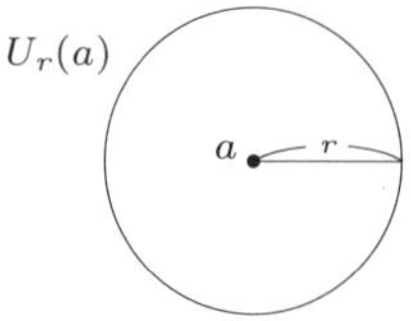

## 解答

(1) ㋐$(z+1)/z^2$ が実数

$$\Leftrightarrow \quad \overline{\left(\frac{z+1}{z^2}\right)} = \frac{z+1}{z^2} \quad \Leftrightarrow \quad \frac{\overline{z}+1}{\overline{z}^2} = \frac{z+1}{z^2}.$$

㋐ 複素数 $Z$ について，$Z$ が実数 $\Leftrightarrow$ $\overline{Z} = Z$

$z \neq 0$ のもとで分母を払って

$$z^2(\overline{z}+1) = \overline{z}^2(z+1)$$
$$z^2\overline{z}-\overline{z}^2z+z^2-\overline{z}^2 = 0$$
$$z\overline{z}(z-\overline{z})+(z+\overline{z})(z-\overline{z}) = 0$$
$$(z-\overline{z})(z\overline{z}+z+\overline{z}) = 0$$
$$\therefore \quad z = \overline{z} \quad \text{または} \quad z\overline{z}+z+\overline{z} = 0.$$

$z = \overline{z}$ のとき，㋑$z$ は実数.

㋑ $z$ は実軸上の点．ただし $z \neq 0$ より原点は除く．

㋒$z\overline{z}+z+\overline{z} = 0$ のとき，

$$z\overline{z}+z+\overline{z}+1 = 1, \quad (z+1)(\overline{z}+1) = |z+1|^2 = 1$$

より ㋓$|z+1| = 1$．

㋒ $z\overline{z}+\overline{\alpha}z+\alpha\overline{z}+c = 0$ $(c \in \mathbb{R},\ |\alpha|^2 > c)$ は $|z+\alpha| = |\alpha|^2-c$ より中心 $-\alpha$，半径 $\sqrt{|\alpha|^2-c}$ の円を表す．

よって $z$ は実軸，および点 $-1$ を中心とする半径 1 の円周を描く．ただし原点を除く．　$\cdots$ (答)

㋓ $|z-(-1)| = 1$

(2) $|z| \leq 2$ だから，$z$ を表す点 P は右図の太い実線の円周と線分上を動く（ただし原点は除く）． $1-i$ を A とおくと

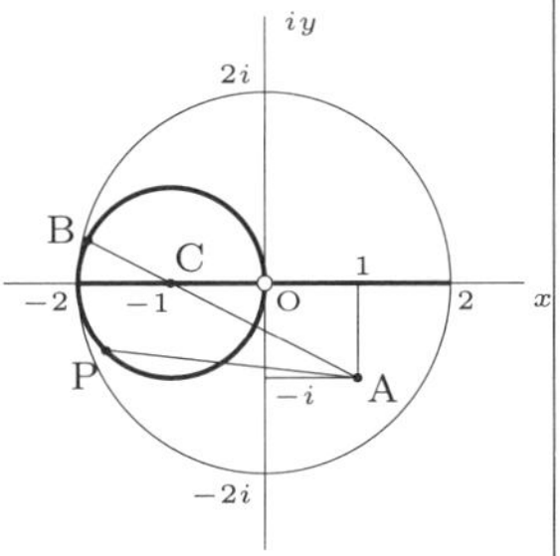


$$\mathrm{AP} = |z-1+i|$$

となる．$-1$ を C とし，線分 AC の延長と (1) で得られる円との交点を B とおく．

P がその円周上にあるとき，

$$\overline{\mathrm{AP}} \leq \overline{\mathrm{AC}}+\overline{\mathrm{CP}} = \overline{\mathrm{AC}}+\overline{\mathrm{CB}} = \overline{\mathrm{AB}},$$
$$\therefore \quad \overline{\mathrm{AP}} \leq \sqrt{5}+1 \quad (\text{等号は P=B のとき})$$

㋔ P が実軸上を動くとき，AP が最大となるのは P$(-2)$ のときであるが AP<AB をみたす．

P が実軸の線分上にあるとき，$\overline{\mathrm{AP}}$ が最大となるのは $z = -2$ のときだが，$z = -2$ は円 $|z+1| = 1$ 上の点だから ㋔$\mathrm{AP} \leq \mathrm{AB} = \sqrt{5}+1$．よって求める $|z-1+i|$ の最大値は $\sqrt{5}+1$．また最小値は 1 $(z = 1$ のとき$)$．　$\cdots$ (答)

☞ 複素数の和·差などは，ベクトルの考え方を導入すると，スムーズに理解できる．$|z-a| \leq r$ が円の内部および周を表すことは後でよく用いる．

| 問題 | 07 | 極形式 | 基本 |
|---|---|---|---|

(1) 次の複素数を極形式で表せ．

(i) $z=-\frac{5}{2}i$　　　　(ii) $z=-\frac{-5+i}{2-3i}$

(2) 複素数 $z=1-\cos\theta-i\sin\theta$ の絶対値と偏角を求めよ．ただし，$0<|\theta|<2\pi$ とする．

**解説**　**[I] 極形式**　複素平面上で 0 でない複素数 $z=x+iy$ を表す点を P とし，$\overrightarrow{\mathrm{OP}}$ と実軸の正の向きとのなす角を $\theta$，$\mathrm{OP}=|z|=r$ とすると

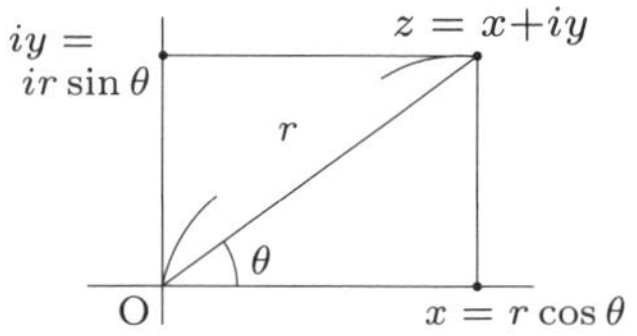


$$x=r\cos\theta,\quad y=r\sin\theta$$

すなわち　$z=r(\cos\theta+i\sin\theta)\quad\cdots$ ①

と表される．①の表示を複素数 $z$ の**極形式**という．

**[II] 偏角**　①の表示における $\theta$ を $z$ の**偏角**という．偏角は一つに定まる訳ではなく，$2\pi$ の整数倍だけの不定性がある．すなわち $\theta$ が $z$ の偏角ならば

$$\theta+2n\pi\qquad(n=0,\pm1,\pm2,\ldots)$$

もすべて $z$ の偏角となる．2 つの複素数 $z_1,z_2$ の偏角をそれぞれ $\theta_1,\theta_2$ とする．$\theta_1-\theta_2=2\pi n\in 2\pi\mathbb{Z}$（$=2\pi$ の整数倍の全体）であることを $\theta_1\equiv\theta_2\mod 2\pi$ と書けば

$$z_1=z_2\quad\Leftrightarrow\quad|z_1|=|z_2|\ \text{かつ}\ \theta_2\equiv\theta_1\mod 2\pi$$

となる．$z$ の偏角を $\arg z$ で表す．arg は argument の略である．何かしらの制約がない限り，$\arg z$ は無数のとり方がある（このことを“多価性”という）．場合によって偏角の全体の集合を表すこともある：

$$\arg z=\{\theta+2\pi n\}_{n=0,\pm1,\ldots}\qquad(\theta\text{ は }z\text{ の偏角}).$$

特に断りのない限り，本書では $\arg z$ によって偏角の 1 つを表すことにする．

**[III] 極形式と乗法・除法**　複素数 $z_j=r_j(\cos\theta_j+i\sin\theta_j)$　$(j=1,2)$ について

$$\begin{aligned}z_1z_2&=r_1(\cos\theta_1+i\sin\theta_1)\cdot r_2(\cos\theta_2+i\sin\theta_2)\\&=r_1r_2\{(\cos\theta_1\cos\theta_2-\sin\theta_1\sin\theta_2)+i(\sin\theta_1\cos\theta_2+\cos\theta_1\sin\theta_2)\}\\&=r_1r_2\{\cos(\theta_1+\theta_2)+i\sin(\theta_1+\theta_2)\}.\end{aligned}$$
（三角関数の加法定理より）

$$\therefore\quad|z_1z_2|=|z_1||z_2|,\quad\arg z_1z_2\equiv\arg z_1+\arg z_2\mod 2\pi$$

一方，任意の実数 $\theta$ に対し

$$\frac{1}{\cos\theta+i\sin\theta}=\frac{\cos\theta-i\sin\theta}{\cos^2\theta+\sin^2\theta}=\cos(-\theta)+i\sin(-\theta)$$

だから

$$\frac{z_1}{z_2}=z_1\cdot\frac{1}{z_2}=r_1\cdot\frac{1}{r_2}\{\cos(\theta_1+(-\theta_2))+i\sin(\theta_1+(-\theta_2))\}.$$

$$\therefore\quad \left|\frac{z_1}{z_2}\right|=\frac{|z_1|}{|z_2|},\quad \arg\left(\frac{z_1}{z_2}\right)\equiv\arg z_1-\arg z_2 \mod 2\pi$$

## 解答

(1) (i) $z=-\frac{5}{2}i=\frac{5}{2}\left\{\cos\left(-\frac{\pi}{2}\right)+i\sin\left(-\frac{\pi}{2}\right)\right\}$ ㋐ $\cdots$（答）

(ii) $z=\frac{-5+i}{2-3i}=\frac{(-5+i)(2+3i)}{(2-3i)(2+3i)}=\frac{-13-13i}{13}$
$=-1-i$

よって $z=\sqrt{2}\left(\cos\frac{5}{4}\pi+i\sin\frac{5}{4}\pi\right)$ $\cdots$（答）

(2) ㋑ $z=1-\cos\theta-i\sin\theta$

$=2\sin^2\frac{\theta}{2}-2i\sin\frac{\theta}{2}\cos\frac{\theta}{2}$

$=$ ㋒ $2\sin\frac{\theta}{2}\left(\sin\frac{\theta}{2}-i\cos\frac{\theta}{2}\right)$ $\cdots$ ①

(i) $0<\theta<2\pi$ のとき；$\sin\frac{\theta}{2}>0$ だから，①は

$$z=2\sin\frac{\theta}{2}\left\{\cos\left(\frac{\theta}{2}-\frac{\pi}{2}\right)+i\sin\left(\frac{\theta}{2}-\frac{\pi}{2}\right)\right\}$$

(ii) $-2\pi<\theta<0$ のとき；$\sin\frac{\theta}{2}<0$ だから，①は

㋓ $$z=-2\sin\frac{\theta}{2}\left\{\cos\left(\frac{\theta}{2}+\frac{\pi}{2}\right)+i\sin\left(\frac{\theta}{2}+\frac{\pi}{2}\right)\right\}$$

よって $n\in\mathbb{Z}$ として

$0<\theta<2\pi$ のとき

$|z|=2\sin\frac{\theta}{2},\quad \arg z=\frac{\theta}{2}-\frac{\pi}{2}+2n\pi$

$-2\pi<\theta<0$ のとき

$|z|=-2\sin\frac{\theta}{2},\quad \arg z=\frac{\theta}{2}+\frac{\pi}{2}+2n\pi$ $\cdots$（答）

㋐
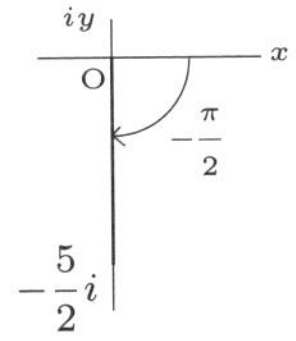


$|z|=\frac{5}{2}$,
$\arg z=-\frac{\pi}{2}+2n\pi$
$(n\in\mathbb{Z})$ であるが，極形式としては解答のようにすればよい．

㋑ 半角および 2 倍角の公式
$\sin^2\frac{\theta}{2}=\frac{1-\cos\theta}{2}$,
$\sin\theta=2\sin\frac{\theta}{2}\cos\frac{\theta}{2}$.

㋒ $0<|\theta|<2\pi$ のとき，$2\sin\frac{\theta}{2}>0$ とは限らない．$\theta$ の値で場合分けが必要．

㋓ (i) で得られた式を用いる．
$z=-2\sin\frac{\theta}{2}$
$\times\left\{-\cos\left(\frac{\theta}{2}-\frac{\pi}{2}\right)-i\sin\left(\frac{\theta}{2}-\frac{\pi}{2}\right)\right\}$
として
$\begin{cases}\cos(\varphi+\pi)=-\cos\varphi\\ \sin(\varphi+\pi)=-\sin\varphi\end{cases}$
を用いる．

☞ ベクトルが大きさと方向（向き）で一意に決まったように，複素数 $z$ も絶対値 $|z|$ と偏角 $\arg z$ で表すことができる．

## 問題 08　複素数と図形 (2)　基本

複素平面上の 3 点 $z_1 = \sqrt{3}+i$, $z_2 = \sqrt{3}+\frac{1}{2}+\left(1+\frac{\sqrt{3}}{2}\right)i$ および $z_3 = \sqrt{3}+1+i$ を頂点とする正三角形 $\triangle z_1z_2z_3$ を，複素数の演算によって，以下に与える三角形 $\triangle w_1w_2w_3$ に移す式 $w = f(z)$ を求めよ．ただし，$z_1$ は $w_1$ に，$z_2$ は $w_2$ に，$z_3$ は $w_3$ に，それぞれ移るものとする．

(1)　$w_1 = 2i$, $w_2 = -\frac{1}{2}+\left(2+\frac{\sqrt{3}}{2}\right)i$, $w_3 = \frac{1}{2}+\left(2+\frac{\sqrt{3}}{2}\right)i$

(2)　$w_1 = -\sqrt{3}+i$, $w_2 = -\sqrt{3}+3i$, $w_3 = -2\sqrt{3}+2i$.

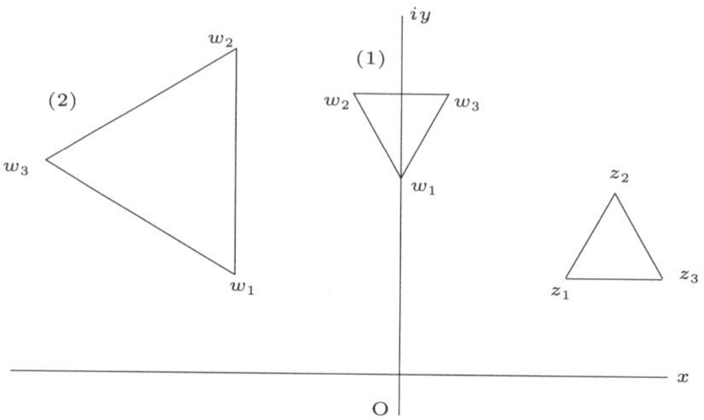


**解説**　演算を複素平面上の“図形への操作”と考えると，次のようにまとめられる．

**[I] 和**　問題 05 のように複素数をベクトルと考えると，和は平行移動になる．

**[II] 実数 $r$ の積**　$r$ を $z = x+iy$ に掛けると $rz = rx+iry$ となり，実軸, 虚軸を同時に $r$ 倍する操作になっている．特に $r = -1$ は原点に関する対称移動になっている．

**[III] $\cos\alpha+i\sin\alpha$ の積**　$z = |z|(\cos\theta+i\sin\theta)$ に掛けると，三角関数の加法定理を用いて，

$$
\begin{aligned}
&(\cos\alpha+i\sin\alpha)z \\
=&|z|(\cos\alpha+i\sin\alpha)(\cos\theta+i\sin\theta) \\
=&|z|\{(\cos\alpha\cos\theta-\sin\alpha\sin\theta)+i(\cos\alpha\sin\theta+\sin\alpha\cos\theta)\} \\
=&|z|\{\cos(\theta+\alpha)+i\sin(\theta+\alpha)\}.
\end{aligned}
$$

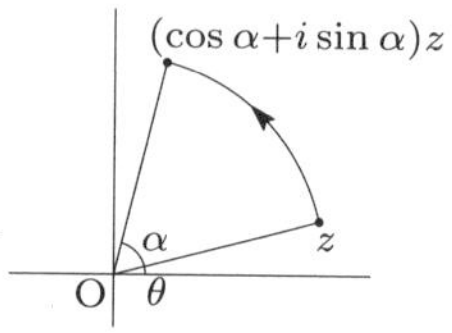


これは $z$ を原点を中心に角 $\alpha$ だけ反時計回りに回転させる操作になる．

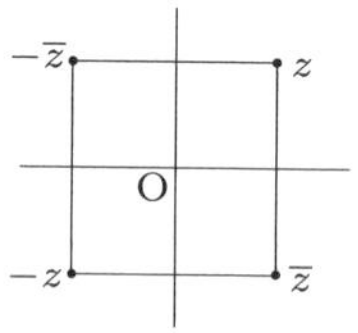


**[IV] 共役**　$\overline{x+iy} = x-iy$ より，共役は実軸に関する対称移動になっている．また (−1) 倍，共役ののち (−1) 倍はそれぞれ原点，虚軸に関する対称移動となる．

## 解答

(1) これは原点を中心とする角 $\dfrac{\pi}{3}$ の反時計回りの回転によって与えられる．したがって $f(z)=\left(\dfrac{1}{2}+\dfrac{\sqrt{3}}{2}i\right)z$ とすれば $w_j/z_j=\dfrac{1}{2}+\dfrac{\sqrt{3}}{2}i$, ㋐$f(z_j)=w_j$ $(j=1,2,3)$ となり，$f(z)=\left(\dfrac{1}{2}+\dfrac{\sqrt{3}}{2}i\right)z$ が答.

(2) ㋑下図のように三角形を移動させる．各操作は次の演算で表される:

⓪ → ①：$-\sqrt{3}-i$ だけ ㋒加える.
① → ②：㋓実軸に関する対称移動．すなわち複素共役をとる.
② → ③：原点を中心とする $\frac{5}{6}\pi$ 回転ののち 2 倍に拡大．すなわち，㋔$2e^{\frac{5}{6}\pi i}$ を ㋕掛ける.
③ → ④：$-\sqrt{3}+i$ だけ ㋖加える.

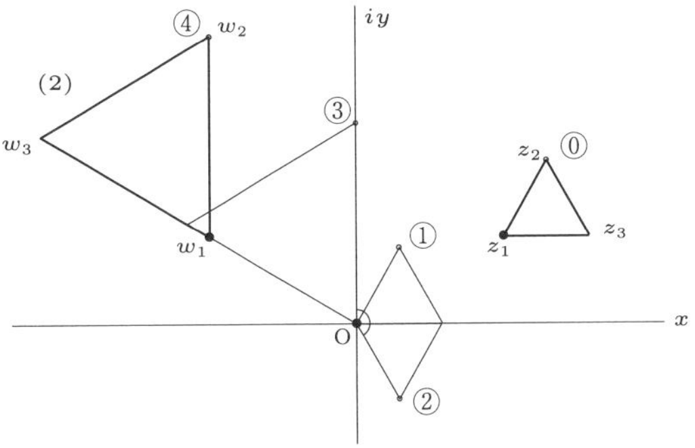


これらを合成させると

$$
\begin{aligned}
f(z) &= 2e^{\frac{5}{6}\pi i}\overline{(z-\sqrt{3}-i)}+(-\sqrt{3}+i)\\
&= (-\sqrt{3}+i)(\overline{z}-\sqrt{3}+i)+(-\sqrt{3}+i)\\
&= (-\sqrt{3}+i)(\overline{z}-\sqrt{3}+1+i) \qquad \cdots\ (答)
\end{aligned}
$$

㋐
$$
\begin{aligned}
f(z_1) &= \left(\frac{1}{2}+\frac{\sqrt{3}}{2}i\right)z_1\\
&= \left(\frac{1}{2}+\frac{\sqrt{3}}{2}i\right)(\sqrt{3}+i)\\
&= \frac{\sqrt{3}}{2}+\frac{3}{2}i+\frac{1}{2}i+\frac{\sqrt{3}}{2}i^2\\
&= 2i = w_1.
\end{aligned}
$$
同様に
$$f(z_2)=w_2,$$
$$f(z_3)=w_3$$
も計算される.

㋑　移動後の頂点の位置を考えると，回転だけではないことが分かる.

㋒　平行移動.

㋓　頂点の位置を入れ替える.

㋔　$\cos\dfrac{5}{6}+i\sin\dfrac{5}{6}\pi$　についでは，問題 15 の解説を参照.

㋕　絶対値が 1 の複素数を掛けることは原点を中心とする回転に対応する.

㋖　平行移動.

☞　複素数の各種演算は，複素平面の各種操作に対応する．どの演算がどの操作になるか，しっかり覚えること.

**問題 09　複素数と図形 (3)**　基本

複素平面上の原点を通らない異なる 2 直線 $l, m$ に関して，原点と対称な点をそれぞれ $\alpha, \beta$ とする．

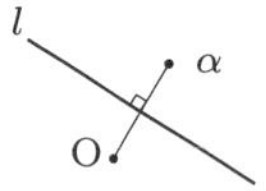


(1)　直線 $l$ の方程式は $\overline{\alpha}z+\alpha\overline{z} = |\alpha|^2$ で与えられることを示せ．

(2)　$\overline{\alpha}\beta$ が実数であることが，$l$ と $m$ が平行であるための必要十分条件であることを示せ．

(3)　$l$ と $m$ が平行でないとき，$l$ と $m$ の交点を $\alpha, \beta$ を用いて表せ．

**解説**　複素平面上の直線は式を用いて次のように表現できる．

**[I] 平行・垂直**　0 でない複素数 $\alpha, \beta$ について，

(a)　$\alpha, \beta$ が平行 $\Leftrightarrow$ $\beta = t\alpha$（$t \neq 0$ は実数）と表される
$\Leftrightarrow$ $\alpha^{-1}\beta$ は 0 でない実数
$\Leftrightarrow$ $\overline{\alpha}\beta$ は 0 でない実数　　（問題 05 解説 [II] (a) 参照）
$\Leftrightarrow$ $\alpha\overline{\beta}\ (=\overline{\overline{\alpha}\beta}) = \overline{\alpha}\beta$.

(b)　$\alpha, \beta$ が垂直 $\Leftrightarrow$ $\mathrm{Re}(\beta\overline{\alpha}) = 0$　　（問題 01 (4) 解答傍注参照）
$\Leftrightarrow$ $\overline{\alpha}\beta$ は純虚数
$\Leftrightarrow$ $\alpha\overline{\beta}\ (=\overline{\overline{\alpha}\beta}) = -\overline{\alpha}\beta$

**[II] 複素平面の直線**　$\alpha \neq 0$, $\alpha \neq \beta$ とする．複素平面上の直線 $l$ は次の方程式によって与えられる．

(a)　$l$ が $\alpha$ と平行ならば

$$\overline{\alpha}z-\alpha\overline{z}+c=0 \quad (\alpha\in\mathbb{C},\ c\in i\mathbb{R})$$

（$\because$ $l$ 上の点 $z_0$ を固定する．

$$z\in l \quad\Leftrightarrow\quad z-z_0 \,/\!/\, \alpha$$
$$\Leftrightarrow\quad \alpha\overline{(z-z_0)} = \overline{\alpha}(z-z_0).$$

最後の式を整理し，$c = \alpha\overline{z_0}-\overline{\alpha}z_0$ とおけば上の方程式を得る.）

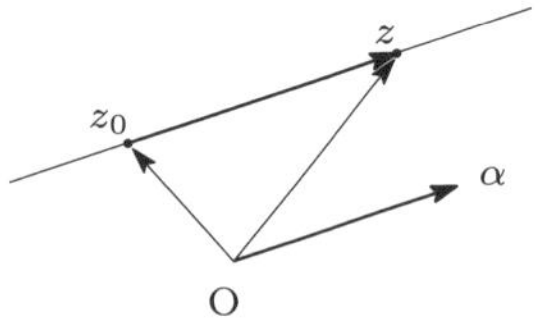


(b)　$l$ が $\alpha$ と直交するならば

$$\overline{\alpha}z+\alpha\overline{z}+c=0 \quad (\alpha\in\mathbb{C},\ c\in\mathbb{R})$$

（$\because$ $l$ 上の点 $z_0$ を固定する．

$$z\in l \quad\Leftrightarrow\quad z-z_0 \perp \alpha$$
$$\Leftrightarrow\quad \alpha\overline{(z-z_0)} = -\overline{\alpha}(z-z_0).$$

最後の式を整理し，$c = -\overline{\alpha}z_0-\alpha\overline{z_0}$ とおけば上の方程式を得る.）

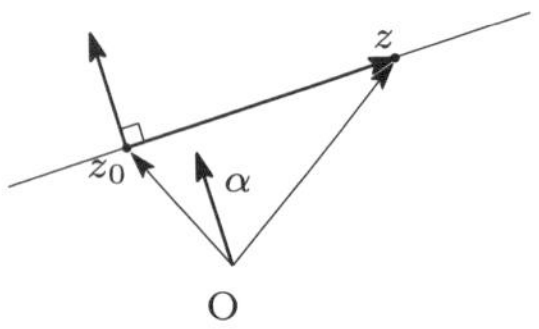

(c) 線分 $\alpha\beta$ の垂直 2 等分線は　$|z-\alpha|=|z-\beta|$

（$\because$ 2 等分線は $\beta-\alpha$ に直交する直線だから，(b) より $(\beta-\alpha)\overline{z}+(\overline{\beta}-\overline{\alpha})z+c=0$.
中点 $\frac{\alpha+\beta}{2}$ を通るから，
$c=-(\beta-\alpha)\overline{\frac{\alpha+\beta}{2}}-(\overline{\beta}-\overline{\alpha})\frac{\alpha+\beta}{2}=|\alpha|^2-|\beta|^2$ と求まる．整理すると，

$$(\beta-\alpha)\overline{z}+(\overline{\beta}-\overline{\alpha})z+|\alpha|^2-|\beta|^2=0,$$

$$|z|^2-\alpha\overline{z}-\overline{\alpha}z+|\alpha|^2=|z|^2-\beta\overline{z}-\overline{\beta}z+|\beta|^2$$

より $|z-\alpha|^2=|z-\beta|^2$，$|z-\alpha|=|z-\beta|$ となる.）
垂直 2 等分線上の点 $z$ が，2 点 $\alpha,\beta$ から等距離にあることを用いて示してもよい.

**[III] 直線と円の方程式**　円の方程式 $|z-z_0|=r$（問題 06 解説参照）の両辺を 2 乗して整理すると，

$$(z-z_0)\overline{(z-z_0)}-r^2=z\overline{z}-\overline{z_0}z-z_0\overline{z}+z_0\overline{z_0}-r^2=0$$

となる．これと直線の方程式を併せると方程式

$$az\overline{z}+\overline{\alpha}z+\alpha\overline{z}+c=0 \qquad (a,c\in\mathbb{R},\ ac<\alpha\overline{\alpha})$$

は円, または直線を表す．特に $a\neq 0$ ならば円を表し，$a=0$ ならば直線を表す（この方程式は一次分数変換の円円対応（問題 57）で利用される）.

## 解 答

(1) $l$ は $\alpha$ と直交するから ㋐$\overline{\alpha}z+\alpha\overline{z}+c=0$（$c$ は実数）と表される.

更に ㋑点 $\alpha/2$ を通るから $c=-\overline{\alpha}\dfrac{\alpha}{2}-\alpha\dfrac{\overline{\alpha}}{2}=-|\alpha|^2$.
したがって直線 $l$ の方程式は $\overline{\alpha}z+\alpha\overline{z}=|\alpha|^2$ となる.

(2) $\alpha,\beta\neq 0$ であること，および

$l$ と $m$ は平行　$\Leftrightarrow$　$\alpha$ と $\beta$ は平行
　$\Leftrightarrow$　$\beta=t\alpha$ となる実数 $t\neq 0$ がある
　$\Leftrightarrow$　$\alpha^{-1}\beta\in\mathbb{R}$
　$\Leftrightarrow$　㋒$\overline{\alpha}\beta\in\mathbb{R}$.

(3) 平行でなければ $l$ と $m$ は交点を持つ．これを $z$ とすると，(i) より $\overline{\alpha}z+\alpha\overline{z}=|\alpha|^2$，$\overline{\beta}z+\beta\overline{z}=|\beta|^2$ を満たす．第 1 式に $\beta$，第 2 式に $\alpha$ を掛けて辺々を引く．$l$ と $m$ は平行ではないから，$\beta\overline{\alpha}\neq\overline{\beta}\alpha$ となることに注意すれば，

$$(\beta\overline{\alpha}-\alpha\overline{\beta})z=\beta|\alpha|^2-\alpha|\beta|^2$$

$$\therefore\quad z=\frac{\beta|\alpha|^2-\alpha|\beta|^2}{\beta\overline{\alpha}-\alpha\overline{\beta}} \qquad \cdots（答）$$

㋐ 解説 [2](b) 参照.

㋑ $\alpha$ が直線 $l$ に関する原点の対称点だから（問題文の図参照）.

㋒ $\alpha^{-1}=\dfrac{\overline{\alpha}}{|\alpha|^2}$.

☞ 実平面では実 2 変数 $x,y$ を使って直線を表示するが，複素平面内の直線は $z$ と $\overline{z}$ を使って表示する．共役の使い方を覚えよ.

**問題 10 ド・モアブルの定理** 基本

(1) 複素数 $z \neq 1$ に対し，$1+z+z^2+\cdots+z^n = \dfrac{1-z^{n+1}}{1-z}$ を証明せよ．

(2) 上の式に $z=\cos\theta+i\sin\theta$ を代入することにより次式を証明せよ．

$$1+\cos\theta+\cos 2\theta+\cdots+\cos n\theta = \frac{\cos\dfrac{n\theta}{2}\sin\dfrac{(n+1)\theta}{2}}{\sin\dfrac{\theta}{2}}$$

**解 説** 絶対値が 1 に等しい $n$ 個の複素数

$$\cos\theta_1+i\sin\theta_1,\ \cos\theta_2+i\sin\theta_2,\quad \cdots,\quad \cos\theta_n+i\sin\theta_n$$

の積について考えてみよう．問題 07 の解説 [III] をくり返して用いて

$$\begin{aligned}
&(\cos\theta_1+i\sin\theta_1)(\cos\theta_2+i\sin\theta_2)(\cos\theta_3+i\sin\theta_3)\cdots(\cos\theta_n+i\sin\theta_n)\\
=&(\cos(\theta_1+\theta_2)+i\sin(\theta_1+\theta_2))(\cos\theta_3+i\sin\theta_3)\cdots(\cos\theta_n+i\sin\theta_n)\\
=&\qquad\cdots\cdots\\
=&(\cos(\theta_1+\theta_2+\cdots+\theta_n)+i\sin(\theta_1+\theta_2+\cdots+\theta_n))
\end{aligned}$$

が成り立つ．ここで $\theta_1=\theta_2=\cdots=\theta_n=\theta$ とおくと

$$(\cos\theta+i\sin\theta)^n=\cos n\theta+i\sin n\theta \qquad (n\in\mathbb{N}) \qquad \cdots ①$$

が得られる．また, $n$ が負の整数のとき，$n=-m$ とおくと $m$ は自然数だから,

$$\begin{aligned}
&(\cos\theta+i\sin\theta)^n\\
=&\frac{1}{(\cos\theta+i\sin\theta)^m}=\frac{1}{\cos m\theta+i\sin m\theta}\\
=&\frac{\cos m\theta-i\sin m\theta}{(\cos m\theta+i\sin m\theta)(\cos m\theta-i\sin m\theta)}=\frac{\cos m\theta-i\sin m\theta}{\cos^2 m\theta+\sin^2 m\theta}\\
=&\cos(-m)\theta+i\sin(-m)\theta=\cos n\theta+i\sin n\theta.
\end{aligned}$$

したがって①は $n$ が負の整数のときも，成り立つ．

$n=0$ のときは①の両辺が 1 で等しいことはすぐにわかる．

よって①は任意の整数 $n$ について成り立つ．すなわち,

$$(\cos\theta+i\sin\theta)^n=\cos n\theta+i\sin n\theta \qquad (n\in\mathbb{Z}) \qquad \cdots ②$$

この②をド・モアブルの定理という．

## 解 答

(1)　$S_n = 1+z+z^2+\cdots+z^n$ とおく.

$zS_n = \quad z+z^2+\cdots+z^n+z^{n+1}$ との辺々を引くと

$(1-z)S_n = 1-z^{n+1}.$

$1-z \neq 0$ だから，両辺を $1-z$ で割って

$$S_n = 1+z+z^2+\cdots+z^n = \frac{1-z^{n+1}}{1-z}.$$

(2)　(1) の等式に $z = \cos\theta+i\sin\theta$ を代入すると

$$\text{左辺} = \sum_{k=0}^{n} \underbrace{(\cos\theta+i\sin\theta)^k}_{㋐} = \sum_{k=0}^{n}(\cos k\theta+i\sin k\theta)$$

$$= \sum_{k=0}^{n}\cos k\theta+i\sum_{k=0}^{n}\sin k\theta, \qquad \cdots①$$

㋐　ド・モアブルの定理.

$$\text{右辺} = \frac{1-(\cos\theta+i\sin\theta)^{n+1}}{1-(\cos\theta+i\sin\theta)}$$

$$= \underbrace{\frac{\{1-\cos(n+1)\theta\}-i\sin(n+1)\theta}{1-\cos\theta-i\sin\theta}}_{㋑}$$

$$= \frac{\{1-\cos\varphi\}-i\sin\varphi}{1-\cos\theta-i\sin\theta} \qquad [(n+1)\theta = \varphi \text{ とした}]$$

$$= \frac{2\sin\dfrac{\varphi}{2}\left(\sin\dfrac{\varphi}{2}-i\cos\dfrac{\varphi}{2}\right)}{2\sin\dfrac{\theta}{2}\left(\sin\dfrac{\theta}{2}-i\cos\dfrac{\theta}{2}\right)}.$$

㋑　分母は問題 07 (2) と同じ式.
分子は $(n+1)\theta = \varphi$ とおくとこれも同様の式.

㋒ 分母と分子の括弧内に $i$ を掛けると

㋒　分母と分子の括弧内を極形式にするために $i$ を掛けた.

$$\text{右辺} = \frac{\sin\dfrac{\varphi}{2}\left(\cos\dfrac{\varphi}{2}+i\sin\dfrac{\varphi}{2}\right)}{\sin\dfrac{\theta}{2}\left(\cos\dfrac{\theta}{2}+i\sin\dfrac{\theta}{2}\right)}$$

$$= \frac{\sin\dfrac{(n+1)\theta}{2}}{\sin\dfrac{\theta}{2}}\underbrace{\left(\cos\frac{n\theta}{2}+i\sin\frac{n\theta}{2}\right)}_{㋓}. \qquad \cdots②$$

㋓　$\dfrac{\cos\frac{\varphi}{2}+i\sin\frac{\varphi}{2}}{\cos\frac{\theta}{2}+i\sin\frac{\theta}{2}}$
$= \cos\left(\frac{\varphi}{2}-\frac{\theta}{2}\right)$
$\quad +i\sin\left(\frac{\varphi}{2}-\frac{\theta}{2}\right).$

①, ② の両辺の実部を比較すると，示すべき式が得られる.

☞　複素数 $z$ を原点のまわりに角 $\theta$ だけ回転したものは
$z(\cos\theta+i\sin\theta)$ だから，
$(\cos\theta+i\sin\theta)^2$ は偏角が $\cos\theta+i\sin\theta$ の 2 倍になる．これを一般化したものがド・モアブルの定理である.

**問題 11** $n$ **乗根** 基本

次の複素数を求めよ．

(1) $i$ の平方根　(2) $1-i$ の 3 乗根

(3) $-1+\sqrt{3}i$ の 5 乗根

**解 説** 複素数 $\alpha\ (\neq 0)$ に対して $z^n=\alpha$ $\cdots$ ① をみたす複素数 $z$ を $\alpha$ の $n$ **乗根**という．$n$=2,3 の場合はそれぞれ平方根，立方根ともいう．

$z^3=-4+4\sqrt{3}i$ をみたす複素数 $z$ を求めてみよう．

$$|-4+4\sqrt{3}i|=\sqrt{(-4)^2+(4\sqrt{3})^2}=8$$

$$-4+4\sqrt{3}i=8\Big(-\frac{1}{2}+\frac{\sqrt{3}}{2}i\Big)$$

$$\arg(-4+4\sqrt{3}i)=\frac{2\pi}{3}+2m\pi \quad (m\in z)$$

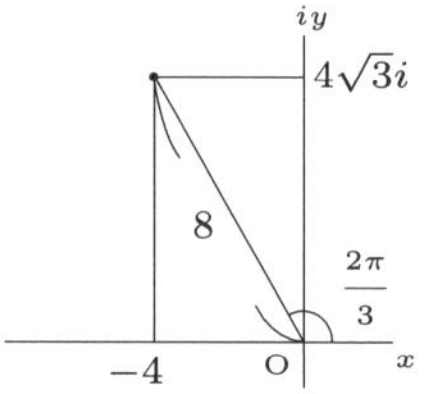


だから $-4+4\sqrt{3}i=8\Big(\cos\dfrac{2\pi}{3}+i\sin\dfrac{2\pi}{3}\Big)$.

$z=r(\cos\theta+i\sin\theta)$ $(r>0,\ 0\leqq\theta<2\pi)$ とおくと，ド・モアブルの定理から，方程式は $r^3(\cos 3\theta+i\sin 3\theta)=8\Big(\cos\dfrac{2\pi}{3}+i\sin\dfrac{2\pi}{3}\Big)$.

両辺の絶対値，偏角を比べて

$$r^3=8,\quad 3\theta=\frac{2\pi}{3}+2k\pi,$$

$$r=2,\quad \theta=\frac{2\pi}{9}+\frac{2k\pi}{3} \quad (k\in z).$$

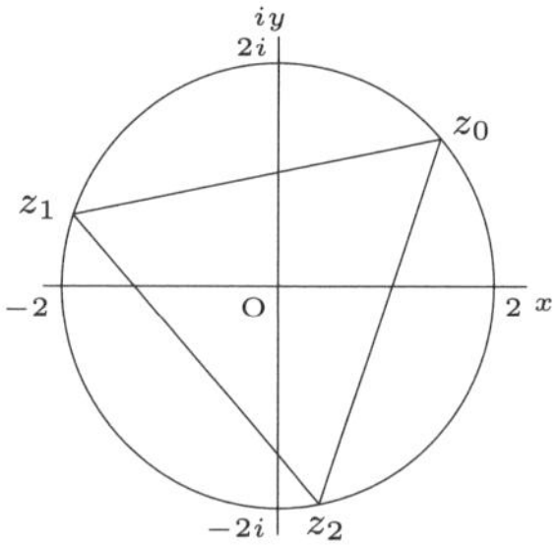


$0\leqq\theta<2\pi$ では $\theta=\dfrac{2\pi}{9},\ \dfrac{2\pi}{9}+\dfrac{2\pi}{3},\ \dfrac{2\pi}{9}+\dfrac{4\pi}{3}$ となるから，

$$z_0=2\Big(\cos\frac{2\pi}{9}+i\sin\frac{2\pi}{9}\Big),$$

$$z_1=2\Big(\cos\frac{8\pi}{9}+i\sin\frac{8\pi}{9}\Big),$$

$$z_2=2\Big(\cos\frac{14\pi}{9}+i\sin\frac{14\pi}{9}\Big).$$

これらの 3 乗根は，複素平面上で点 O (0) を中心とし，半径 $\sqrt[3]{8}=2$ の円周を 3 等分した点（半径 2 の円に内接する正三角形の 3 頂点）になる．同様に

$\alpha=r_0(\cos\theta_0+i\sin\theta_0)$ のとき，①をみたす $n$ 乗根 $z$ は $n$ 個あり

$$z_k=\sqrt[n]{r_0}\left\{\cos\left(\frac{\theta_0}{n}+\frac{2k\pi}{n}\right)+i\sin\left(\frac{\theta_0}{n}+\frac{2k\pi}{n}\right)\right\} \qquad (k=0,1,\ldots,n-1)$$

により与えられる．複素平面上で，点 $z_k$ $(k=0,1,\ldots,n-1)$ は点 O (0) を中心とし，半径 $\sqrt[n]{r_0}$ の円周を $n$ 等分した点になる．

## 解答

(1) $z^2=i=\cos\dfrac{\pi}{2}+i\sin\dfrac{\pi}{2}$ をみたす ㋐$z$ は 2 個あって，

$$z_0=\cos\frac{\pi}{4}+i\sin\frac{\pi}{4}=\frac{1}{\sqrt{2}}+\frac{1}{\sqrt{2}}i,$$

$$z_1=\cos\frac{5\pi}{4}+i\sin\frac{5\pi}{4}=-\frac{1}{\sqrt{2}}-\frac{1}{\sqrt{2}}i \qquad \cdots(答)$$

(2) $z^3=$ ㋑$1-i=\sqrt{2}\left(\cos\dfrac{7\pi}{4}+i\sin\dfrac{7\pi}{4}\right)$ をみたす ㋒$z$ は 3 個あり，

$$z_0=\sqrt[6]{2}\left(\cos\frac{7\pi}{12}+i\sin\frac{7\pi}{12}\right),$$

$$z_1=\sqrt[6]{2}\left(\cos\frac{5\pi}{4}+i\sin\frac{5\pi}{4}\right)$$

$$=\sqrt[6]{2}\left(-\frac{1}{\sqrt{2}}-\frac{1}{\sqrt{2}}i\right)= ㋓-\frac{1}{\sqrt[3]{2}}(1+i),$$

$$z_2=\sqrt[6]{2}\left\{\cos\left(\frac{7\pi}{12}+\frac{4\pi}{3}\right)+i\sin\left(\frac{7\pi}{12}+\frac{4\pi}{3}\right)\right\}$$

$$=\sqrt[6]{2}\left(\cos\frac{23\pi}{12}+i\sin\frac{23\pi}{12}\right) \qquad \cdots(答)$$

(3) $z^5=-1+\sqrt{3}i=2\left(\cos\dfrac{2\pi}{3}+i\sin\dfrac{2\pi}{3}\right)$ をみたす ㋔$z$ は 5 個あって，

$$z_0=\sqrt[5]{2}\left(\cos\frac{2\pi}{15}+i\sin\frac{2\pi}{15}\right),$$

$$z_1=\sqrt[5]{2}\left(\cos\frac{8\pi}{15}+i\sin\frac{8\pi}{15}\right),$$

$$z_2=\sqrt[5]{2}\left(\cos\frac{14\pi}{15}+i\sin\frac{14\pi}{15}\right),$$

$$z_3=\sqrt[5]{2}\left(\cos\frac{20\pi}{15}+i\sin\frac{20\pi}{15}\right)=-\frac{1}{\sqrt[5]{2^4}}(1+\sqrt{3}i),$$

$$z_4=\sqrt[5]{2}\left(\cos\frac{26\pi}{15}+i\sin\frac{26\pi}{15}\right) \qquad \cdots(答)$$

㋐ $z_k=\cos(\frac{\pi}{4}+k\pi)+i\sin(\frac{\pi}{4}+k\pi)$ $(k=0,1)$.

㋑

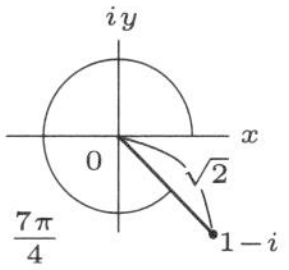


㋒ $z_k=\sqrt[6]{2}\,\{\cos(\frac{7\pi}{12}+\frac{2k\pi}{3})+i\sin(\frac{7\pi}{12}+\frac{2k\pi}{3})\}$ $(k=0,1,2)$.

㋓ $\sqrt[6]{2}\left(-\frac{1}{\sqrt{2}}-\frac{1}{\sqrt{2}}i\right)=-\frac{\sqrt[6]{2}}{\sqrt{2}}(1+i)=-2^{\frac{1}{6}-\frac{1}{2}}(1+i)=-\frac{1}{\sqrt[3]{2}}(1+i)$.

㋔ $z_k=\sqrt[5]{2}\,\{\cos(\frac{2\pi}{15}+\frac{2k\pi}{5})+i\sin(\frac{2\pi}{15}+\frac{2k\pi}{5})\}$ $(k=0,1,2,3,4)$.

☞　複素数 $\alpha$ の $n$ 乗根，$z^n=\alpha$ の $n$ 個の解は，原点を中心とする半径が $\sqrt[n]{|\alpha|}$ の円に内接する正 $n$ 角形の各頂点で与えられる．したがって，$\arg z$ $(0\leq\arg z<2\pi)$ の最小角がわかれば，すべての解がわかる．

**問題 12　複素数列の極限・無限級数　基本**

$z \neq 0, 1$ なる複素数 $z$ に対し，複素平面上で $z^n$ $(n = 0, 1, 2, \ldots)$ に対応する点を $\mathrm{P}_n$ とする．各 $n$ $(\geq 1)$ について，原点 O と点 $\mathrm{P}_n$ を結ぶ直線 $\mathrm{OP}_n$ と直線 $\mathrm{P}_{n-1}\mathrm{P}_n$ が垂直に交わっているとき，次の問に答えよ．

(1)　この条件を満たす $z$ の全体の集合 $E$ を複素平面上に図示せよ．

(2)　2 点 $\mathrm{P}_{n-1}$, $\mathrm{P}_n$ 間の距離を $d_n$ とするとき，級数 $\displaystyle\sum_{n=1}^{\infty} d_n$ は収束することを示し，和 $S$ を求めよ．

**解説**　**[I] 数列の極限**　複素数を項とする無限数列 $z_1, z_2, \ldots, z_n, \ldots$ を**複素数列**という．これを $\{z_n\}$ で表す．数列 $\{z_n\}$ について，$n$ が大きくなるにつれて $z_n$ が 1 つ定まった複素数 $\alpha$ に限りなく近づくとき，すなわち $\displaystyle\lim_{n\to\infty} |z_n - \alpha| = 0$ となるとき，数列 $\{z_n\}$ は $\alpha$ に**収束する**といい，このとき

$$\lim_{n\to\infty} z_n = \alpha \quad \text{あるいは} \quad z_n \to \alpha \quad (n \to \infty)$$

などと表す．

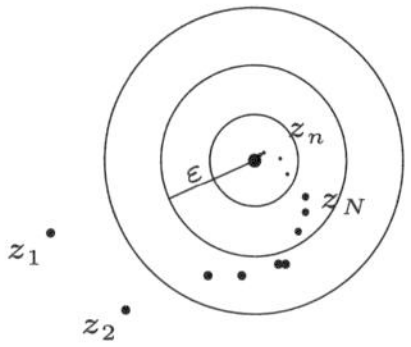


※ “近づく”は正確には次のように定式化される：

“どんな正数 $\varepsilon > 0$ をとっても，ある番号 $N$ 以降の全ての $n$ については $z_n \in U_\varepsilon(\alpha)$ となる.”

$z_n = x_n + iy_n$，$\alpha = a + ib$ とするときは

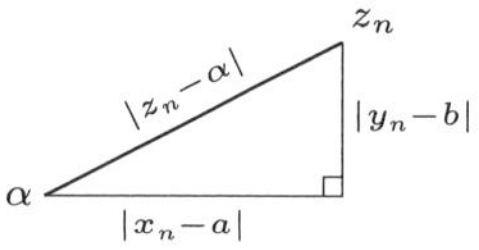


$$\begin{aligned} \lim_{n\to\infty} z_n = \alpha &\Leftrightarrow \lim_{n\to\infty} (x_n + iy_n) = a + ib \\ &\Leftrightarrow \lim_{n\to\infty} x_n = a, \ \lim_{n\to\infty} y_n = b \end{aligned}$$

である．数列 $\{z_n\}$ が収束しないとき，$\{z_n\}$ は**発散する**という．とくに $\displaystyle\lim_{n\to\infty} |z_n| = \infty$ であるとき，$z_n$ は $\infty$ **に発散する**といい，$\displaystyle\lim_{n\to\infty} z_n = \infty$ あるいは $z_n \to \infty$ $(n \to \infty)$ と表す．

**[II] 無限級数**　無限数列 $z_n$ に対し

$$\sum_{n=1}^{\infty} z_n = z_1 + z_2 + \cdots + z_n + \cdots$$

を**無限級数**という．第 $n$ 部分和 $S_n = z_1 + z_2 + \cdots + z_n$ の作る数列 $\{S_n\}$ が収束して，$\displaystyle\lim_{n\to\infty} S_n = S$ であるとき，無限級数 $\displaystyle\sum_{n=1}^{\infty} z_n$ は収束し，和は $S$ であるという．このとき $\displaystyle\sum_{n=1}^{\infty} z_n = S$ と記す．部分和の数列 $\{S_n\}$ が収束しないとき，無限級数 $\displaystyle\sum_{n=1}^{\infty} z_n$ は発

散するという．$z_n = x_n + iy_n$ とすると

$$\sum_{n=1}^{\infty} z_n = a + ib \quad \Leftrightarrow \quad \sum_{n=1}^{\infty} x_n = a, \ \sum_{n=1}^{\infty} y_n = b$$

が成り立つ．

$\sum_{n=1}^{\infty} |z_n|$ が収束するとき，$\sum_{n=1}^{\infty} z_n$ は**絶対収束**するという．絶対収束するならば，級数は収束するが，その逆は一般に成り立たない．

## 解答

(1) $\overrightarrow{\mathrm{OP}_n}$ が $\overrightarrow{\mathrm{P}_n\mathrm{P}_{n-1}} = \overrightarrow{\mathrm{OP}_{n-1}} - \overrightarrow{\mathrm{OP}_n}$ と直交することから，$k$ を $0$ でない実数として

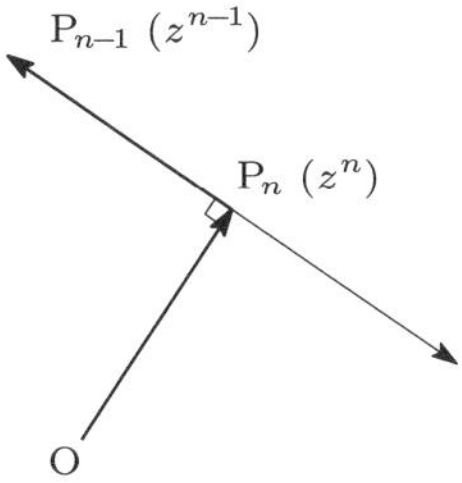


$$\underset{㋐}{k\left(\cos\frac{\pi}{2} + i\sin\frac{\pi}{2}\right)z^n = z^{n-1} - z^n},$$

すなわち $kz^n i = z^{n-1} - z^n$ とおける．条件から $z \neq 0$ だから，$z^n$ で割って $ki = \dfrac{1}{z} - 1$．したがって

$$\underset{㋑}{\left(\frac{1}{z} - 1\right) + \overline{\left(\frac{1}{z} - 1\right)}} = ki - ki = 0,$$

$$\frac{1}{z} + \frac{1}{\overline{z}} - 2 = 0, \qquad \overline{z} + z - 2z\overline{z} = 0,$$

$$z\overline{z} - \frac{1}{2}\overline{z} - \frac{1}{2}z = 0, \qquad \underset{㋒}{\left(z - \frac{1}{2}\right)\left(\overline{z} - \frac{1}{2}\right) = \frac{1}{4}}$$

$$\therefore \quad \left|z - \frac{1}{2}\right| = \frac{1}{2}$$

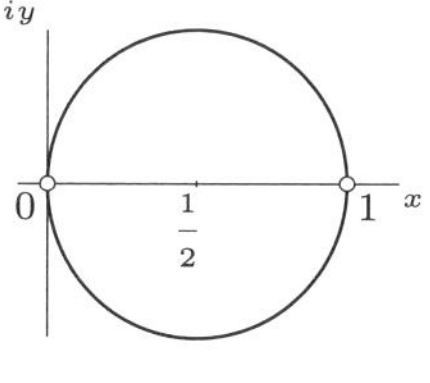


ゆえに集合 $E$ は点 $\dfrac{1}{2}$ を中心とし，半径が $\dfrac{1}{2}$ の円（ただし $0, 1$ を除く）になる．

(2)　$d_n = \overline{\mathrm{P}_n\mathrm{P}_{n-1}} = \underset{㋓}{|z^n - z^{n-1}| = |1-z||z|^{n-1}}$

より数列 $\{d_n\}$ は初項 $|1-z|$，公比 $|z|$ の等比数列であり，集合 $E$ が開円盤 $U_1(0)$ 内にあることより $|z| < 1$ であるから，問題の無限等比級数は収束する．またその和は

$$S = \sum_{n=1}^{\infty} d_n = \frac{|1-z|}{1-|z|} \qquad \cdots \text{（答）}$$

㋐　$\overrightarrow{\mathrm{OP}_n}$ を原点のまわりに $\frac{\pi}{2}$ だけ回転し，同じ向き，あるいは逆向きに拡大（縮小）したベクトルが $\overrightarrow{\mathrm{P}_n\mathrm{P}_{n-1}}$ に一致する．

㋑　$k$ を消去するために，$\overline{(ki)} = -ki$ を利用する．

㋒　$\left|z - \dfrac{1}{2}\right|^2 = \dfrac{1}{4}$.

㋓　$|z^{n-1} - z^n|$
$= |(1-z)z^{n-1}|$
$= |1-z||z^{n-1}|$
$= |1-z||z|^{n-1}$.

☞　複素数列の極限・無限級数の考え方は，実数列の扱いとほぼ同じである．無限等比級数は，$|$公比$| < 1$ ならば，収束する．

## 問題 13　開集合・境界・閉集合　基本

次で与えられる集合を図示し，それぞれの境界を求めよ．また各集合が開集合か閉集合かを判定せよ．

(1)　$|z+1+i| \leq \dfrac{1}{2}$　　(2)　$\dfrac{1}{2} < |z-1+i| < 1$　　(3)　$0 < |z| < 1$

(4)　$-1 < \mathrm{Re}\,z \leq 1$　　(5)　$\mathrm{Re}(1/z) \leq 1$　　(6)　$|\arg z| \leq \dfrac{\pi}{6}$

**解 説**　点と部分集合の位置関係に関する諸概念を導入する．“点 $a$ の周辺”を表現するために開円盤 $U_r(a) = \{z \in \mathbb{C} : |z-a| < r\}$（問題 06 解説 [III] 参照）が使われる．

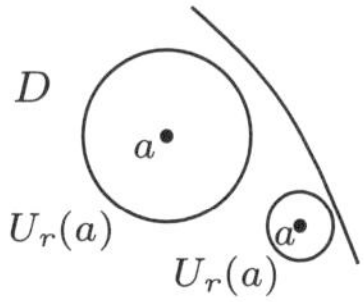


**[I] 内点・内部・開集合**　複素平面内の部分集合 $D$ と点 $a$ について，$a$ およびその周辺の点がすべて $D$ の中にあるとき，すなわち半径 $r > 0$ を小さくとれば $U_r(a) \subset D$ となるとき，$a$ を $D$ の**内点**といい，内点の全体を $D$ の**内部**という．すべての点が内点となる部分集合を**開集合**という．

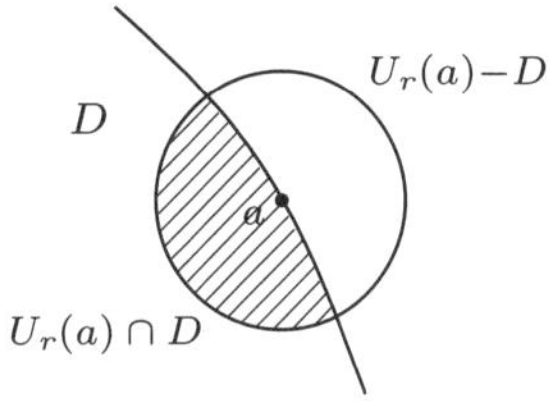


**[II] 境界・閉包・閉集合**　複素平面内の部分集合 $D$ と点 $a$ について，$a$ の周辺に $D$ 内の点と外の点が必ず存在するとき，すなわちどんな半径の開円盤も

$$U_r(a) \cap D \neq \varnothing,\ \text{かつ}\ \ U_r(a)-D \neq \varnothing$$

となるとき，$a$ を $D$ の**境界点**といい，その全体を $D$ の**境界**という．$D$ の内部と境界を合わせた集合を $D$ の**閉包**といい，$D$ 自身と $D$ の閉包が一致するとき，$D$ を**閉集合**という．直感的には境界を全て含む場合を閉集合，境界を全く含まない場合を開集合という．

**[III] 基本的な部分集合　(a)　円盤**　$a \in \mathbb{C}$ を中心とし $r > 0$ を半径とする円により囲まれる部分

$$U_r(a) = \{z \in \mathbb{C} : |z-a| < r\}, \qquad \overline{U}_r(a) = \{z \in \mathbb{C} : |z-a| \leq r\}$$

をそれぞれ $a$ を中心とする**開円盤**，**閉円盤**という．

**(b)　円環領域**　$a \in \mathbb{C}$ および $0 \leq r < R$ に対し

$$U_{r,R}(a) = U(a; r, R) = \{z \in \mathbb{C} : r < |z-a| < R\}$$

を $a$ を中心とする**円環領域**という．

**(c)　半平面**　複素平面を直線により 2 つの部分に分けたときの 1 つを**半平面**という．特に実軸 $\mathrm{Im}\,z = 0$ で分けられる部分の一方，$\mathbb{H} = \{z \in \mathbb{C} : \mathrm{Im}\,z > 0\}$ を**上半平面**という．

**解 答**

(1)　$-1-i$ を中心とする半径 $\dfrac{1}{2}$ の閉円盤であり，閉集合である．その境界は円 $|z+1+i| = \dfrac{1}{2}$ である．　…（答）

(2) $1-i$ を中心とする円環領域 $U_{\frac{1}{2},1}(1-i)$ であり，開集合である．その境界は 2 つの円 $|z-1+i|=\dfrac{1}{2}$, $|z-1+i|=1$ の㋐合併である． $\cdots$ (答)

㋐ 2 つの集合 $A, B$ の要素を全て合わせた集合を合併といい，$A\cup B$ と表す．和集合ともいう．

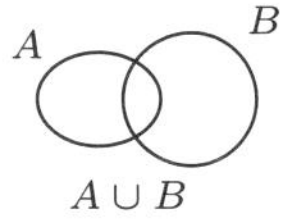


(3) 0 を中心とする円環領域 $U_{0,1}(0)$ であり，開集合である．その境界は点 $\{0\}$ と円 $|z|=1$ の合併である． $\cdots$ (答)

(4) 虚軸に平行な 2 つの直線 $\mathrm{Re}\,z=-1$, $\mathrm{Re}\,z=1$ で囲まれた部分であり，直線 $\mathrm{Re}\,z=1$ を含むが，直線 $\mathrm{Re}\,z=-1$ を含まない．その境界は 2 直線 $\mathrm{Re}\,z=\pm 1$ の合併である． $\cdots$ (答)

(5) 原点は除く．$z=x+iy$ のとき，$\mathrm{Re}(1/z)=$ ㋑$\dfrac{x}{x^2+y^2}\leq 1$，$x\leq x^2+y^2$, $\left(x-\dfrac{1}{2}\right)^2+y^2\geq\dfrac{1}{4}$ より $\dfrac{1}{2}$ を中心とする半径 $\dfrac{1}{2}$ の円の外側（0 以外の境界を含む）となる．その境界は $\dfrac{1}{2}$ を中心とする半径 $\dfrac{1}{2}$ の円である． $\cdots$ (答)

㋑ $\dfrac{1}{z}=\dfrac{x}{x^2+y^2}-i\dfrac{y}{x^2+y^2}$.

(6) 原点を除く．$-\dfrac{\pi}{6}\leq\arg z\leq\dfrac{\pi}{6}$ を満たす $z$ は原点を始点とする 2 つの半直線 $y=\pm\dfrac{1}{\sqrt{3}}x$ $(x>0)$ で囲まれた部分（0 以外の境界を含む）となる．その境界は 2 つの半直線 $y=\pm\dfrac{1}{\sqrt{3}}x$ $(x\geq 0)$ の合併である． $\cdots$ (答)

☞ 複素関数を正確に扱うためには開集合，閉集合などの考え方が必要になる．また円盤などの図形は複素関数の理論的にも．実際の計算でも頻繁に利用するので，今のうちに馴染んでおこう．

(4), (5), (6) は，境界全てを含まないので，開集合でも閉集合でもない．

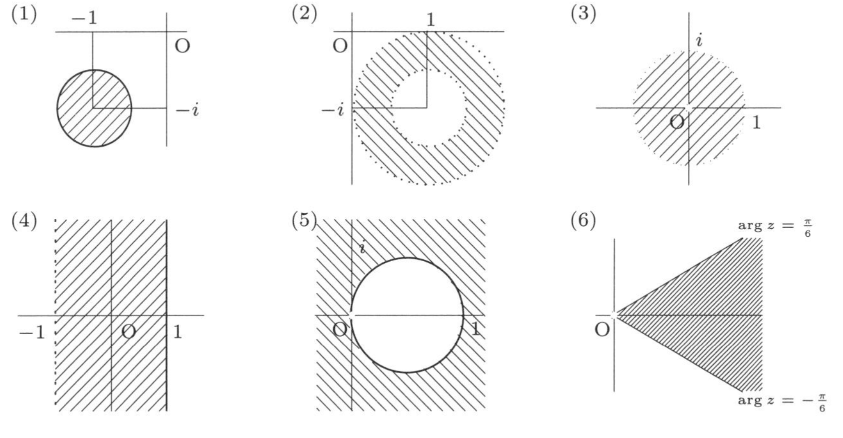

**練習問題** 解答は 188 ページから 01

1 2 乗して $8+6i$ になる複素数を $z$ とするとき，次の式の値を求めよ．

$$z^3-16z^2-\frac{100}{z}$$

2 $aI+bJ=\begin{bmatrix} a & -b \\ b & a \end{bmatrix}$ $\left(a,b\in\mathbb{R},\ I=\begin{bmatrix} 1 & 0 \\ 0 & 1 \end{bmatrix}, J=\begin{bmatrix} 0 & -1 \\ 1 & 0 \end{bmatrix}\right)$ という形の 2 次正方行列全体を $C$ と記す．このとき行列の演算に関し次が成立することを示せ．

(1) $a,b,c,d\in\mathbb{R}$ について $(aI+bJ)+(cI+dJ)=(a+c)I+(b+d)J$.

(2) $a,b,c,d\in\mathbb{R}$ について $(aI+bJ)(cI+dJ)=(ac-bd)I+(ad+bc)J$.

(3) $a,b\in\mathbb{R}$ が同時に 0 でなければ $aI+bJ$ は正則（= 逆行列が存在）であり，$(aI+bJ)^{-1}=\dfrac{1}{a^2+b^2}(aI-bJ)$.

(4) 2 次元実線形空間 $\mathbb{R}^2$ のベクトル $\begin{bmatrix} a \\ b \end{bmatrix}$ に対し複素数 $a+ib\in\mathbb{C}$ を対応させる写像を $f$ とするとき，$a,b,c,d\in\mathbb{R}$ に対し $(a+ib)(c+id)=f\left((aI+bJ)\begin{bmatrix} c \\ d \end{bmatrix}\right)$ となる．

3 $n$ が自然数で, 4 の倍数でないとき，$(1+i)^n+(1-i)^n$ は実数，$(1+i)^n-(1-i)^n$ は純虚数であることを証明せよ．

4 $z_1, z_2, z_3$ は複素数で，$|z_1|=|z_2|=|z_3|=1$ であるとき，$\left|\dfrac{z_1z_2+z_2z_3+z_3z_1}{z_1+z_2+z_3}\right|$ の値を求めよ．

5　0 ではない相異なる複素数 $z_1, z_2, z_3, z_4$ の絶対値が相等しく，かつ和が 0 ならば，複素平面上で $z_1, z_2, z_3, z_4$ は 1 つの長方形の頂点であることを証明せよ．

6　$A, B, C, \alpha, \beta, \gamma$ を実数とする．

(1)
$$(\cos A + i\sin A)(\cos B + i\sin B)(\cos C + i\sin C) = \cos(A+B+C) + i\sin(A+B+C)$$
を証明せよ．

(2)　$\cos\alpha + \cos\beta + \cos\gamma = 0$，$\sin\alpha + \sin\beta + \sin\gamma = 0$　であるとき
$$\cos 3\alpha + \cos 3\beta + \cos 3\gamma = 3\cos(\alpha+\beta+\gamma),$$
$$\sin 3\alpha + \sin 3\beta + \sin 3\gamma = 3\sin(\alpha+\beta+\gamma)$$
を証明せよ．

7　複素平面上に点 $z_1 = \dfrac{1}{2}(1+i\sqrt{3})$ があり，さらに，自然数 $n$ に対して $\dfrac{z_{n+1}}{z_n}$ の絶対値は 1，偏角は $\dfrac{\pi}{6} \times n$ であるような点列 $z_1$，$z_2$，... がある．

(1)　$\dfrac{1}{z_1} + \dfrac{1}{z_2}$ を求め，図示せよ．

(2)　$z_n$ の偏角を求めよ．

(3)　$z_n = 1$ となる最小の $n$ を求めよ．

8　方程式 $z^4 - 2z^3\cos\theta + 2z^2 - 2z\cos\theta + 1 = 0$ を満たす $z$ について，次の値を求めよ．

(1)　$z + \dfrac{1}{z}$

(2)　$z^n + \dfrac{1}{z^n}$　　（ただし $n$ は整数とする）．

[9]　12 乗して 1 となる複素数の集合を $A$，3 乗して 1 となる複素数の集合を $B$，4 乗して 1 となる複素数の集合を $C$ とするとき，次の各問に答えよ．

(1)　$\alpha = \dfrac{\sqrt{3}+1}{2} \in A$ を示せ．

(2)　集合 $C$ の要素を求めよ．

(3)　$\omega = \dfrac{-1+\sqrt{3}i}{2} \in B$ を示し，さらに $\dfrac{\alpha}{\omega} \in C$ を示せ．

(4)　集合 $A$ の要素はすべて集合 $B$ の要素と集合 $C$ の要素の積で表されることを示せ．

[10]　複素平面上で $z_1 = \dfrac{\sqrt{3}+i}{2}$，$z_2 = \dfrac{\sqrt{3}+i}{2}(1+i)$，$z_3 = \dfrac{1+\sqrt{3}i}{2}$ によって表される点をそれぞれ $\mathrm{P}_1$, $\mathrm{P}_2$, $\mathrm{P}_3$ とする．また $\alpha = \dfrac{2+2\sqrt{3}i}{3}$ として，複素数 $\alpha z_1$，$\alpha z_2$，$\alpha z_3$ によって表される点をそれぞれ $\mathrm{Q}_1$, $\mathrm{Q}_2$, $\mathrm{Q}_3$ とする．このとき，次のおのおのを求めよ．ただし角は 0 以上 $\pi$ 以下の角として答えよ．

(1)　$\angle \mathrm{P}_1\mathrm{P}_2\mathrm{P}_3$ の大きさ

(2)　$\triangle \mathrm{P}_1\mathrm{P}_2\mathrm{P}_3$ の面積

(3)　$\triangle \mathrm{Q}_1\mathrm{Q}_2\mathrm{Q}_3$ の面積

(4)　有向線分 $\overrightarrow{\mathrm{OQ}_2}$ と実軸の正方向との間の角

[11]　$b_1 = i$，$(b_{n+1}-1)b_n = 1 \quad (n = 1, 2, \ldots)$ により定まる $b_n$ について，以下に答えよ．

(1)　3 点 $b_1, b_2, b_3$ を通る円周 $C$ を求めよ．

(2)　$a_1 = 1$，$a_{n+1} = b_n a_n \quad (n = 1, 2, \ldots)$ により定まる数列 $a_n$ のみたす漸化式を求めよ．

(3)　$b_n$ は円周 $C$ を通ることを示せ．

12　複素平面上の異なる 2 点 $a, b$ からの距離の比が一定 $k:1\ (k>0)$ である点は $|z-a|:|z-b|=k:1$，したがって方程式 $|z-a|=k|z-b|$ をみたす．この方程式により定まる図形を "アポロニウスの円" という．

(1)　$k=1$ のとき，$z$ は線分 $ab$ の垂直 2 等分線を描くことを示せ．

(2)　$k\neq 1$ ならば $z$ は円を描くことを示せ．

(3)　任意の円，または直線は，アポロニウスの円として与えられることを示せ．

13　複素平面で，複素数 $\alpha$ は 2 点 $1+i$ と $1-i$ とを結ぶ線分上を動き，複素数 $\beta$ は原点を中心とする半径 1 の円周上を動くものとする．

(1)　$\alpha+\beta$ が複素平面上を動く範囲の面積を求めよ．

(2)　$\alpha\beta$ が複素平面上を動く範囲の面積を求めよ．

(3)　$\alpha^2$ が複素平面上で描く曲線と虚軸とで囲まれた範囲の面積を求めよ．

14　平面上ではじめに座標の原点にあった動点 P が，$x$ 軸の正方向に 1 だけ進む．次に進行方向にむかって左へ $\dfrac{\pi}{6}$ だけ向きを変えて $\dfrac{1}{2}$ だけ進む．次に進行方向を左へさらに $\dfrac{\pi}{6}$ だけ向きを変えて $\dfrac{1}{4}$ だけ進む．以下同じように，進行方向を左へ $\dfrac{\pi}{6}$ ずつ変え，進む距離を前回の半分にしていくとき，動点 P の極限の位置を求めよ．

# *Chapter* 2

# 複素関数

**問題 14 複素関数** 基本

$z=x+iy \quad (x, y \in \mathbb{R})$ とする.

(1) 次の関数を $z, \overline{z}$ を用いて表せ.

(i) $w=x^2+y^2$ (ii) $w=x^2-y^2+2ixy$

(iii) $w=x^2-y^2-2ixy$ (iv) $w=\dfrac{2(x^2+y^2)-(x+iy)}{4(x^2+y^2)-4x+1}$

(2) 次の関数 $w=u+iv=f(z)$ の実部 $u$ と虚部 $v$ を求めよ.

(i) $w=z^3$ (ii) $w=(z-1)(\overline{z}-1)$ (iii) $w=\dfrac{z-1}{\overline{z}-1}$

(3) 関数を $f(z)=1-z,\ g(z)=\dfrac{1}{z}$ とするとき, $f, g$ の合成 $f\circ g\circ f$ と $g\circ f\circ g$ が一致することを示せ.

**解説** **[I] 複素関数** 複素数 $z$ に複素数 $w$ を対応させる関数 $w=f(z)$ を**複素関数**という. 関数 $w=f(z)$ に対し, $z$ を**独立変数**, $w$ を**従属変数**という. 独立変数の動く範囲 $D$ を $f(z)$ の**定義域**, $w$ の動く範囲 $f(D)$ を $f(z)$ の**値域**という.

**[II] 実部, 虚部** 複素関数は $z$ 平面から $w$ 平面への写像と考えることもできる. $z$ 平面の点を $z=x+iy$ ($x, y$ は実数), $w$ 平面の点を $w=u+iv$ ($u, v$ は実数) と表すとき, $u, v$ は共に実 2 変数 $x, y$ の実数値関数となる. $u, v$ を複素関数 $f$ のそれぞれ**実部**, **虚部** といい, $u=\mathrm{Re}\,f$, $v=\mathrm{Im}\,f$ と記す. $f(z)=f(x+iy)$, $u(x+iy)$, $v(x+iy)$ をそれぞれ $f(x, y)$, $u(x, y)$, $v(x, y)$ などと書くことにする.

**[III] 表示** 実 2 変数 $x, y$ は $x=\dfrac{z+\overline{z}}{2}$, $y=\dfrac{z-\overline{z}}{2i}$ と表されるので, 複素数 $z, \overline{z}$ を独立変数とする関数とみなすこともできる.

**[IV] 複素関数の合成** 複素関数 $\zeta=f(z)$, $w=g(\zeta)$ について, $f$ の値域が $g$ の定義域に含まれるとき, $w=g\circ f(z)=g(f(z))$ は独立変数 $z$ の関数となる. これを $f$ と $g$ の**合成**という.

**解答**

(1) (i) $w=\underbrace{\left(\dfrac{z+\overline{z}}{2}\right)^2+\left(\dfrac{z-\overline{z}}{2i}\right)^2}_{㋐}$

$=\dfrac{1}{4}\{(z^2+2z\overline{z}+\overline{z}^2)-(z^2-2z\overline{z}+\overline{z}^2)\}$

㋑ $=z\overline{z}$ …(答)

(ii) $w=\left(\dfrac{z+\overline{z}}{2}\right)^2-\left(\dfrac{z-\overline{z}}{2i}\right)^2+2i\left(\dfrac{z+\overline{z}}{2}\right)\left(\dfrac{z-\overline{z}}{2i}\right)$

㋐ $x=\dfrac{z+\overline{z}}{2},\ y=\dfrac{z-\overline{z}}{2i}$ に注意. (ii) 以降も同様.

㋑ (別解)
$w=x^2+y^2$
$=(x+iy)(x-iy)$
$=z\overline{z}.$

$$= \frac{1}{4}\{(z^2+2z\bar{z}+\bar{z}^2)+(z^2-2z\bar{z}+\bar{z}^2)\}+\frac{2i}{4i}(z^2-\bar{z}^2)$$

$$= \frac{1}{2}(z^2+\bar{z}^2)+\tfrac{1}{2}(z^2-\bar{z}^2) \underset{㋒}{=} z^2 \qquad \cdots（答）$$

(iii)　(ii) より　$w = \overline{x^2-y^2+2ixy} = \overline{z^2} \underset{㋓}{=} \bar{z}^2 \qquad \cdots$（答）

㋒　（別解）
$w = x^2+2ixy+(iy)^2$
$= (x+iy)^2 = z^2.$

㋓　（別解）
$w = x^2-2ixy+(iy)^2$
$= (x-iy)^2$
$= \bar{z}^2.$

(iv)　(i) より

$$w = \frac{2z\bar{z}-z}{4z\bar{z}-4\left(\dfrac{z+\bar{z}}{2}\right)+1}$$

$$= \frac{z(2\bar{z}-1)}{(2z-1)(2\bar{z}-1)} = \frac{z}{2z-1} \qquad \cdots（答）$$

(2)　$z = x+iy,\ \bar{z} = x-iy$ を代入する.

(i)　$w = (x+iy)^3$

$$= x^3+3x^2(iy)+3x(iy)^2+(iy)^3$$
$$= x^3-3xy^2+i(3x^2y-y^3)$$

より　$u = x^3-3xy^2,\ v = 3x^2y-y^3$　$\cdots$（答）

(ii)　$w = z\bar{z}-(z+\bar{z})+1 = x^2+y^2-2x+1$ より
$u = x^2+y^2-2x+1,\ v = 0$　$\cdots$（答）

(iii)　$w = \dfrac{(z-1)^2}{|\bar{z}-1|^2} = \dfrac{(x-1+iy)^2}{|x-1-iy|^2}$

$$= \frac{(x-1)^2+2i(x-1)y-y^2}{(x-1)^2+y^2}$$

$$= \frac{(x-1)^2-y^2+i\cdot 2(x-1)y}{(x-1)^2+y^2}$$

より　$u = \dfrac{(x-1)^2-y^2}{(x-1)^2+y^2},\ v = \dfrac{2(x-1)y}{(x-1)^2+y^2}$　$\cdots$（答）

(3)　$(f\circ g\circ f)(z) = f(g(f(z))) = f\left(\dfrac{1}{1-z}\right)$

$$= 1-\frac{1}{1-z} = \frac{-z}{1-z},$$

$(g\circ f\circ g)(z) = g(f(g(z))) = g\left(1-\dfrac{1}{z}\right)$

$$= \frac{1}{1-\frac{1}{z}} = \frac{z}{z-1} = \frac{-z}{1-z}.$$

したがって　$f\circ g\circ f = g\circ f\circ g$　となる.

☞　関数 $w = f(z) = u(x,y)+iv(x,y)$ は $(x,y)$ を実 2 変数とする 2 次元ベクトル値 $(u,v)$ の関数になっている. 実部, 虚部に分ければそれぞれが実数値関数になる.

**問題 15 複素関数の極限，連続関数** 基本

(1) 次の極限を求めよ．

(i) $\displaystyle\lim_{z\to 3i}\frac{z^2-iz+6}{z-3i}$ (ii) $\displaystyle\lim_{z\to 1}\frac{z}{z-1}$ (iii) $\displaystyle\lim_{z\to 0}\frac{\mathrm{Re}(z^2)}{z^2}$

(2) 複素関数 $f$ が $a$ で連続ならば，$\overline{f}$, $|f|$, $\mathrm{Re}\,f$, $\mathrm{Im}\,f$ はすべて $a$ で連続となることを示せ．

**解 説** **[I] 関数の極限** 独立変数 $z$ が点 $a$ に限りなく近づくとき，経路のいかんに関係なく関数 $f(z)$ が 1 つの定まった複素数 $A$ に近づくとき（正確には，$a$ に収束する点列 $z_n$ $(n=1,2,\ldots)$ に対し，つねに $f(z_n)\to A$ となるとき），

$$\lim_{z\to a} f(z)=A \quad \text{または} \quad f(z)\to A \ \ (z\to a)$$

と表す（$f(a)$ は定義される必要はない）．

**命題** $\displaystyle\lim_{z\to a} f(z)=A$, $\displaystyle\lim_{z\to a} g(z)=B$ が存在するとき．

(i) $\displaystyle\lim_{z\to a}(f(z)\pm g(z))=A\pm B=\lim_{z\to a} f(z)\pm\lim_{z\to a} g(z)$ （複号同順）

(ii) $\displaystyle\lim_{z\to a} f(z)g(z)=AB$

(iii) $B\neq 0$ のとき，$\displaystyle\lim_{z\to a}\frac{f(z)}{g(z)}=\frac{A}{B}$

独立変数 $z$ が点 $a$ に限りなく近づくとき，その経路のいかんに関係なく $|f(z)|$ が限りなく大きくなる，すなわち $|f(z)|\to\infty$ となるとき，

$$\lim_{z\to a} f(z)=\infty \quad \text{または} \quad f(z)\to\infty \ \ (z\to a)$$

と表す．また $|z|$ が限りなく大きくなるとき，その経路のいかんに関係なく $f(z)$ が 1 つの定まった複素数 $b$ に近づくとき，

$$\lim_{z\to\infty} f(z)=b \quad \text{または} \quad f(z)\to b \ \ (z\to\infty)$$

と表す．

**[II] 連続関数** 関数 $w=f(z)$ について，
「① $f(a)$ が定義され」，かつ
「② 独立変数 $z$ が点 $a$ に限りなく近づくとき，$f(z)$ が $f(a)$ に限りなく近づく」とき，$f$ は $a$ で**連続である**といい，各点で連続なとき，$f$ を**連続関数**という． $f(a)$ は $z$ での観測値，一方，極限は周辺の状況から予想される推測値と考えるとよい． “$a$ で連続” とは推測値と観測値が一致することである．

**命題** (i) $f, g$ が $a$ で連続ならば $f \pm g$，$fg$ も $a$ で連続．
(ii) $g$ が $a$ で連続で $g(a) \neq 0$ ならば，$a$ の近くで $g(z) \neq 0$，かつ $\dfrac{1}{g}$ は $a$ で連続となる．

## 解答

(1) (i) $z^2 - iz + 6 = (z-3i)(z+2i)$ より

$$\lim_{z \to 3i} \frac{z^2 - iz + 6}{z - 3i} = \lim_{z \to 3i} (z+2i) = 5i \qquad \cdots \text{(答)}$$

(ii) ㋐$(-1) + \dfrac{z}{z-1} = \dfrac{1}{z-1}$ であるから，三角不等式を用いて

$$|-1| + \left|\frac{z}{z-1}\right| \geq \left|(-1) + \frac{z}{z-1}\right| = \left|\frac{1}{z-1}\right| = \frac{1}{|z-1|}.$$

$|-1| = 1$ より $\left|\dfrac{z}{z-1}\right| \geq \dfrac{1}{|z-1|} - 1 \to \infty \ (z \to 1)$ だから，

$$\lim_{z \to 1} \frac{z}{z-1} = \infty \qquad \cdots \text{(答)}$$

㋐ $\dfrac{z}{z-1} = \dfrac{z-1}{z-1} + \dfrac{1}{z-1} = 1 + \dfrac{1}{z-1}$ より，$\dfrac{1}{z-1}$ を評価すればよいとわかり，左の式変形を思いつく．

(iii) $z = x + iy$ のとき $z^2 = x^2 - y^2 + 2ixy$，$\mathrm{Re}(z^2) = x^2 - y^2$ となる．㋑$x = y = t\ (\neq 0)$ とすると

$$\frac{\mathrm{Re}(z^2)}{z^2} = \frac{t^2 - t^2}{t^2 - t^2 + 2it^2} = 0 \ \to\ 0 \quad (t \to 0).$$

また ㋑$x = t\,(\neq 0),\ y = 0$ とすると

$$\frac{\mathrm{Re}(z^2)}{z^2} = \frac{t^2 - 0^2}{t^2 - 0^2 + 2i0} = \frac{t^2}{t^2} = 1 \ \to\ 1 \quad (t \to 0)$$

となり，$z$ の $0$ への近付き方により値が変わるので，極限は存在しない． $\cdots$ (答)

㋑
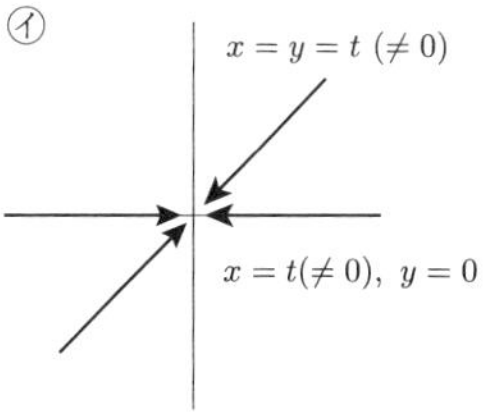


(2) ㋒$|\overline{f}(z) - \overline{f}(a)| = |f(z) - f(a)| \to 0\ (z \to a)$ より $\displaystyle\lim_{z \to a} \overline{f}(z) = \overline{f}(a)$.

三角不等式より $||f(z)| - |f(a)|| \leq |f(z) - f(a)| \to 0$ $(z \to a)$ だから，$\displaystyle\lim_{z \to a} |f(z)| = |f(a)|$.

$|\mathrm{Re}\, f(z) - \mathrm{Re}\, f(a)| = |\mathrm{Re}(f(z) - f(a))| \leq |f(z) - f(a)|$ だから，$\displaystyle\lim_{z \to a} \mathrm{Re}\, f(z) = \mathrm{Re}\, f(a)$. $\mathrm{Im}\, f(z)$ についても同様.

㋒ $|\overline{z}|^2 = \overline{z}\,\overline{\overline{z}} = \overline{z}z = |z|^2$ より $|\overline{z}| = |z|$. あるいは，$z = x + iy$ ($x, y$ は実数) について，$\overline{z} = x - iy$ で，$|\overline{z}| = \sqrt{x^2 + (-y)^2} = \sqrt{x^2 + y^2} = |z|$ と考えてもよい．

☞ 複素関数の極限の扱いは，見た目は 1 変数だが，実際は 2 変数関数の場合と同じである．

**問題 16 複素指数関数** 基本

複素変数の指数関数を

$$w = e^z = e^x(\cos y + i\sin y) \qquad (z = x+iy, \quad x, y \in \mathbb{R})$$

で定義する．このとき次の問に答えよ．

(1) $e^0$, $e^{i\pi}$ および $e^{2-i\frac{3\pi}{4}}$ の値を求めよ．

(2) $z \in \mathbb{C}$ に対し $\overline{e^z} = e^{\overline{z}}$ となることを示せ．

(3) （指数法則）$z_1, z_2 \in \mathbb{C}$ に対し $e^{z_1+z_2} = e^{z_1}e^{z_2}$ となることを示せ．

(4) $e^z = 1$ となる必要十分条件は $z \in 2\pi i\mathbb{Z}$ であることを示せ．

(5) 0 ではない $w \in \mathbb{C}$ に対し $e^z = w$ となる $z \in \mathbb{C}$ を求めよ．

## 解説

$f(\theta) = \cos\theta + i\sin\theta$ $(\theta \in \mathbb{R})$ とおいたとき，$f(0) = \cos 0 = 1$ であり，Chapter 1, 問題 07 の解説 [III] の計算のようにすれば $f(\theta_1)f(\theta_2) = f(\theta_1+\theta_2)$ となるから，

$$\begin{aligned}\frac{f(\theta+h)-f(\theta)}{h} &= f(\theta)\frac{f(h)-1}{h} \\ &= f(\theta)\left(\frac{\cos h - 1}{h} + i\frac{\sin h}{h}\right) \\ &\to f(\theta)(0+i) = if(\theta) \qquad (h \to 0).\end{aligned}$$

したがって $f'(\theta) = if(\theta)$ となる．実関数で「$f'(x) = kf(x)$，$f(0) = 1$」をみたす関数は $f(x) = e^{kx}$ であることより，$f(\theta) = e^{i\theta}$ という形になると考えられる．実数の場合の指数法則 $e^A e^B = e^{A+B}$ を鑑みて，**（複素）指数関数**を次で定義する：

$$e^{x+iy} := e^x(\cos y + i\sin y)$$

また定義より次の**オイラーの公式**が成り立つ：

$$e^{i\theta} = \cos\theta + i\sin\theta \qquad (\theta \in \mathbb{R})$$

後に複素微分の意味で $f(z) = e^z$ が $f'(z) = f(z)$，$f(0) = 1$ をみたすことを確かめる．

## 解答

(1) $e^0 = e^0(\cos 0 + i\sin 0) = 1(1+0i) = 1.$

$e^{i\pi} = e^0(\cos\pi + i\sin\pi) = 1(-1+0i) = -1.$

$$\begin{aligned}e^{2-i\frac{3\pi}{4}} &= \underbrace{e^2\left(\cos\left(-\frac{3\pi}{4}\right) + i\sin\left(-\frac{3\pi}{4}\right)\right)}_{㋐} \\ &= e^2\left(-\frac{1}{\sqrt{2}} - \frac{1}{\sqrt{2}}i\right) = -\frac{e^2}{\sqrt{2}}(1+i) \qquad \cdots（答）\end{aligned}$$

㋐
$\cos(-\frac{3\pi}{4}) = -\cos\frac{\pi}{4}$,
$\sin(-\frac{3\pi}{4}) = -\sin\frac{\pi}{4}$.

(2) $\overline{e^z} = \overline{e^x \cos y + ie^x \sin y}$

$$= e^x \cos y - ie^x \sin y$$

$$= {}_{㋑}\, e^x(\cos(-y) + i\sin(-y)) = e^{x-iy} = e^{\overline{z}}.$$

㋑
$\cos y = \cos(-y)$,
$-\sin y = \sin(-y)$.

(3) ㋒ $z_j = x_j + iy_j \ (j = 1, 2)$ とするとき, 実変数の指数関数の指数法則, および三角関数の加法定理より

㋒ 2つの式
$z_1 = x_1 + iy_1$,
$z_2 = x_2 + iy_2$
を, このようにまとめて書くことができる.

$$\begin{aligned} e^{z_1}e^{z_2} &= e^{x_1}(\cos y_1 + i\sin y_1) \cdot e^{x_2}(\cos y_2 + i\sin y_2) \\ &= e^{x_1+x_2}\{(\cos y_1 \cos y_2 - \sin y_1 \sin y_2) \\ &\quad + i\,(\sin y_1 \cos y_2 + \cos y_1 \sin y_2)\} \\ &= e^{x_1+x_2}\ {}_{㋓}(\cos(y_1+y_2) + i\sin(y_1+y_2)) \\ &= e^{x_1+x_2+i(y_1+y_2)} = e^{z_1+z_2}. \end{aligned}$$

㋓ 加法定理 :
$\cos(y_1+y_2)$
$= \cos y_1 \cos y_2$
$\quad - \sin y_1 \sin y_2$,
$\sin(y_1+y_2)$
$= \sin y_1 \cos y_2$
$\quad + \cos y_1 \sin y_2$.

(4) $z = 2n\pi i \quad (n \in \mathbb{Z})$ ならば
$e^{2n\pi i} = \cos(2n\pi) + i\sin(2n\pi) = 1.$

逆に $e^z = e^x(\cos y + i\sin y) = 1$ ならば $e^x \sin y = 0$,
㋔ $\sin y = 0$, したがって $y = m\pi \quad (m \in \mathbb{Z})$.
一方,

㋔ 常に $e^x > 0$ だから.

$$e^x \cos m\pi = 1, \quad \cos m\pi = (-1)^m, \quad e^x > 0$$

より $m = 2n \quad (n \in \mathbb{Z})$, $e^x = 1$ だから $x = 0$. よって $z = 2n\pi i$, すなわち $z \in$ ㋕ $2\pi i\mathbb{Z}$ となる.

㋕ $2xi$ の整数倍の全体の集合を $2\pi i\mathbb{Z}$ で表す.

(5) $z = x + iy$, $w = R(\cos\theta + i\sin\theta)$ $(R > 0$, $\theta = \arg w)$ のとき, $e^z = e^x(\cos y + i\sin y) = R(\cos\theta + i\sin\theta)$ より $e^x \cos y = R\cos\theta$, $e^x \sin y = R\sin\theta$.

$$\begin{aligned} e^{2x} &= e^{2x}(\cos^2 y + \sin^2 y) \\ &= R^2(\cos^2\theta + \sin^2\theta) = R^2 \end{aligned}$$

ゆえに $e^x = R$, ㋖ $x = \log|w|$.
さらに $e^{iy} = e^{i\theta}$, $e^{iy-i\theta} = 1$ となるから
$iy - i\theta = 2n\pi i \quad (n \in \mathbb{Z})$.

$$\therefore \quad z = \log|w| + i(\arg w + 2\pi n) \quad (n \in \mathbb{Z}) \qquad \cdots(答)$$

㋖ $R = |w|$

☞ 複素指数関数の導入方法はいくつかあるが, ここでは最も応用しやすい形を採用した. 問題 23 でべき級数による方法を述べる.

## 問題 17 複素三角関数 基本

複素関数 $\cos z$, $\sin z$ をそれぞれ

$$\cos z = \frac{e^{iz} + e^{-iz}}{2}, \qquad \sin z = \frac{e^{iz} - e^{-iz}}{2i}$$

で定義する．このとき次の問に答えよ．

(1) $\cos z$, $\sin z$ の実部，虚部をそれぞれ求めよ．

(2) $\cos^2 z + \sin^2 z = 1$ が成り立つことを示せ．

(3) 次の加法定理が成り立つことを示せ．

$$\cos(z_1 + z_2) = \cos z_1 \cos z_2 - \sin z_1 \sin z_2,$$
$$\sin(z_1 + z_2) = \sin z_1 \cos z_2 + \cos z_1 \sin z_2$$

(4) $\cos(z + \pi) = -\cos z$, $\sin(z + \pi) = -\sin z$, $\cos(-z) = \cos z$ および $\sin(-z) = -\sin z$ を示せ．

(5) $\sin z = 0$ のとき $z = n\pi$（$n$ は整数）であることを示せ．

(6) $\sin z = \sqrt{2}$ となる $z$ を求めよ．

**解説** 前問の解説にあるオイラーの公式より，任意の実数 $\theta$ に対し

$$\cos\theta = \frac{e^{i\theta} + e^{-i\theta}}{2}, \qquad \sin\theta = \frac{e^{i\theta} - e^{-i\theta}}{2i}$$

となる．$\theta$ を形式的に複素数に置き換えたものが問題で与えた（**複素**）**正弦関数** $\sin z$，（**複素**）**余弦関数** $\cos z$ である．

**解答**

(1) $z = x + iy$ とする．$\sin z$ について

$$\begin{aligned}\sin z &= \frac{e^{-y+ix} - e^{y-ix}}{2i} \\ &= \underbrace{\frac{e^{-y}(\cos x + i\sin x) - e^{y}(\cos x - i\sin x)}{2i}}_{㋐} \\ &= \underbrace{\frac{e^{y} + e^{-y}}{2}\sin x + i\frac{e^{y} - e^{-y}}{2}\cos x}_{㋑} \\ &= \sin x\cosh y + i\cos x\sinh y\end{aligned}$$

より実部，虚部はそれぞれ $\sin x\cosh y$，$\cos x\sinh y$ となる．同様の議論を行えば，$\cos z$ の実部，虚部はそれぞれ $\cos x\cosh y$，$-\sin x\sinh y$ となる． $\cdots$（答）

㋐ $e^{y-ix} = e^{y}e^{-ix}$
$= e^{y}(\cos(-x) + i\sin(-x))$
$= e^{y}(\cos x - i\sin x)$.

㋑
$\dfrac{e^{y} + e^{-y}}{2} = \cosh y$,
$\dfrac{e^{y} - e^{-y}}{2} = \sinh y$
は問題 18 を参照.

(2) $\cos^2 z+\sin^2 z$

$$= \left(\frac{e^{iz}+e^{-iz}}{2}\right)^2 + \left(\frac{e^{iz}-e^{-iz}}{2i}\right)^2$$

$$= \frac{e^{2iz}+2+e^{-2iz}}{4} - \frac{e^{2iz}-2+e^{-2iz}}{4} = 1.$$

(3) ㋒指数関数の指数法則より

$$\sin z_1 \cos z_2 + \cos z_1 \sin z_2$$

$$= \frac{e^{iz_1}-e^{-iz_1}}{2i}\,\frac{e^{iz_2}+e^{-iz_2}}{2} + \frac{e^{iz_1}+e^{-iz_1}}{2}\,\frac{e^{iz_2}-e^{-iz_2}}{2i}$$

$$= \frac{e^{i(z_1+z_2)}+e^{i(z_1-z_2)}-e^{i(-z_1+z_2)}-e^{-i(z_1+z_2)}}{4i} + \frac{e^{i(z_1+z_2)}-e^{i(z_1-z_2)}+e^{i(-z_1+z_2)}-e^{-i(z_1+z_2)}}{4i}$$

$$= \frac{e^{i(z_1+z_2)}-e^{-i(z_1+z_2)}}{2i} = \sin(z_1+z_2).$$

$\cos(z_1+z_2)$ についても同様.

(4) 加法定理と $\cos\pi = -1$, $\sin\pi = 0$ より

$$\cos(z+\pi) = \cos z\cos\pi - \sin z\sin\pi = -\cos z,$$

$$\cos(-z) = \frac{e^{i(-z)}+e^{-i(-z)}}{2} = \frac{e^{-iz}+e^{iz}}{2} = \cos z.$$

$\sin(z+\pi) = -\sin z$, $\sin(-z) = -\sin z$ についても同様.

(5) $\sin z = 0$ のとき $e^{iz}-e^{-iz} = 0$, $e^{2iz} = 1 = e^0$. したがって $2iz = 2n\pi i$, よって $z = n\pi$ ($n$ は整数).

(6) $e^{iz}-e^{-iz} = 2\sqrt{2}i$, $e^{2iz}-2\sqrt{2}ie^{iz}-2 = -1$, $(e^{iz}-\sqrt{2}i)^2 = i^2$ より

$$e^{iz} = (\sqrt{2}\pm 1)i = (\sqrt{2}\pm 1)e^{i\frac{\pi}{2}},$$

$$iz = \log|\sqrt{2}\pm 1| + \left(\tfrac{\pi}{2}+2n\pi\right)i,$$

$$\therefore\quad z = \frac{\pi}{2}+2n\pi-\log|\sqrt{2}\pm 1|i \quad (n\in\mathbb{Z}) \qquad \cdots(答)$$

㋒ $e^{z_1}e^{z_2} = e^{z_1+z_2}$.

☞ 複素変数 $z$ に対する三角関数 $\sin z, \cos z$ はオイラーの公式を基に定義される. 指数関数の指数法則より, 三角関数の加法定理が導かれ, これにより基本的な性質が導かれる. 問題 23 でべき級数による定義を与える.

## 問題 *18* 複素双曲線関数 基本

複素双曲線関数

$$\cosh z = \frac{e^z+e^{-z}}{2}, \qquad \sinh z = \frac{e^z-e^{-z}}{2}$$

について次の問に答えよ.

(1) $\cosh z = \cos(iz)$, $\sinh z = -i\sin(iz)$ を示せ.

(2) $\cosh z$, $\sinh z$ の実部, 虚部をそれぞれ求めよ.

(3) $\cosh^2 z - \sinh^2 z = 1$ が成り立つことを示せ.

(4) 次の加法定理が成り立つことを示せ.

$$\cosh(z_1+z_2) = \cosh z_1 \cosh z_2 + \sinh z_1 \sinh z_2,$$
$$\sinh(z_1+z_2) = \sinh z_1 \cosh z_2 + \cosh z_1 \sinh z_2$$

(5) $z = x+iy$ のとき, $\tan z = \dfrac{\sin 2x + i\sinh 2y}{\cos 2x + \cosh 2y}$ を示せ.

**解説** 任意の実数 $t$ に対し

$$\cosh t = \frac{e^t+e^{-t}}{2}, \qquad \sinh t = \frac{e^t-e^{-t}}{2}, \qquad \tanh t = \frac{\sinh t}{\cosh t}$$

をそれぞれ**双曲線正弦関数**, **双曲線余弦関数**, **双曲線正接関数** という.

三角関数が左下図の扇形の面積が $\frac{\theta}{2}$ となる点 P の座標となるのに対し, 双曲線関数は右下図の斜全部の面積が $\frac{t}{2}$ となる点 P の座標として解釈される.

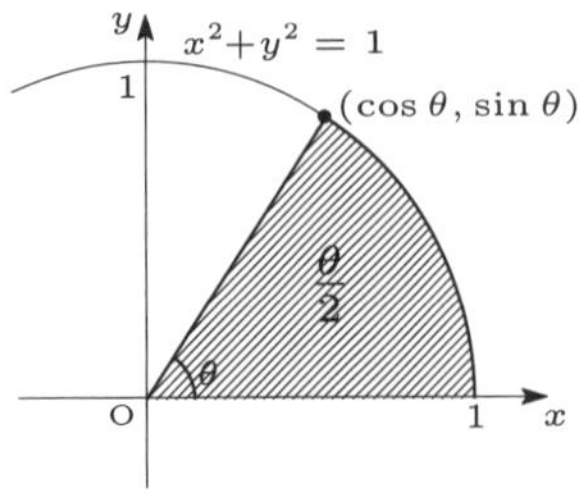


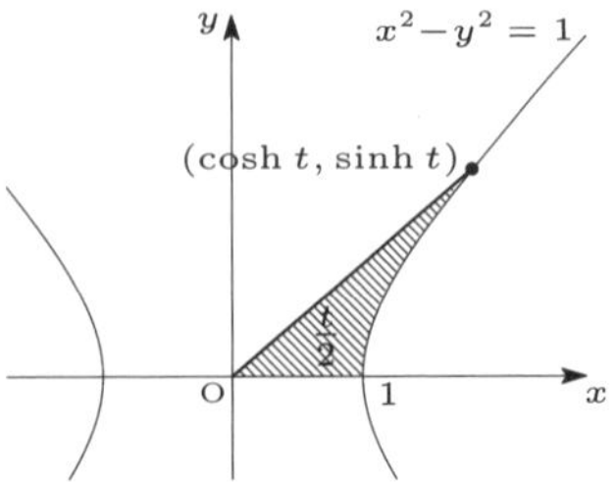


実変数 $t$ を形式的に複素変数 $z$ に置き換えたものが問題に与えた (**複素**) **双曲線的正弦関数** $\sinh z$, (**複素**) **双曲線的余弦関数** $\cosh z$ である.

**解答**

(1) $\cos(iz) = \dfrac{e^{i(iz)}+e^{-i(iz)}}{2} = \dfrac{e^{-z}+e^z}{2} = \cosh z.$

$$\sin(iz) = \frac{e^{i(iz)} - e^{-i(iz)}}{2i} = \frac{e^{-z} - e^{z}}{2i} = i \sinh z \text{ より}$$

$\sinh z = -i\sin(iz)$.

(2)　$z = x + iy$ のとき，$iz = -y + ix$ だから

$$\begin{aligned} \sinh z &= -i\sin(iz) = -i\sin(-y+ix) \\ &= -i(\sin(-y)\cosh x + i\cos(-y)\sinh x) \\ &= \sinh x\cos y + i\cosh x\sin y. \end{aligned}$$

したがって $\sinh z$ の実部，虚部はそれぞれ $\sinh x\cos y$，$\cosh x\sin y$ となる．　…（答）

一方，$\cosh z$ について

$$\begin{aligned} \cosh z &= \cos(iz) = \cos(-y+ix) \\ &= \cos(-y)\cosh x - i\sin(-y)\sinh x \\ &= \cosh x\cos y + i\sinh x\sin y \end{aligned}$$

だから，実部，虚部はそれぞれ $\cosh x\cos y$，$\sinh x\sin y$ となる．　…（答）

(3)　$\cos^2 z + \sin^2 z = 1$ と (1) より

$$\begin{aligned} \cosh^2 z - \sinh^2 z &= \cos^2(iz) - (-i)^2\sin^2(iz) \\ &= \underset{㋐}{\cos^2(iz) + \sin^2(iz) = 1}. \end{aligned}$$

㋐　問題 17(2) 参照．

(4)　三角関数に対する加法定理より

$$\begin{aligned} &\cosh(z_1+z_2) \\ &= \cos(iz_1+iz_2) \\ &= \cos(iz_1)\cos(iz_2) - \sin(iz_1)\sin(iz_2) \\ &= \cosh z_1\cosh z_2 + (-i\sin(iz_1))(-i\sin(iz_2)) \\ &= \cosh z_1\cosh z_2 + \sinh z_1\sinh z_2. \end{aligned}$$

$\sinh$ についても同様．

(5)　㋑三角関数に対する和・積の公式より

$$\begin{aligned} \frac{\sin 2x + i\sinh 2y}{\cos 2x + \cosh 2y} &= \frac{\sin 2x + i(-i\sin(2iy))}{\cos 2x + \cos(2iy)} \\ &= \frac{2\sin(x+iy)\cos(x-iy)}{2\cos(x+iy)\cos(x-iy)} = \tan z. \end{aligned}$$

㋑　$\cos z + \cos w$
$= 2\cos\frac{z+w}{2}\cos\frac{z-w}{2}$,
$\sin z + \sin w$
$= 2\sin\frac{z+w}{2}\cos\frac{z-w}{2}$.

☞　双曲線の座標を由来とする双曲線関数は三角関数の変数を $\frac{\pi}{2}$ だけ回転させることにより得られる．したがって三角関数と類似の公式が成り立つ．ちなみに双曲線と円は射影幾何学と呼ばれる幾何学の中では同じものと見なされている．

**問題 19 写像としての複素関数 (1)** 基本

以下に与える複素平面内の集合 $A_1, A_2, A_3, A_4$ の写像 $f(z)=\dfrac{1}{z}$ によるそれぞれの像 $B_1, B_2, B_3, B_4$ を図示せよ．

(1) $A_1=\{re^{it}\in\mathbb{C} : r\geq 2,\ 0\leq t\leq \dfrac{3\pi}{4}\}$

(2) $A_2=\{z\in\mathbb{C} : \dfrac{1}{2}\leq \mathrm{Re}\, z\leq 1\}$

(3) $A_3=\{z\in\mathbb{C} : |z-\dfrac{1}{2}|=\dfrac{1}{2},\ z\neq 0\}$

(4) $A_4=\{x+iy\in\mathbb{C} : x, y>0,\ x+y=1\}$

**解説** 複素関数は複素平面内の点を複素平面内の点に対応させる“写像”として考える事が有効である．さらに点だけでなく，部分集合の変化を考察することで，複素関数の実態が見えてくる．問題 19〜21 では基本的な例を調べてみる．

**反転** $z=x+iy\ (x, y\in\mathbb{R}), z=re^{it}\ (r>0,\ t\in\mathbb{R})$ という表示によって $w=f(z)=1/z$ は

$$w=\frac{x}{x^2+y^2}-i\frac{y}{x^2+y^2}\ =\ \frac{1}{r}e^{-it}$$

と表される．特に後者より次がわかる：

1. $|z|$ が大きいほど $|w|$ は小さくなる．
2. $w$ の偏角は $z$ の偏角の $(-1)$ 倍になる．

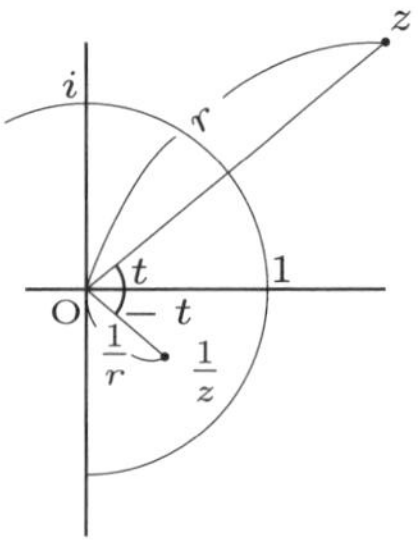


**解答**

(1) $A_1$ 内の $z=re^{it}$ について $f(z)=(1/r)e^{-it}$ より

$$B_1=\{re^{it}\in\mathbb{C} :\ \underset{㋐}{0<r\leq\tfrac{1}{2}},\ -\tfrac{3\pi}{4}\leq t\leq 0\}$$

となる．

(2) $z=a+iy$ （$a$ は正数），$f(z)=u+iv$ $(u, v\in\mathbb{R})$ とすれば $u=\dfrac{a}{a^2+y^2}$, $v=\dfrac{-y}{a^2+y^2}$ となる．これより ㋐$(u-\frac{1}{2a})^2+v^2=\frac{1}{4a^2}$ となり，したがって直線 $\mathrm{Re}\, z=a$ の $f(z)$ による像は $\frac{1}{2a}$ を中心とする半径 $\frac{1}{2a}$ の（原点 0 を除く）円になることがわかる．この円を $a$ を $\frac{1}{2}\sim 1$ の範囲で動かせば $B_2$ が得られる．

(3) $A_3$ の点は極形式により，㋒$z=re^{i\theta}$ $\Bigl(r\ =\ \cos\theta,$

㋐ $1\leq r\leq 2$ のとき，$1\geq 1/r\geq 1/2$．ここで $1/r$ を改めて $r$ とする．

㋑ $u, v$ を $(u-\frac{1}{2a})^2+v^2$ に代入し，通分して整理すればよい．

㋒ 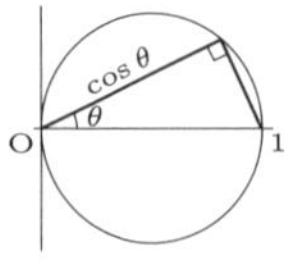

$-\dfrac{\pi}{2}<\theta<\dfrac{\pi}{2}\Big)$ と表される．

$$\therefore\quad f(z)=\frac{1}{\cos\theta}e^{-i\theta}=\frac{\cos\theta-i\sin\theta}{\cos\theta}=1-i\tan\theta.$$

$\theta$ を上の範囲で動かせば，$B_3$ は虚軸に平行な直線 $\mathrm{Re}\,z=1$ であることがわかる ((2) の逆の操作)．

(4)　方程式 $x+y=1$ は $\dfrac{1-i}{2}z-\dfrac{1+i}{2}\overline{z}-1=0$ ㋓ と表される．ここに $z=1/w$ を代入して整理すれば

$$w\overline{w}-\frac{1+i}{2}w-\frac{1-i}{2}\overline{w}=0\qquad\therefore\quad\left|w-\frac{1-i}{2}\right|=\frac{1}{\sqrt{2}}$$

$w=u+iv$ とすれば ㋔ $u>0,\ v<0$ だから，$B_4$ は中心 $\dfrac{1-i}{2}$，半径 $\dfrac{1}{\sqrt{2}}$ の円の第 4 象限にある部分となる．

㋓　直線 $x+y=1$ は $\alpha=1+i$ に直交するので，方程式は
$\overline{(1+i)}z+(1+i)\overline{z}+c=0$
（$c$ は実数）という形になる（問題 09）．
$z=1$ を通るので，これを代入すれば $c=-2$ となる．

㋔　仮定 $x>0,\ y>0$ と $u=\frac{x}{x^2+y^2}$，$v=\frac{-y}{x^2+y^2}$ より $u>0,\ v<0$ となる．

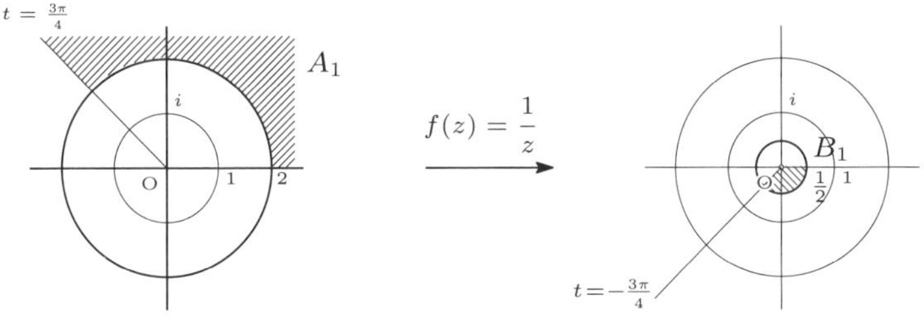


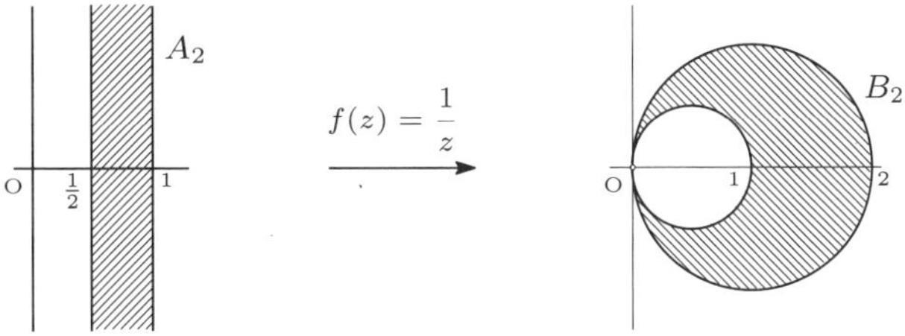


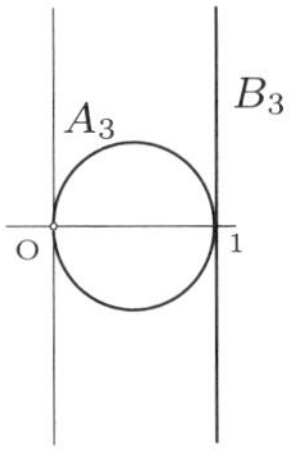


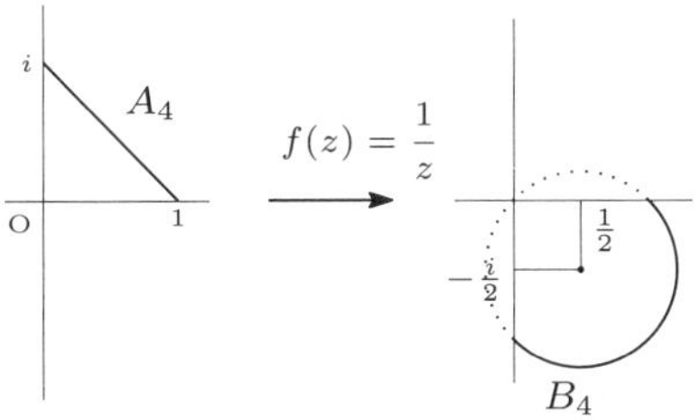

**問題 20　写像としての複素関数 (2)　基本**

(1)　$z$ 平面の部分集合 $A=\{z:\frac{1}{2}\leq|z|\leq 1,\ 0<\arg z<\frac{\pi}{3}\}$ の関数 $f(z)=z^2,\ g(z)=z^3$ による像 $B, C$ をそれぞれ求めよ．

(2)　直線 $A:\mathrm{Re}\,z=a,\ B:\mathrm{Im}\,z=b$ ($a, b$ は実定数) の $f(z)=z^2$ による像をそれぞれ求めよ．

(3)　円 $C=\{z\in\mathbb{C}:|z-1|=1\}$ の $f(z)=z^2$ による像を求めよ．

**解 説**　関数 $f(z)=z^n$ 複素数 $z$ を極表示 $z=re^{it}$ $(r>0,\ t\in\mathbb{R})$ すれば，$f(z)=r^n e^{int}$ となり，これより次の性質を持つことがわかる：

・ $|z| \mathrel{\substack{<\\=\\>}} 1$ ならば $|z^n| \mathrel{\substack{<\\=\\>}} 1$．　とくに原点を中心とする単位円周上の点は再び同じ円周上にある．

・ 偏角 $t$ は $n$ 倍される．

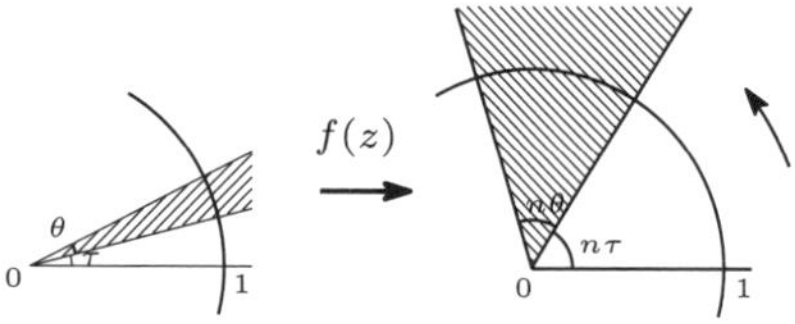


**解 答**

(1)　$z=re^{it}$ $(r>0,\ t\in\mathbb{R})$ と極表示すると，$f(z)=r^2e^{2it},\ g(z)=r^3e^{3it}$ について

・ $\frac{1}{2}\leq r\leq 1$ のとき，$\frac{1}{4}\leq r^2\leq 1,\ \frac{1}{8}\leq r^3\leq 1.$

・ $0<t<\frac{\pi}{3}$ のとき，$0\leq 2t\leq\frac{\pi}{3},\ 0\leq 3t\leq\pi.$

$$\therefore\quad \begin{cases} B=\{z:\frac{1}{4}\leq|z|\leq 1,\ 0<\arg z<\frac{2\pi}{3}\} \\ C=\{z:\frac{1}{8}\leq|z|\leq 1,\ 0<\arg z<\pi\} \end{cases} \qquad \cdots(\text{答})$$

(2)　$z=x+iy,\ f(z)=u+iv$ とすると

$$u=x^2-y^2,\qquad v=2xy.$$

$x=a$ のとき：$a\neq 0$ のとき，後者より $y=\dfrac{v}{2a}$．前者に代入して $u=a^2-\dfrac{v^2}{4a^2}$．これより $A$ の $f(z)$ による像は放物線になる．とくに上の式より $x=a$ と $x=-a$ の像は一致する．$a=0$ のときは $v=0,\ u=-y^2$ より実軸の 0 以下の部分になる．　$\cdots$ (答)

$y=b$ のとき：$b\neq 0$ のとき，$x=\dfrac{v}{2b}$，$u=\dfrac{v^2}{4b^2}-b^2$ より $B$ の $f(z)$ による像は放物線になる．とくに上の式より $y=b$ と $y=-b$ の像は一致する．$b=0$ のときは $v=0$,

$u = x^2$ より実軸の 0 以上の部分になる.　　　　$\cdots$ (答)

(3) $C$ 上の点を $z = 1+e^{i\theta}$ $(0 \leq \theta < 2\pi)$ と表すとき, 像 $w$ は

$$w = (1+e^{i\theta})^2 = (e^{-i\theta/2}+e^{i\theta/2})^2 e^{i\theta}$$
$$= 4\cos^2(\theta/2)e^{i\theta} = 2(1+\cos\theta)e^{i\theta}.$$

$w = Re^{i\Theta}$ と極表示すれば,

$$\Theta = \theta, \qquad R = 2(1+\cos\theta) = 2(1+\cos\Theta).$$

後者はカージオイドの極方程式なので, $C$ の像はカージオイドである.　　　　$\cdots$ (答)

(1)

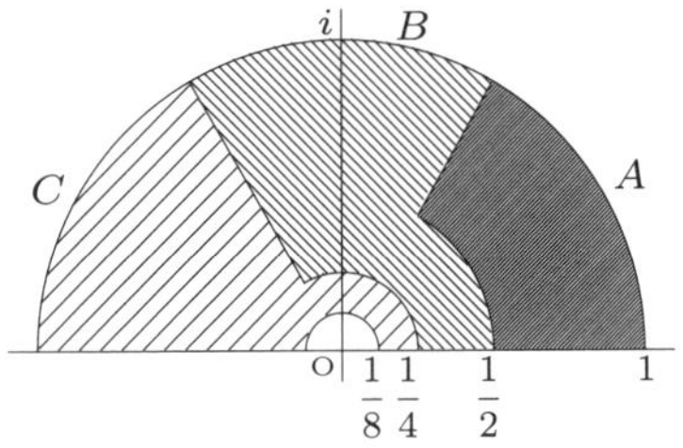


(2)

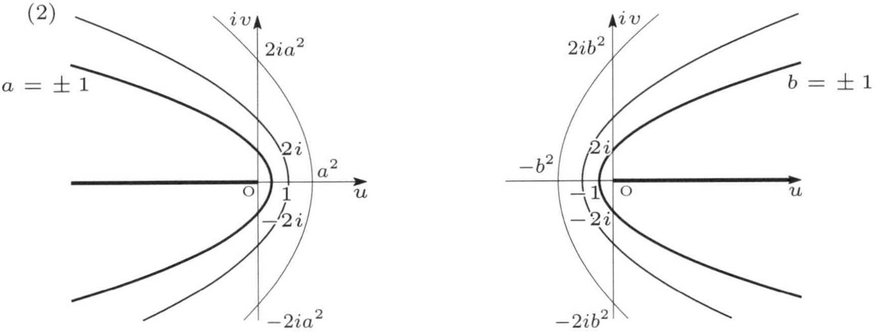


(3)

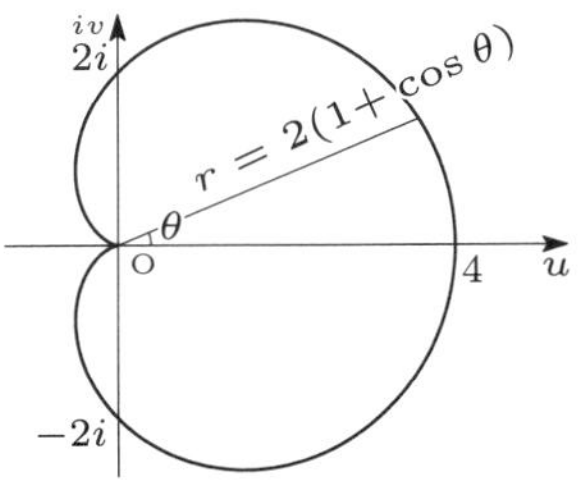

**問題 21 写像としての複素関数 (3)** 基本

(1) 実数 $\theta$ を 1 つ固定し，$A_k = \{z \in \mathbb{C} : \theta - k < \mathrm{Im}\, z \leq \theta + k\}$ $(k = \frac{\pi}{4}, \frac{\pi}{2}, \pi)$ とする．$A_k$ の関数 $f(z) = e^z$ による像を調べよ．

(2) $B = \{z \in \mathbb{C} : -1 \leq \mathrm{Re}\, z \leq 1,\ \mathrm{Im}\, z > 0\}$ の関数 $f(z) = e^z$ による像を調べよ．

(3) (2) の $B$ の関数 $f(z) = \cos \pi z$ による像を調べよ．

**解説** **[I] 指数関数** $z = x + iy$ に対し $e^z = e^x e^{iy}$ と分ければ，

・ 実部 $x$ が $e^z$ の絶対値，虚部 $iy$ が $e^z$ の偏角に関係する．
・ 実軸は実軸の 0 より大きい部分に 1 対 1 で移る．
・ 虚軸は 0 を中心とする単位円に移る．$2\pi i$ 毎に 1 周する．

**[II] 余弦関数** $\cos z$ は，$\zeta = g(z) = e^{iz}$，$w = h(\zeta) = \dfrac{1}{2}\left(\zeta + \dfrac{1}{\zeta}\right)$ とすれば $\cos z = h(g(z))$ と 2 つの関数の合成になっている．後者の関数 $w = h(\zeta)$ は応用上重要な “ジューコフスキー関数” の特殊な場合になっている（問題 75 参照）．

**解答**

(1) $z = x + iy$ $(x, y \in \mathbb{R})$ のとき，$\theta - k < y \leq \theta + k$ かつ $x$ は任意だから，$w = f(z) = e^x e^{iy}$ による $A_k$ の像は偏角 $\theta$ を中心に㋐扇状に拡がる集合になる． …（答）

(2) $z = x + iy$ $(x, y \in \mathbb{R})$ のとき，$-1 \leq x \leq 1$ かつ $y > 0$ は任意だから，$w = f(z)$ による像は
㋑$e^{-1} \leq |w| \leq e$ という円環状の集合になる． …（答）

(3) $\zeta = g(z) = e^{\pi i z}$，$w = h(\zeta) = \dfrac{1}{2}\left(\zeta + \dfrac{1}{\zeta}\right)$ とすれば $f(z) = h(g(z))$ となる．$B$ の $\zeta = g(z)$ による像は

$$\begin{aligned} B' &= \{e^{\pi i (x + iy)} : -1 \leq x \leq 1,\ y > 0\} \\ &= \{e^{-\pi y + \pi i x} : -1 \leq x \leq 1,\ y > 0\}. \end{aligned}$$

すなわち中心を除いた 0 を中心とする単位円盤となる．

一方，問題 75 (1) より，$h(z)$ は原点 0 を中心とする半径 $r > 0$ の円を実軸方向に長軸，虚軸方向に短軸を持つ楕円に移す．$0 < r < 1$ の範囲で $r$ を動かせば，$r + \dfrac{1}{r}$，$r - \dfrac{1}{r}$

㋐ $k = \frac{\pi}{4}, \frac{\pi}{2}, \pi$ に応じて，像の中心角は $\frac{\pi}{2}$，$\pi$，$2\pi$ となる

㋑ $|e^{i\theta}| = 1$ だから $|w| = |e^x e^{i\theta}| = e^x$

はそれぞれ $\infty$ から 2, $-\infty$ から 0 まで動く. $r=1$ のときの像が実軸上の閉区間 $[-1,1]$ となるから, $h(\zeta)$ による $B'$ の像, したがって $f(z)$ による $B$ の像は複素平面からこの閉区間を除いた部分になる. $\cdots$ (答)

☞ 章末コラム (指数関数を "連続的変形" により捉えた図) も参照下さい.

(1)

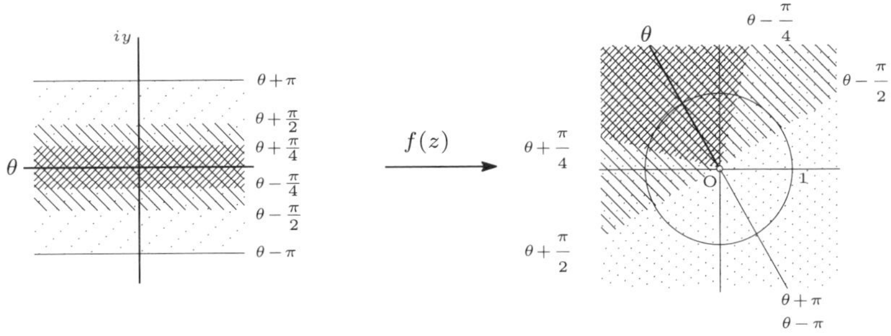


(2)

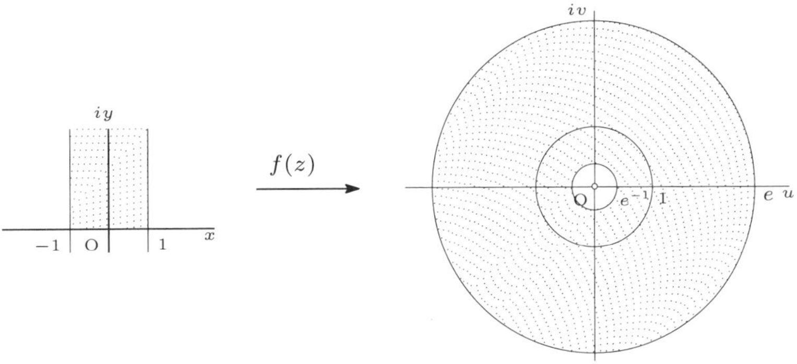


(3)

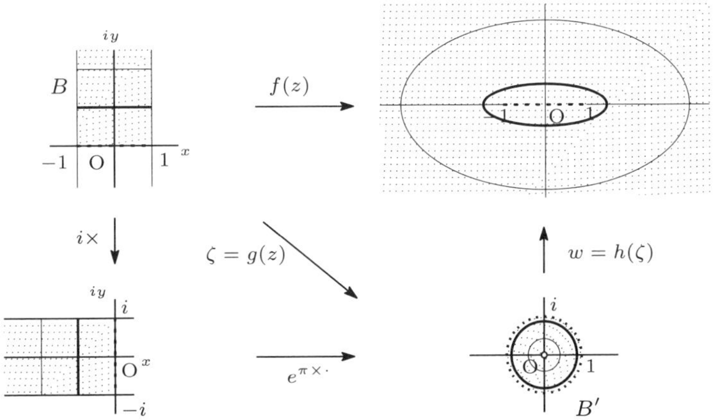

**問題 22 べき級数 (1)** 基本

(1) 次に与えるべき級数の収束半径を求めよ（$p$ は正の整数とする）.

(i) $\displaystyle\sum_{n=0}^{\infty} z^n$ (ii) $\displaystyle\sum_{n=0}^{\infty} n!z^n$ (iii) $\displaystyle\sum_{n=2}^{\infty} (\log n)^p z^n$

(iv) $\displaystyle\sum_{n=2}^{\infty} (\log n)^n z^n$ (v) $\displaystyle\sum_{n=1}^{\infty} \frac{z^{pn}}{(1+i)^n}$ (vi) $\displaystyle\sum_{n=0}^{\infty} z^{n!}$

(2) べき級数 $\displaystyle\sum_{n=0}^{\infty} a_n z^n$ と $\displaystyle\sum_{n=1}^{\infty} n a_n z^{n-1}$ の収束半径は一致する事を示せ.

**解 説** 複素関数の構成法の 1 つに，べき級数による方法がある.

**[I] べき級数**

$$f(z) = \sum_{n=0}^{\infty} c_n z^n = c_0 + c_1 z + c_2 z^2 + \cdots + c_m z^m + \cdots$$

という形の式を**べき級数**（または**整級数**）という.

**[II] 収束半径**

**定理** べき級数 $f(z)$ に対し次の 2 条件を満たす $R \in [0, \infty]$ がただ 1 つ存在する：

(1) $0 \leq |z| < R$ ならば $f(z)$ は絶対収束する.
(2) $|z| > R$ ならば $f(z)$ は収束しない.

この定理で得られる $R$ を $f(z)$ の**収束半径**という. 任意の $a$ に対し円盤 $U_R(a)$ 上で $f(z-a) = \displaystyle\sum_{n=0}^{\infty} c_n (z-a)^n$ は収束するので，$\phi(z) := f(z-a)$ とすれば，$\phi(z)$ は $U_R(a)$ 上の複素数値関数を定める. $R = \infty$ の場合は任意の $z$ が代入可能であり，一方，$R = 0$ の場合は $z = a$ のみ代入可能で $f(a) = c_0$ となる. $R$ については次が知られている.

**コーシー＝アダマールの定理** べき級数 $f(z)$ の収束半径 $R$ は次で与えらえる：

$$R = \overline{\lim_{n\to\infty}} \sqrt[n]{|c_n|} \qquad (0 \leq R \leq \infty)$$

**ダランベールの公式** 極限 $\displaystyle\lim_{n\to\infty} \left| \frac{c_n}{c_{n+1}} \right|$ が存在すれば，$f(z)$ の収束半径はその極限と一致する.

## 解答

(1)(i)　$c_n = 1 \quad (n = 0, 1, 2, \ldots)$ とコーシー=アダマールの定理より

$$R = \varlimsup_{n\to\infty} \sqrt[n]{1} = 1 \qquad \cdots \text{(答)}$$

(ii)　$c_n = n! \quad (n = 0, 1, 2, \ldots)$ とダランベールの公式より

$$R = \varlimsup_{n\to\infty} \frac{n!}{(n+1)!} = 0 \qquad \cdots \text{(答)}$$

(iii)　$c_n = (\log n)^p \quad (n = 2, 3, \ldots)$ とダランベールの公式より

$$\begin{aligned} R &= \lim_{n\to\infty} \frac{(\log n)^p}{(\log(n+1))^p} \\ &= \lim_{n\to\infty} \left(1 - \frac{\log(n+1) - \log n}{\log(n+1)}\right)^p \\ &= \lim_{n\to\infty} \left(1 - \frac{\log(1+\frac{1}{n})}{\log(n+1)}\right)^p = 1 \end{aligned} \qquad \cdots \text{(答)}$$

(iv)　$c_n = (\log n)^n \quad (n = 2, 3, \ldots)$ とコーシー=アダマールの定理より

$$R = \frac{1}{\varlimsup_{n\to\infty} \sqrt[n]{(\log n)^n}} = \frac{1}{\varlimsup_{n\to\infty} \log n} = 0 \qquad \cdots \text{(答)}$$

(v)　$c_n = \dfrac{1}{(1+i)^n} \quad (n = 1, 2, \ldots)$ とダランベールの公式より

$$R = \lim_{n\to\infty} \left| \frac{\frac{1}{(1+i)^n}}{\frac{1}{(1+i)^{n+1}}} \right| = \lim_{n\to\infty} |1+i| = \sqrt{2} \qquad \cdots \text{(答)}$$

(vi)　$c_k = \begin{cases} 1 \ (k = 0!, 1!, 2!, \ldots) \\ 0 \ (\text{それ以外}) \end{cases}$ とすれば

$\varlimsup_{n\to\infty} \sqrt[n]{c_n} = 1$ だから，コーシー=アダマールの定理より

$$R = \frac{1}{\varlimsup_{n\to\infty} \sqrt[n]{c_n}} = 1 \qquad \cdots \text{(答)}$$

(2)　$\displaystyle \lim_{n\to\infty} \sqrt[n]{n|a_n|} = \underbrace{\lim_{n\to\infty} \sqrt[n]{n}}_{㋐} \lim_{n\to\infty} \sqrt[n]{|a_n|} = \lim_{n\to\infty} \sqrt[n]{|a_n|}.$

コーシー=アダマールの定理より 2 つのべき級数の収束半径は一致する．

㋐　$\sqrt[n]{n} = e^{\frac{1}{n}\log n}$,

$\displaystyle \lim_{x\to\infty} \frac{\log x}{x} = 0.$

☞　べき級数は具体的な複素関数を作るためのツールの 1 つであり，微分方程式の解法などにも利用される．係数のデータにより絶対収束する範囲を具体的に計算できる．

**問題 23　べき級数 (2)**　基本

べき級数

$$e(z) = \sum_{n=0}^{\infty} \frac{1}{n!} z^n, \quad s(z) = \sum_{n=0}^{\infty} \frac{(-1)^n}{(2n+1)!} z^{2n+1}, \quad c(z) = \sum_{n=0}^{\infty} \frac{(-1)^n}{(2n)!} z^{2n}$$

に対し以下の問に答えよ.

(1) 各級数の収束半径は $\infty$ であることを示せ..
(2) 任意の $z_1, z_2$ に対し $e(z_1+z_2) = e(z_1)e(z_2)$ となることを示せ.
(3) 任意の $z$ に対し $e(iz) = c(z)+is(z)$ となる事を示せ.
(4) $e(z) = e^z$, $s(z) = \sin z$, $c(z) = \cos z$ となることを示せ.

**解 説**　問題 16, 17 ではオイラーの公式に基づいて指数関数, 三角関数を定義したが, 実変数関数としての指数, 三角関数マクローリン展開に基づいて, 級数により再構成する.

**解 答**

(1) ダランベールの公式より $e(z)$ の収束半径は

$$\lim_{n\to\infty} \frac{\frac{1}{n!}}{\frac{1}{(n+1)!}} = \lim_{n\to\infty} (n+1) = \infty.$$

$\displaystyle\sum_{n=0}^{\infty} \frac{(-1)^n}{(2n+1)!} w^n, \ \sum_{n=0}^{\infty} \frac{(-1)^n}{(2n)!} w^n$ の収束半径 $R_s, R_c$ はそれぞれ ㋐

$$R_s = \lim_{n\to\infty} \left| \frac{\frac{(-1)^n}{(2n+1)!}}{\frac{(-1)^{n+1}}{(2n+3)!}} \right| = \lim_{n\to\infty} (2n+2)(2n+3) = \infty,$$

$$R_c = \lim_{n\to\infty} \left| \frac{\frac{(-1)^n}{(2n)!}}{\frac{(-1)^{n+1}}{(2n+2)!}} \right| = \lim_{n\to\infty} (2n+1)(2n+2) = \infty.$$

$w = z^2$ を代入しても絶対収束し, さらに前者は $z$ を掛けても絶対収束するから, $s(z)$, $c(z)$ の収束半径は $\infty$ となる.

(2) 2 項定理 $(X+Y)^n = \displaystyle\sum_{k+m=n} \frac{n!}{k!m!} X^k Y^m$ より

㋐ 偶数項=0 のため, $s(z)$ にダランベールの公式をそのまま使えないので, 全ての項の係数が 0 にならないような細工をした. $c(z)$ も同様.

$$
\begin{aligned}
e(z_1)e(z_2) &= \sum_{k=0}^{\infty}\sum_{m=0}^{\infty}\frac{z_1^k}{k!}\frac{z_2^m}{m!} \\
&= \sum_{n=0}^{\infty}\frac{1}{n!}\underbrace{\sum_{k+m=n}\frac{n!}{k!m!}z_1^k z_2^m}_{㋑} \\
&= \sum_{n=0}^{\infty}\frac{1}{n!}(z_1+z_2)^n = e(z_1+z_2).
\end{aligned}
$$

㋑

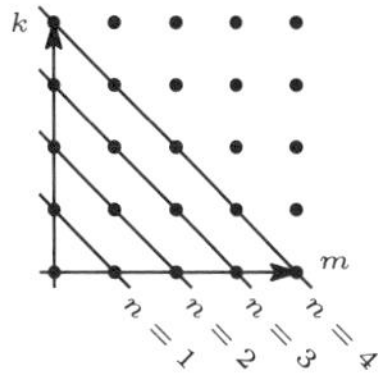


(3) 和を偶数項と奇数項に分けると

$$
\begin{aligned}
e(iz) &= \sum_{n=0}^{\infty}\frac{(iz)^{2n}}{(2n)!}+\sum_{n=0}^{\infty}\frac{(iz)^{2n+1}}{(2n+1)!} \\
&= \sum_{n=0}^{\infty}\frac{(-1)^n}{(2n)!}z^{2n}+i\sum_{n=0}^{\infty}\frac{(-1)^n}{(2n+1)!}z^{2n+1} \\
&= c(z)+is(z).
\end{aligned}
$$

(4) $z = x+iy \quad (x, y \in \mathbb{R})$ とすると，実変数関数 $e^x$, $\cos y, \sin y$ のマクローリン展開より㋒ $e(x) = e^x$, $s(y) = \sin y$, $c(y) = \cos y$ となるから,

$$
\begin{aligned}
e(z) = e(x)e(iy) &= e(x)(c(y)+is(y)) \\
&= e^x(\cos y+i\sin y) = e^z.
\end{aligned}
$$

㋒ $e^x = \sum_{n=0}^{\infty}\frac{x^n}{n!}$,
$\cos y = \sum_{n=0}^{\infty}\frac{(-1)^n}{(2n)!}y^{2n}$,
$\sin y = \sum_{n=0}^{\infty}\frac{(-1)^n}{(2n+1)!}y^{2n+1}$,

偶数項のみの級数なので $c(-z) = c(z)$，奇数項のみの級数なので $s(-z) = -s(z)$ となる事に注意すると，(iii) より

$$
\begin{aligned}
&e(iz)+e(-iz) \\
&=(c(z)+is(z))+(c(-z)+is(-z)) \\
&=(c(z)+is(z))+(c(z)-is(z)) \\
&=2c(z),
\end{aligned}
$$

$$
\begin{aligned}
&e(iz)-e(-iz) \\
&=(c(z)+is(z))-(c(-z)+is(-z)) \\
&=(c(z)+is(z))-(c(z)-is(z)) \\
&=2is(z).
\end{aligned}
$$

☞　問題 16 ではオイラーの公式をもとにして指数関数を定義したが, 本問のようにべき級数により定義することもできる.

$$
\begin{aligned}
\therefore\quad c(z) &= \frac{e(iz)+e(-iz)}{2} = \frac{e^{iz}+e^{-iz}}{2} = \cos z, \\
s(z) &= \frac{e(iz)-e(-iz)}{2i} = \frac{e^{iz}-e^{-iz}}{2i} = \sin z.
\end{aligned}
$$

**問題 24　べき級数 (3)**　基本

(1)　関数 $f(z)=\dfrac{1}{1+z+z^2}$ は $z=0$ において解析的であることを示せ.

(2)　$a\in\mathbb{C}$ に対し関数 $g(z)=\dfrac{1}{a-z}$ は領域 $D=\mathbb{C}-\{a\}$ 上解析的になることを示せ.

**解説**　**[I] 等比級数**　等比数列の和 $1+z+z^2+\cdots+z^n=\dfrac{1-z^{n+1}}{1-z}$ の $n\to\infty$ での極限である等比級数の和

$$\frac{1}{1-z}=1+z+z^2+\cdots+z^n+\cdots \qquad (|z|<1)$$

について考える. $a\neq 0$ とすると, この等式より次の等式が導かれる： $|z|<|a|$ のとき,

$$\frac{1}{a-z}=\frac{1}{a}\frac{1}{1-\frac{z}{a}}=\frac{1}{a}\sum_{n=0}^{\infty}\frac{z^n}{a^n}=\sum_{n=0}^{\infty}\frac{z^n}{a^{n+1}}.$$

一方, $|z|>|a|$ のとき,

$$\frac{1}{a-z}=-\frac{1}{z}\frac{1}{1-\frac{a}{z}}=-\frac{1}{z}\sum_{n=0}^{\infty}\frac{a^n}{z^n}=-\sum_{n=0}^{\infty}\frac{a^n}{z^{n+1}}.$$

**[II] 解析関数**　複素平面内の開集合 $D$ 上の関数 $f(z)$ が点 $a$ を中心とする $D$ 内のある円板 $U_r(a)\subset D$ 上, $a$ を中心とする冪級数で表される. すなわち,

$$f(z)=\sum_{n=0}^{\infty}a_n(z-a)^n \qquad (a_n\in\mathbb{C},\ z\in U_r(a))$$

と表されるとき, $f(z)$ は $z=a$ で**解析的**だといい, $D$ の各点で解析的なとき, $f(z)$ は $D$ **上解析的**だという.

**解答**

(1)　$\underset{㋐}{\omega=\dfrac{-1+\sqrt{3}i}{2}}$ とおくと $1+z+z^2=(z-\omega)(z-\omega^2)$ となり,

$$\frac{1}{1+z+z^2}=\frac{1}{\omega-\omega^2}\left(\frac{1}{z-\omega}-\frac{1}{z-\omega^2}\right)$$
$$=\frac{1}{\omega^2-\omega}\underbrace{\left\{\sum_{n=0}^{\infty}\frac{z^n}{\omega^{n+1}}-\sum_{n=0}^{\infty}\frac{z^n}{\omega^{2n+2}}\right\}}_{㋑}$$
$$=\sum_{n=0}^{\infty}\frac{1}{\omega(\omega-1)}\frac{\omega^{n+1}-1}{\omega^{2n+2}}z^n$$

㋐
$\omega=\cos\frac{2\pi}{3}+i\sin\frac{2\pi}{3}$
$=e^{\frac{2\pi}{3}i}$,
$1,\omega,\omega^2$ は $z^3=1$ の解 (問題 11 参照).

㋑
$\dfrac{1}{z-\omega}-\dfrac{1}{z-\omega^2}$
$=\dfrac{\omega-\omega^2}{(z-\omega)(z-\omega)}$

上式 2 行目に現れる 2 つの等比級数の収束半径は $|\omega|=1$ だから，上の級数の収束半径は 1 であり，よって $z=0$ で解析的となる．なお, $n=3k, 3k+1, 3k+2$ のとき, $1+\omega+\omega^2=0$, $\omega^3=1$ より

$$\frac{\omega^{3k+1}-1}{\omega^{6k+2}}=\frac{\omega-1}{\omega^2}=\omega(\omega-1),\qquad \frac{\omega^{3k+3}-1}{\omega^{6k+6}}=0$$

$$\frac{\omega^{3k+2}-1}{\omega^{6k+4}}=\frac{(\omega-1)(\omega+1)}{\omega}=\underset{㋒}{\underline{-\omega(\omega-1)}}$$

となるから，$f(z)$ は次のようになる：

$$\begin{aligned} f(z) &= \sum_{k=0}^{\infty}(z^{3k}-z^{3k+1}) \\ &= \underset{㋓}{\underline{(1-z)+(z^3-z^4)+(z^6-z^7)+\cdots}}\,. \end{aligned}$$

㋒ $\dfrac{\omega+1}{\omega}=-\dfrac{\omega^2}{\omega}=-\omega$

㋓ （別解）

$$\begin{aligned} &f(z) \\ &=\frac{1-z}{(1-z)(1+z+z^2)} \\ &=\frac{1-z}{1-z^3} \\ &=(1-z)\sum_{k=0}^{\infty}z^{3k} \\ &=\sum_{k=0}^{\infty}(z^{3k}-z^{3k+1}) \end{aligned}$$

(2)　$b\in D$ とし，$0<r<|b-a|$ となる任意の $r$ を固定する．このとき $z\in D(b;r)$ に対し $|z-b|<r<|a-b|$, $\dfrac{|z-b|}{|a-b|}<1$ だから

$$\begin{aligned} g(z) &=\frac{1}{a-b-(z-b)} \\ &=\frac{1}{a-b}\,\frac{1}{1-\frac{z-b}{a-b}} \\ &=\frac{1}{a-b}\left\{1+\frac{z-b}{a-b}+\left(\frac{z-b}{a-b}\right)^2+\right. \\ &\qquad\qquad \left.\cdots+\left(\frac{z-b}{a-b}\right)^n+\cdots\right\} \\ &=\frac{1}{a-b}+\frac{z-b}{(a-b)^2}+\frac{(z-b)^2}{(a-b)^3}+ \\ &\qquad\qquad \cdots+\frac{(z-b)^n}{(a-b)^{n+1}}+\cdots\,. \end{aligned}$$

$\displaystyle\lim_{n\to\infty}\frac{\frac{1}{|a-b|^n}}{\frac{1}{|a-b|^{n+1}}}=|a-b|$ より収束半径は $|a-b|>0$. したがって，$g(z)$ は $b$ を中心とする正の半径を持つ円板上で冪級数により表される．よって, $g(z)$ は D 上解析的である．

☞　使い方によって等比級数はいろんな例を与える．理論的に重要なツールになる．

**問題 25　複素積分 (1)**　基本

(1) $\displaystyle\int_C \overline{z}dz$,　$C : z = t+it^2$ $(0 \leq t \leq 1)$ を一般的な定義により計算せよ．

(2) 関数 $f(z)$ は連続であるとする．曲線 $C$ の長さを $L$ とし，$C$ 上における $|f(z)|$ の最大値を $M$ とするとき，次の式が成り立つことを示せ．

$$\left|\int_C f(z)dz\right| \leq ML$$

**解説**　**[I] 曲線**　複素平面内の曲線 $C$ は実変数 $t$ の連続関数 $x(t)$, $y(t)$ を用いて $C : z = z(t) = x(t)+iy(t)$ $(a \leq t \leq b)$ と表されているものを考える．曲線 $C$ に対し

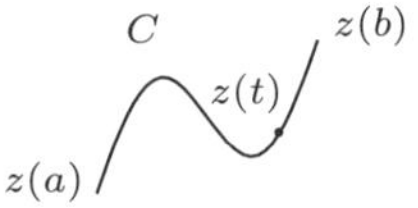


$z(a)$, $z(b)$ をそれぞれ $C$ の**始点**, **終点**という．始点と終点が一致，すなわち $z(a) = z(b)$ となる曲線を**閉曲線**という．

(i) 曲線 $C_1$, $C_2$ を合わせたものを $C_1+C_2$ と記す．

(ii) 曲線 $C$ の逆向きに沿って進む曲線を $-C$ と記す．

**[II] 複素線積分**　曲線 $C : z = z(t) = x(t)+iy(t)$ $(a \leq t \leq b)$ と，$C$ 上で定義された連続関数 $f(z)$ があるとする．$t$ の区間 $a \leq t \leq b$ を $(n+1)$ 個の分点 $a = t_0, t_1, t_2, \ldots, t_n = b$ を用いて，$n$ 個に分割し，それに対応させて曲線 $C$ 上に点

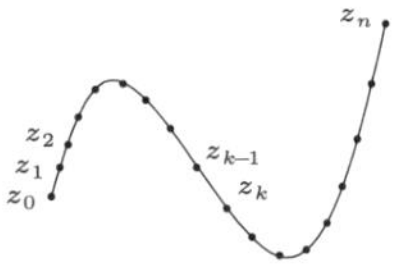


$$z_0 = z(a), z_1, \ldots, z_n = z(b),\quad z_k = z(t_k) = x(t_k)+iy(t_k)$$

をとって $C$ を分割する．この分割を $\varDelta$ とする．次に分割された曲線 $C$ の各々の小弧上にそれぞれ任意に $\delta_1, \delta_2, \ldots, \delta_k$ をとり，和 $\displaystyle S_n = \sum_{k=1}^{n} f(\delta_k)(z_k-z_{k-1})$ を考える．ここで分割 $\varDelta$ を限りなく細かくするについて，和 $S_n$ が $\delta_k$ の取り方に関係なく一定の値 $S$ に限りなく近づくとき，$\displaystyle S = \int_C f(z)dz$ と記し，これを $f(z)$ の $C$ 上の**複素線積分**という．$C$ が閉曲線の場合は $\displaystyle S = \oint_C f(z)dz$ と記すこともある．

(i) $C = C_1+\cdots+\cdots+C_m$ が複数の曲線 $C_i$ の合併であるとき，次で定義する：

$$\int_C f(z)dz = \int_{C_1} f(z)dz+\cdots+\int_{C_m} f(z)dz$$

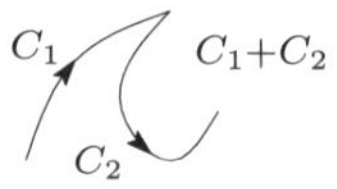


(ii) $C$ の逆向きの曲線 $-C$ に対し

$$\int_{-C} f(z)dz = -\int_C f(z)dz$$ となる．

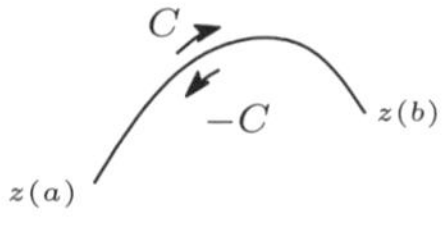

## 解答

(1) $0 \leq t \leq 1$ を $n$ 等分して $C$ 上の分点 $z_k$ と $\delta_k$ を

$$z_k = \frac{k}{n} + i\left(\frac{k}{n}\right)^2,\quad \zeta_k = \frac{k}{n} + i\left(\frac{k}{n}\right)^2 \quad ㋐$$

$(k = 1, 2, \ldots, n)$ とすると

$$S_n = \sum_{k=1}^{n} \delta_k(z_k - z_{k-1}) \quad ㋑$$

$$= \sum_{k=1}^{n} \left\{\frac{k}{n} - i\left(\frac{k}{n}\right)^2\right\}\left(\frac{1}{n} + i\frac{2k-1}{n^2}\right)$$

$$= \sum_{k=1}^{n} \left(\frac{k}{n^2} + \frac{2k^3-k^2}{n^4} + i\frac{k^2-k}{n^3}\right)$$

㋐ $t_k = \frac{k}{n}$ とおけるので，$z_k = t_k + it_k^2$ となる．$\delta_k$ は $z_k$ と等しくとってよい．

㋑ $f(z) = \overline{z}$ より
$f(\delta_k) = \overline{\delta_k}$,
$z_k - z_{k-1}$
$= \left(\frac{k}{n} - \frac{k-1}{n}\right) + i\left\{\left(\frac{k}{n}\right)^2 - \left(\frac{k-1}{n}\right)^2\right\}$

$$\therefore \quad \int_C \overline{z}dz = \lim_{n\to\infty} S_n$$

$$= \lim_{n\to\infty}\left[\frac{1}{n}\sum_{k=1}^{n}\left\{\frac{k}{n} + 2\left(\frac{k}{n}\right)^3\right\} - \frac{1}{n^2}\sum_{k=1}^{n}\left(\frac{k}{n}\right)^2\right] \quad ㋒$$

$$+ i\lim_{n\to\infty}\left[\frac{1}{n}\sum_{k=1}^{n}\left(\frac{k}{n}\right)^2 - \frac{1}{n^2}\sum_{k=1}^{n}\frac{k}{n}\right] \quad ㋓$$

$$= \int_0^1 (x + 2x^3)dx + i\int_0^1 x^2dx = 1 + \frac{1}{3}i \quad ㋔$$

㋒ $\frac{1}{n} \cdot \frac{1}{n}\sum_{k=1}^{n}\left(\frac{k}{n}\right)^2 \underset{(n\to\infty)}{\longrightarrow} 0 \cdot \int_0^1 x^2dx = 0$

㋓ ㋒と同様．

㋔ 問題 26(2) の結果と一致する．

(2) $S_n = \sum_{k=1}^{n} f(\delta_k)(z_k - z_{k-1})$ より

$$|S_n| \leq \sum_{k=1}^{n} |f(\delta_k)||z_k - z_{k-1}| \quad \cdots \quad ①\quad ㋕$$

曲線 $C$ の分割 $\Delta$ において，分点 $z_{k-1}$ と $z_k$ の間の曲線 $C$ の弧長を $\Delta_{s_k}$ とすると ㋖$|z_k - z_{k-1}| \leq \Delta_{s_k}$. これと①から $|S_n| \leq \sum_{k=1}^{n} |f(\delta_k)|\Delta_{s_k}$. ここで曲線 $C$ の分割 $\Delta$ を限りなく細かくすると

$$\left|\int_C f(z)dz\right| \leq \lim_{n\to\infty}\sum_{k=1}^{n} |f(\delta_k)|\Delta_{s_k} = \int_C |f(z)|ds$$

$C$ 上すべての点で $|f(z)| \leq M$ だから

$$\left|\int_C f(z)dz\right| \leq M\int_C ds = ML.$$

㋕ $a_k$ が実数のとき
$|a_1 + \cdots + a_n|$
$\leq |a_1| + \cdots + |a_n|$
を用いた．

㋖ $|z_k - z_{k-1}|$ は線分の長さ．

☞ 複素積分の一般的定義は，実関数における定積分の定義 (リーマン和) と同じ考え方である．

**問題 26　複素積分 (2)**　基本

次の複素積分の値を求めよ．

(1) $\displaystyle\int_C z dz,\quad C: z = t+it^2\quad (0 \leq t \leq 1)$

(2) $\displaystyle\int_C \overline{z} dz,\quad C: z = t+it^2\quad (0 \leq t \leq 1)$

(3) $\displaystyle\int_C \mathrm{Re}\, z^2 dz$,　$C$ は $0, 1, 1+i, i$ を頂点とする正方形の境界を時計回りに1周する曲線．

**解説**　連続関数 $f(z) = u(x,y)+iv(x,y)$ の曲線 $C: z = x(t)+iy(t)$ $(a \leq t \leq b)$ 上の積分は，

$$\int_C f(z)dz = \int_C (u+iv)\cdot(dx+idy) = \int_C (udx-vdy)+i\int_C (udy+vdx)$$

となる．曲線 $C$ が**滑らか**，すなわち，$x, y$ が連続微分可能，かつ $\dot{z} \neq 0$（˙ は $t$ に関する微分を表す）となるときは

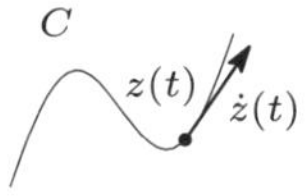


$$\frac{dz}{dt} = \frac{dx}{dt}+i\frac{dy}{dt},\qquad dz = \frac{dx}{dt}dt+i\frac{dy}{dt}dt = (\dot{x}+i\dot{y})dt$$

となるから，上の積分の実部，虚部はそれぞれ

$$\int_C (udx-vdy) = \int_a^b \{u(x(t),y(t))\dot{x}(t)-v(x(t),y(t))\dot{y}(t)\}dt,$$
$$\int_C (udy+vdx) = \int_a^b \{u(x(t),y(t))\dot{y}(t)+v(x(t),y(t))\dot{x}(t)\}dt$$

となり，実変数の定積分として計算される．$C$ について

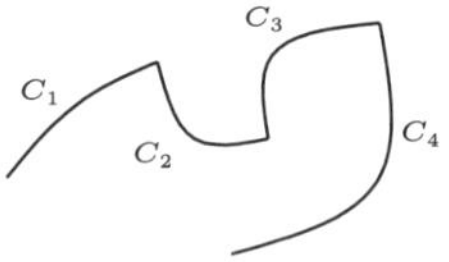


$$a = t_0 < t_1 < \cdots < t_n = b,$$
$x(t), y(t)$ は各区間 $t_{j-1} < t < t_j$ 上微分可能，
各区間 $t_{j-1} < t < t_j$ 上 $\dot{z}(t) \neq 0$

となるとき，$C$ を**区分的に滑らかな**曲線という (例えば折れ線は区分的に滑らかな曲線)．区間 $(t_{j-1}, t_j)$ に対応した曲線の部分を $C_j$ とすれば，$C = C_1+C_2+\cdots+C_n$ かつ

$$\int_C f(z)dz = \left\{\int_{C_1}+\int_{C_2}+\cdots+\int_{C_n}\right\} f(z)dz$$

となる．滑らかな曲線 $C_j$ 上で (a) のように積分の計算をし，それらを加えれば全体の積分になる．

## 解答

(1)(2) ㋐ $z=t+it^2\ (0\le t\le 1)$ とする．㋑ $dz=(1+2it)dt$ だから

$$\int_C z\,dz=\int_0^1(t+it^2)(1+2it)dt$$

$$=\int_0^1(t-2t^3)dt+i\int_0^1 3t^2dt=i \qquad \cdots(答)$$

$$\int_C \overline{z}\,dz=\int_0^1(t-it^2)(1+2it)dt$$

$$=\int_0^1(t+2t^3)dt+i\int_0^1 t^2dt=1+\frac{1}{3}i \qquad \cdots(答)$$

㋐

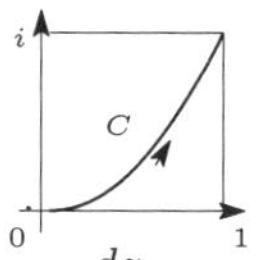


㋑ $dz=\dfrac{dz}{dt}dt$

$=\dfrac{d(t+it^2)}{dt}dt$

$=(1+2it)dt$

(3) 下図のように $C_1,\ldots,C_4$ を設定すれば，$C=C_1+\cdots+C_4$ であり，それぞれ

$$C_1: z=t,\qquad C_2: z=1+it,$$
$$C_3: z=1-t+i,\ C_4: z=i(1-t)\qquad (0\le t\le 1)$$

と表される．

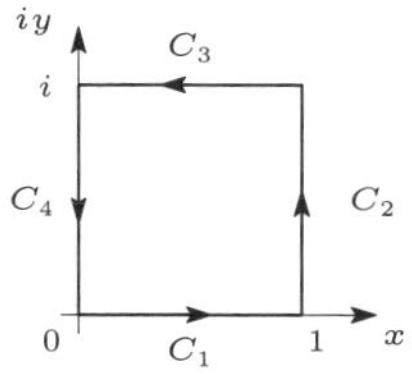


$z=x+iy$ のとき，$\mathrm{Re}(z^2)=x^2-y^2$ だから，

$$\int_{C_1}\mathrm{Re}\,z^2dz=\int_0^1 t^2dt=\frac{1}{3}$$

$$\int_{C_2}\mathrm{Re}\,z^2dz=\int_0^1(1-t^2)i\,dt=\frac{2}{3}i$$

$$\int_{C_3}\mathrm{Re}\,z^2dz=\int_0^1((1-t)^2-1)(-1)dt=\frac{2}{3}$$

$$\int_{C_4}\mathrm{Re}\,z^2dz=\int_0^1(1-t)^2(-i)dt=-\frac{1}{3}i$$

㋒ $C_1+C_2$ 上の積分は $\frac{1}{3}+\frac{2}{3}i$，$-C_4-C_3$ 上の積分は $\frac{1}{3}i-\frac{2}{3}i$ となる．原点 0 から $1+i$ までの積分だが，一般に経路が異なると積分値も異なる．

したがって

$$\oint_C\mathrm{Re}\,z^2dz=\left\{\int_{C_1}+\cdots+\int_{C_4}\right\}\mathrm{Re}\,z^2dz=1+\frac{1}{3}i$$

$\cdots$(答)

☞ 滑らかな曲線上の連続な複素関数の複素積分は実部，虚部に分ける事で実 1 変数の微分・積分により計算できる．

**問題 27 複素積分 (3)** 基本

(1) 曲線 $C : |z-a| = r$ ($r > 0$, 反時計回りに 1 周する) について，次の複素積分の値を求めよ．

(i) $\displaystyle\int_C (z-a)^n dz$　　(ii) $\displaystyle\int_C \overline{(z-a)^n} dz$

(iii) $\displaystyle\int_C (z-a)^m \ \overline{(z-a)^n} dz$

(2) 正整数 $n$ に対し $\displaystyle\int_0^{2\pi} \cos^{2n}\theta d\theta$ を求めよ．

**解説** **円周上の線積分** 円周上の積分は理論的にも応用上にも重要である．オイラーの公式 $e^{i\theta} = \cos\theta + i\sin\theta$ を使えば，円周 $C : |z-a| = r$ 上の点は

$$z = a + r(\cos\theta + i\sin\theta) = a + re^{i\theta} \quad (0 \leq \theta \leq 2\pi)$$

と表され，

$$\frac{dz}{d\theta} = \frac{d\cos\theta}{d\theta} + i\frac{d\sin\theta}{d\theta} = -\sin\theta + i\cos\theta = i(\cos\theta + i\sin\theta) = ie^{i\theta}$$

より $dz = \dfrac{dz}{d\theta} d\theta = ie^{\theta} d\theta$ となり，連続関数 $f(z)$ の円周 $C$ の積分は次で与えられる:

$$\oint_C f(z)dz = i\int_0^{2\pi} f(a + re^{i\theta})e^{i\theta} d\theta$$

**解答**

(1) $C$ 上の点を $z = a + re^{i\theta}$ $(0 \leq \theta \leq 2\pi)$ と表す．

(i) $(z-a)^n dz = e^{ni\theta} \cdot ie^{\theta i} d\theta = ie^{(n+1)i\theta}$.

$n \neq -1$ のとき，

$$\int_C (z-a)^n dz = i\int_0^{2\pi} e^{(n+1)i\theta} d\theta = i\left[\frac{1}{(n+1)i} e^{(n+1)i\theta}\right]_0^{2\pi} = 0,$$

$n = -1$ のとき

$$\int_C (z-a)^{-1} dz = i\int_0^{2\pi} d\theta = i\Big[\theta\Big]_0^{2\pi} = 2\pi i \qquad \cdots (\text{答})$$

(ii) $\overline{(z-a)^n} dz = e^{-ni\theta} \cdot ie^{\theta i} d\theta = ie^{(1-n)i\theta}$.

$n \neq 1$ のとき，

$$\int_C \overline{(z-a)^n}dz = i\int_0^{2\pi} e^{(1-n)i\theta}d\theta$$
$$= i\left[\frac{1}{(1-n)i}e^{(1-n)i\theta}\right]_0^{2\pi} = 0,$$

$n=1$ のとき

$$\int_C \overline{(z-a)}dz = i\int_0^{2\pi} d\theta = i\Big[\theta\Big]_0^{2\pi} = 2\pi i \qquad \cdots (\text{答})$$

(iii) $(z-a)^m\overline{(z-a)^n}dz = ie^{i(m+1-n)\theta}$ より,
$n \neq m+1$ のとき,

$$\int_C (z-a)^m\overline{(z-a)^n}dz = i\int_0^{2\pi} e^{(m+1-n)i\theta}d\theta$$
$$= i\left[\frac{1}{(m+1-n)i}e^{(m+1-n)i\theta}\right]_0^{2\pi} = 0,$$

$n=m+1$ のとき

$$\int_C (z-a)^m\overline{(z-a)^n}dz = i\int_0^{2\pi} d\theta = i\Big[\theta\Big]_0^{2\pi} = 2\pi i \qquad \cdots (\text{答})$$

(2) $C$ 上で $d\theta = -i\overline{z}dz$, $2\cos\theta = z+\overline{z}$ となる. これと(1)(iii), および㋐二項定理より

$$\int_0^{2\pi}\cos^{2n}\theta d\theta = \int_C\left(\frac{z+\overline{z}}{2}\right)^{2n}(-i\overline{z})dz$$
$$= \frac{-i}{2^{2n}}\sum_{k=0}^{2n}{}_{2n}C_k\int_C z^k\overline{z}^{2n-k+1}dz$$
$$= \frac{-i}{2^{2n}}\cdot 2\pi i\cdot {}_{2n}C_n.$$

$$\frac{{}_{2n}C_n}{2^{2n}} = \frac{1}{2^{2n}}\frac{(2n)!}{n!n!} = \underset{㋑}{\frac{(2n)!!(2n-1)!!}{(2n)!!(2n)!!}} = \frac{(2n-1)!!}{(2n)!!}$$

だから,

$$\int_0^{2\pi}\cos^{2n}\theta d\theta = 2\pi\frac{(2n-1)!!}{(2n)!!} \qquad \cdots (\text{答})$$

㋐ $(X+Y)^n$
$= \sum_{k=1}^{n} {}_nC_k X^k Y^{n-k}$.
${}_nC_k$ は二項係数：
${}_nC_k = \dfrac{n!}{k!(n-k)!}$

㋑ $n!!$ は 2 重階乗:
$n=2m$ のとき,
$n!! = 2\cdot 4\cdots\cdots(2m-2)\cdot 2m = 2^m m!$
$n=2m+1$ のとき,
$n!! = 1\cdot 3\cdots\cdots(2m-1)(2m+1)$
特に次が成り立つ：
$(2n)! = (2n)!!(2n-1)!!$.

☞ 円周上の単項式 $(z-a)^n$ の積分は単なる計算例ではなく, 複素解析の中心的な役割を果たす大事な積分である.

**問題 28 対数関数 (1)** 基本

(1) 次の値を求めよ．

(i) $\log(-3)$ (ii) $\log(1-i)$ (iii) $\log(-\sqrt{3}+i)$

(2) 次の値を求めよ．

(i) $(-1+\sqrt{3}i)^{\frac{1}{2}}$ (ii) $i^i$ (iii) $(1-i)^{1+i}$

**解説** **[I] 多価関数** 1 つの数に対し複数の数値を割り当てる対応を**多価関数**といい，これに対し 1 つの数値のみを割り当てる対応を **1 価関数**という．

**例** 2 次関数 $f(x)=x^2$ $(x\in\mathbb{R})$ は 1 価関数だが，その逆対応 $f^{-1}(y)$ $(=\{x\in\mathbb{R}: x^2=y\})$ は（$y=0$ 以外で）2 つの数値からなる（2 価関数）．正の数と負の数を一つずつ含み，特に正の方を $\sqrt{y}$ と記している．

**[II] 対数関数** 指数変数の指数関数 $z=e^w$ の逆関数を複素変数の**対数関数**といい，$w=\log z$ と表す．すなわち，

$$\log z := \{w\in\mathbb{C} : z=e^w\}$$

$e^w\cdot e^{-w}=e^0=1$ より $e^w\neq 0$ だから，対数関数の定義域は複素平面より原点 0 を除いた領域である．次に $\log z=u+iv$ $(u,v\in\mathbb{R})$ とする．$z=re^{i\theta}$ $(r>0,\ \theta\in\mathbb{R}$ は偏角) を $z$ の極形式とするとき，

$$e^{u+iv}=re^{i\theta},\qquad \begin{gathered} e^u=|e^{u+iv}|=|re^{i\theta}|=r, \\ e^{iv}=e^{i\theta},\quad e^{i(v-\theta)}=1 \end{gathered}$$

より $u=\log r$，$v-\theta\in 2\pi\mathbb{Z}$ （問題 16 参照）．したがって

$$\log z=\log r+i\arg z=\log r+i(\theta+2\pi n) \qquad (n\in\mathbb{Z})$$

実変数の場合は 1 価関数として扱うが，複素変数の場合，この表示より $\log z$ は（無限）多価関数となることがわかる．

**[III] べき関数** 実変数 $x$ と正数 $a$ に対し，べき関数 $a^x$ は $x^a=e^{a\log x}$ により定義された．これを複素変数に拡張して，複素数 $\alpha$ に対しべき関数 $z^\alpha$ を

$$z^\alpha := e^{\alpha\log z} \qquad (z\neq 0)$$

で定義する．$\alpha=a+ib$ $(a,b\in\mathbb{R})$，$z=re^{i\theta}$ のときは次のようになる：

$$z^\alpha=e^{a\log r-b(\theta+2\pi n)+i(a(\theta+2\pi n)+b\log r)} \qquad (n\in\mathbb{Z})$$

この表示より $|z^\alpha| = e^{a\log r - b(\theta+2\pi n)}$. したがって

$$\mathrm{Re}\,\alpha = a > 0 \text{ ならば } |z^\alpha| \to 0 \quad (|z| = r \to 0+0).$$

これより $\mathrm{Re}\,\alpha > 0$ の場合, $0^\alpha = 0$ と定義すれば $z^\alpha$ は $z=0$ でも連続となる.

## 解答

(1) (i) $-3 = 3e^{\pi i}$ より

$$\log(-3) = \log 3 + i(\pi + 2n\pi) \qquad (n \in \mathbb{Z}) \qquad \cdots\text{(答)}$$

(ii) $1-i = \sqrt{2}(\frac{1}{\sqrt{2}} - \frac{1}{\sqrt{2}}i) = \sqrt{2}e^{-\frac{\pi}{4}i}$ より

$$\log(1-i) = \log\sqrt{2} + i(-\tfrac{\pi}{4} + 2n\pi) \qquad (n \in \mathbb{Z}) \qquad \cdots\text{(答)}$$

(iii) $-\sqrt{3}+i = 2(-\frac{\sqrt{3}}{2} + \frac{1}{\sqrt{2}}i) = 2e^{\frac{5\pi}{6}i}$ より

$$\log(-\sqrt{3}+i) = \log 2 + i(\tfrac{5\pi}{6} + 2n\pi) \qquad (n \in \mathbb{Z}) \qquad \cdots\text{(答)}$$

(2)(i) $-1+\sqrt{3}i = 2(-\frac{1}{2} + \frac{\sqrt{3}}{2}i) = 2e^{\frac{2\pi}{3}i}$ より

$$\log(-1+\sqrt{3}i) = \log 2 + i(\tfrac{2\pi}{3} + 2\pi n)$$

$$\therefore \quad (-1+\sqrt{3}i)^{\frac{1}{3}} = e^{\frac{1}{3}(\log(-1+\sqrt{3}i))}$$
$$= e^{\frac{1}{3}\log 2}e^{(\frac{2\pi}{9} + \frac{2\pi n}{3})i} = \sqrt[3]{2}e^{\frac{2\pi}{9}i}e^{\frac{2\pi n}{3}i} \quad (n \in \mathbb{Z}).$$

$\omega = e^{\frac{2\pi}{3}i}$ とおくとき, $e^{\frac{2\pi n}{3}i}$ は㋐ $1, \omega, \omega^2$ のいずれかになるので,

㋐ $\omega^3 = 1$

$$(-1+\sqrt{3}i)^{\frac{1}{3}} = \sqrt[3]{2}e^{\frac{2\pi}{9}i},\ \sqrt[3]{2}e^{\frac{2\pi}{9}i}\omega,\ \sqrt[3]{2}e^{\frac{2\pi}{9}i}\omega^2 \quad \cdots\text{(答)}$$

(ii) $i = e^{\frac{\pi}{2}i}$, $\log i = \frac{\pi}{2}i + 2\pi ni$ より

$$i^i = e^{i\log i} = e^{i(\frac{\pi}{2} + 2\pi n)} \ (n \in \mathbb{Z}) \qquad \cdots\text{(答)}$$

(iii) (1)(ii) より

$$(1-i)^{1+i} = e^{(1+i)\log(1-i)}$$
$$= e^{(1+i)(\log\sqrt{2} + i(-\frac{\pi}{4} + 2n\pi))}$$
$$= e^{\log\sqrt{2}}e^{\frac{\pi}{4} - 2n\pi} \times e^{i(\log\sqrt{2} - \frac{\pi}{4} + 2n\pi)}$$
$$= \sqrt{2}e^{\frac{\pi}{4} - 2n\pi + i(\log\sqrt{2} - \frac{\pi}{4})} \qquad (n \in \mathbb{Z}) \qquad \cdots\text{(答)}$$

☞ 複素変数 $z$ の対数関数 $w = \log z$, およびべき関数 $z^\alpha$ は多価関数である. 1 つに特定するには, 適切な理由が必要になる.

**問題 29 関数列・一様収束 (1)** 標準

$n=1,2,\ldots$ に対し関数 $f_n(z)$ を次で定義する：

$$f_n(z)=\frac{(n+1)z+n}{n+1+nz} \qquad (|z|\leq 1).$$

(1) $f(z)=\lim_{n\to\infty} f_n(z)$ を求めよ．

(2) この収束は $|z|\leq 1$ では一様ではないことを示せ．

(3) この収束は $|z|<1$ では広義一様収束であることを示せ．

**解説** 複素関数の解析に必要な関数列の収束について説明する．

**[I] 関数列の収束** $\{f_n\}_{n=1,2,\ldots}$ を複素平面 $\mathbb{C}$ 内の部分集合 $D$ で定義された関数の列，$f(z)$ を $D$ 上で定義された関数とする．

(a) $D$ の各点 $z$ で数列 $\{f_n(z)\}_n$ が $f(z)$ に収束するとき，$f_n$ は $f$ に**各点収束**するという．このとき $f(z)=\lim_{n\to\infty} f_n(z)$ と記す．

(b) 一般の複素関数 $f,g$ の $z\in D$ での値の差 $|f(z)-g(z)|$ の $D$ 上での上限を

$$\|f-g\|_D=\sup\{|f(z)-g(z)| : z\in D\}$$

と記す．数列 $\{\|f_n-f\|_D\}_n$ が $n\to\infty$ のときに $0$ に収束するとき，$f_n$ は $f$ に $D$ 上で**一様収束**するという．

(c) どのような有界閉集合 $F$ をとっても，$f_n$ が $f$ に $D\cap F$ 上で一様収束するとき，$f_n$ は $f$ に**広義一様収束**するという．広義一様収束していれば各点収束している．

**[II] 一様収束** 一様収束に関して次のことが知られている：

**定理** $f_n$ $(n=1,2,\ldots)$, $f$ を $D$ 上の関数とする．

(i) $f_n$ が $f$ に $D$ 上で一様収束すれば，$D$ 上で広義一様収束している．

(ii) $f_n$ が $f$ に $D$ 上で広義一様収束すれば，$D$ 上で各点収束している．

(iii) $f_n$ が $f$ に $D$ 上で広義一様収束し，各 $f_n$ が連続ならば，$f$ も連続になる．

**例** べき級数は，その部分和が (多項式だから) 連続であり，収束半径内で広義一様収束するから，べき級数により構成された関数は自動的に連続となる．

**定理** 関数 $f$ に各点収束する関数列 $f_n$ $(n=1,2,\ldots)$ について，次の 2 条件は同値：

(a) $f_n$ は $f$ に広義一様収束する．

(b) $D$ の各点で適当な近傍 $U$ を選べば，$f_n$ は $f$ に $U$ 上一様収束する．

**例**　$D = U_1(0)$，$f_n(z) = 1+z+\cdots+z^n$，$f(z) = \dfrac{1}{1-z}$　$(= 1+z+\cdots+z^n+\cdots)$ とする．$a \in D$ に対し $|a| < r < 1$ となる $r$ をとるとき，$a$ の近傍として $E = \{|z| \leq r\}$ をとれば，

$$|f_n(z)-f(z)| \leq \sum_{k=n+1}^{\infty} |z|^k$$

$$< \sum_{k=n+1}^{\infty} r^k = \frac{1}{1-r} - \sum_{k=0}^{n} r^k \qquad (\forall z \in E)$$

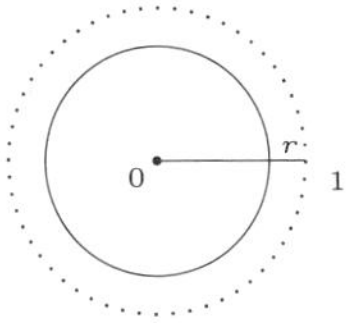


より $\|f_n - f\|_E \leq \displaystyle\sum_{k=n+1}^{\infty} |z|^k \to 0$ となる．したがって $D$ 上で $f_n$ は $f$ に広義一様収束する．

## 解答

(1)　$z \neq -1$，$|z| \leq 1$ のとき，

$$f_n(z) = \frac{(1+\frac{1}{n})z+1}{1+\frac{1}{n}+z} \to 1 \qquad (n \to \infty).$$

$z = -1$ のとき，

$$f_n(z) = \frac{-n-1+n}{n+1-n} = -1,$$

だから $f_n(-1) \to -1$　$(n \to \infty)$．

$$\text{したがって，} f(z) = \begin{cases} 1 & (z \neq -1,\ |z| \leq 1) \\ -1 & (z = -1) \end{cases}$$

…（答）

(2)　各 $f_n(z)$ は連続関数であるが，極限関数 $f(z)$ は連続関数ではないので，$f_n$ の収束は一様収束ではない．

(3)　$0 < r < 1$ を固定する．任意の $|z| \leq r$ に対し
㋐ $|1+\frac{n}{n+1}z| \geq 1-\frac{n}{n+1}|z| \geq 1-r$ となるから，

$$|f_n(z)-1| = \left| \frac{z+\frac{n}{n+1}}{1+\frac{nz}{n+1}} - 1 \right|$$

$$= \left| \frac{(z-1)(1-\frac{n}{n+1})}{1+\frac{nz}{n+1}} \right| \leq \frac{2|1-\frac{n}{n+1}|}{1-r}$$

この不等式より $|z| \leq r$ となる $z$ によらず $n \to \infty$ のとき，$|f_n(z)-1| \to 0$ となる　ゆえに $f_n(z) \to 1$ は広義一様収束である．

㋐　三角不等式より
$|z| = |z+\omega-\omega|$
$\leq |z+\omega|+|-\omega|$
$\therefore |z|-|\omega| \leq |z+\omega|$

**練習問題** 解答は 195 ページから 02

[1] 次の極限を求めよ.

(1) $\displaystyle\lim_{z\to 2i}\frac{z-2i}{z^3+8i}$ (2) $\displaystyle\lim_{z\to 0}\frac{\overline{z}}{z}$

[2] 開集合 $U$ 上で定義された関数 $f(z)$ が $c\in U$ で連続，かつ $f(c)\neq 0$ ならば，$c$ の適当な近傍において $f(z)\neq 0$ となることを示せ.

[3] $\alpha=1+\sqrt{3}i$ とする．任意の複素数 $z\ (\neq 0)$ に対し，$w=\dfrac{1}{\overline{z}}$ で定まる複素数 $w$ は原点 O と $z$ を通る直線 $\ell$ 上にある事を示せ．とくに $\ell$ が $\alpha$ を通るとき，$w$ が $z$ に一致するように $z$ を定めよ.

[4] 関数 $w=z^2$ によって $z$ 平面上の 3 点 0，1，$i$ を頂点とする三角形の周 $C$ は $w$ 平面のどのような図形に写されるか，図示せよ.

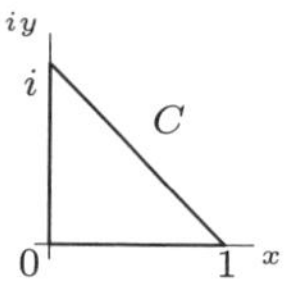


[5] 複素数 $z$ が，$1+i$ を中心とする半径 1 の円周上を動くとき，$w=\dfrac{1-iz}{1+iz}$ はどんな図形をえがくか.

[6] 次の複素積分の値を求めよ.

(1) $\displaystyle\int_C z\,dz$ $\quad C: z=1+2it\quad (0\leq t\leq 3)$

(2) $\displaystyle\int_C \overline{z}\,dz$ $\quad C: z=2t+it^2\quad (0\leq t\leq 1)$

(3) $\displaystyle\int_C \frac{1}{z}\,dz$ $\quad C: |z|=2$ （$z=2$ を始点として，反時計回りに 1 周）

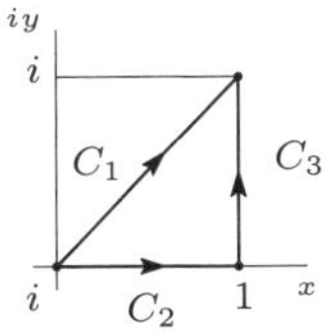


7　$f(z) = \mathrm{Im}\, z$ とするとき，次の複素積分を求めよ．ただし積分路は右図のように定めるものとする．

(1) $\displaystyle\int_{C_1} f(z)dz$　　(2) $\displaystyle\int_{C_2+C_3} f(z)dz$

8　次の値を求めよ．

（1）　$e^{-2+\frac{\pi}{3}i}$　　（2）　$\sin\left(\dfrac{\pi}{6}+2i\right)$

（3）　$\log(-1)$　　（4）　$\log e^{2+5i}$

9　$f_n(z) = \dfrac{1-z^n}{1+z^n}$　$(n = 1, 2, \ldots)$ は $|z| < 1$ および $|z| > 1$ で広義一様収束することを示せ．

**コラム**

## 指数関数 $e^z$ による像の, 複素平面でのイメージ

複素関数を複素平面から複素平面への写像とみなすとき，一般に平面内の図形は違う図形に移る．例えば指数関数

$$f(z) = e^z = e^{x+iy}$$

によって領域 $\{x+iy : -\infty < x < \infty,\ 0 \leq y < 2\pi\}$ は「平面全体から原点を除いたもの」に移っている．帯状の領域がどのような経緯で平面全体に移っていくのだろう．

①

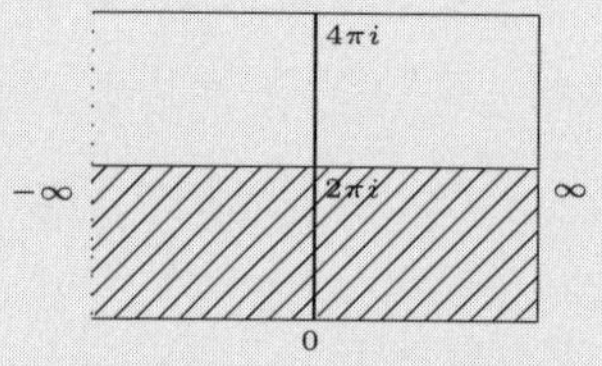


②

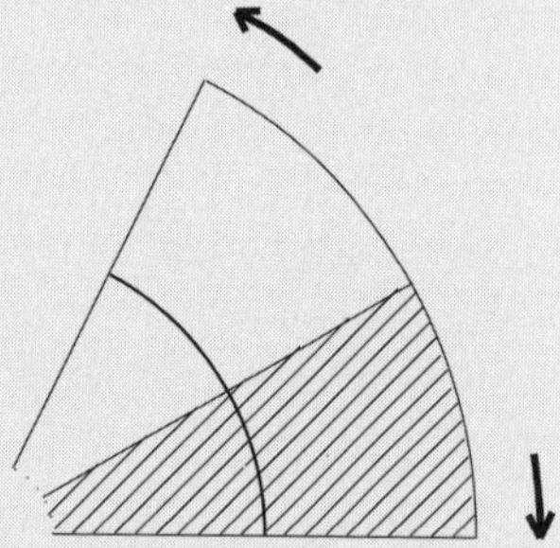

①から出発し，②のように実軸正の方向の先にある無限遠の部分が虚軸方向に拡大，負の方向の先にある無限遠の部分が虚軸方向に 1 点に縮める．

③

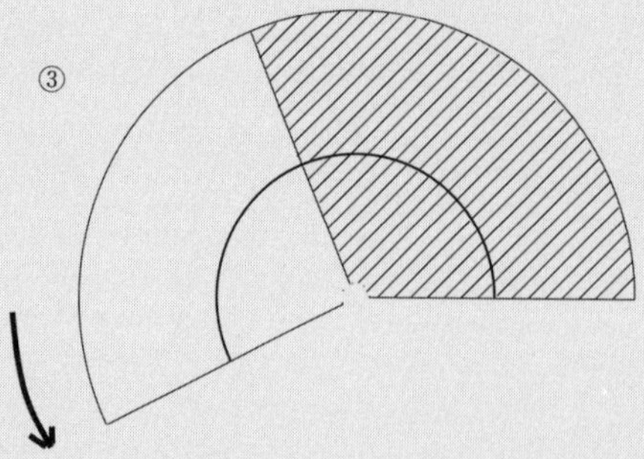

④

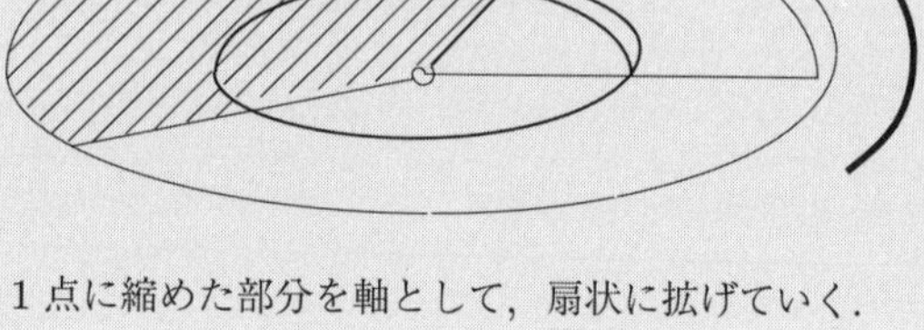

③, ④のように負の方向にある 1 点に縮めた部分を軸として，扇状に拡げていく．

⑤

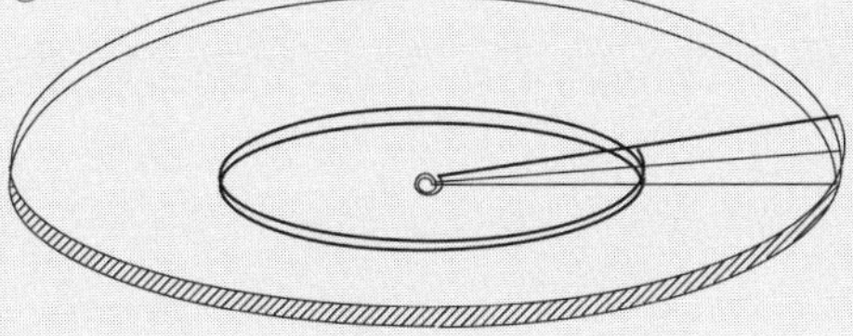

⑥

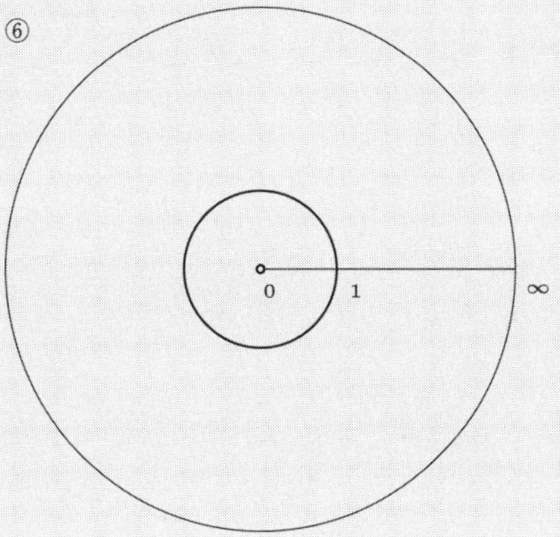


虚軸方向の幅が $2\pi$ になる帯状の領域が全平面（から原点を除いたもの）を覆うまで拡げる（⑤）．⑥のように上から見ると原点を除いた 1 枚の複素平面になるが，$y$ の範囲を $-\infty < y < \infty$ に広げたとき，実は複素平面が幾重にも重なった状態になることが分かる．

関数による像を調べるには，1 つ 1 つの図形を数式として表現し，関数により変換した後の数式を図形に還元していくのだが，写像による像を“連続的に変形された結果”だと考えると，全体がどのように変形され，各々がどのように繋がっていくのかが分かり，図形が“活きた図形”になる．

# *Chapter* 3

# 正則関数

**問題 30　複素微分と正則関数**　基本

(1)　次の関数の導関数と (　) 内の点における微分係数を求めよ. 0.1

(i)　$w = \dfrac{z^2}{z-i}$　$(z = 1+i)$　　　(ii)　$w = (z^2-iz+2i)^3$　$(z = i)$

(2)　$w = x-iy$ は微分可能でないことを示せ.

(3)　正整数 $n$ に対し，$z^n$ の導関数を求めよ.

**解 説**　**[I] 複素微分の定義**　複素変数 $z$ の関数 $f(z)$ の定義域内の点 $a$ に対して，$z$ が点 $a$ に限りなく近づくとき，その経路いかんに関係なく，極限 $\displaystyle\lim_{z\to a}\frac{f(z)-f(a)}{z-a}$ が確定した値になるとき，$w = f(z)$ は点 $z = a$ で **(複素) 微分可能である**という．この極限値を点 $z = a$ における $w = f(z)$ の **(複素) 微分係数**といい，$f'(a)$ と表す．これは $\Delta z = z-a$, $\Delta w = f(z)-f(a)$ とおいて，次のように表すことができる.

$$f'(a) = \lim_{\Delta z\to 0}\frac{\Delta w}{\Delta z} = \lim_{\Delta z\to 0}\frac{f(a+\Delta z)-f(a)}{\Delta z}$$

$z = a$ における微分可能性は，$z = a$ の近傍 $U$ 上で

$$f(z) = f(a)+f'(a)(z-a)+\varepsilon(z), \qquad \lim_{z\to a}\left|\frac{\varepsilon(z)}{z-a}\right| = 0$$

と表される，すなわち “1 次式で近似できる” と言い換えられる．微分可能なとき，$f(z)$ は点 $z = a$ で連続となることにも注意しておく.

ある領域 $D$ 内のすべての点で関数 $f(z)$ が微分可能であるとき，関数 $f(z)$ は領域 $D$ で**正則である**といい，$f(z)$ を**正則関数**という.

また $D$ 上で正則ならば導関数 $f'(z)$ は再び $D$ 上で正則となる (問題 37 解説 (2) 参照).

**[II] 導関数に関する公式**　2 つの関数 $f(z)$, $g(z)$ が微分可能であるとき，これらの和, 差, 積, 商は微分可能であり

$$(f\pm g)' = f'\pm g', \qquad (fg)' = f'g+fg', \qquad \left(\frac{f}{g}\right)' = \frac{f'g-fg'}{g^2}$$

が成り立つ．実変数の関数の場合とまったく公式である.

2 つの関数 $w_1 = f(w_2)$, $w_2 = g(z)$ が微分可能ならば，合成関数 $w_1 = f(g(z))$ は微分可能であり，次の公式が成り立つ.

$$\frac{dw_1}{dz} = \frac{dw_1}{dw_2}\frac{dw_2}{dz}$$

**[3] 初等関数の導関数** 初等関数 $z^n$, $e^z$, $\sin z$, $\cos z$ の導関数は次のとおり：

$$(z^n)' = nz^{n-1}, \quad (e^z)' = e^z, \quad (\sin z)' = \cos z, \quad (\cos z)' = -\sin z$$

## 解答

(1) (i) ㋐ $w' = \dfrac{2z(z-i)-z^2\cdot 1}{(z-i)^2} = \dfrac{z^2-2zi}{(z-i)^2}$

㋑ $z=1+i$ における微分係数は $\dfrac{(1+i)^2-2(1+i)i}{(1+i-i)^2} = 2$ …（答）

(2) $w' = 3(z^2-iz+2i)^3(z^2-iz+2i)'$
$= 3(z^2-iz+2i)^3(2z-i)$

$z=i$ における微分係数は $3(i^2-i\cdot i+2i)^3(2i-i) = -12i$ …（答）

(2) $z=x+iy$, $\Delta z = \Delta x + i\Delta y$ $(\Delta x, \Delta y \in \mathbb{R})$ のとき,

$$\frac{\Delta w}{\Delta z} = \lim_{\Delta z\to 0}\frac{(x+\Delta x)-i(y+\Delta y)-(x-iy)}{\Delta x+i\Delta y}$$
$$= \lim_{\Delta z\to 0}\frac{\Delta x-i\Delta y}{\Delta x+i\Delta y}$$

$z+\Delta z$ が ㋒ 実軸と平行な直線に沿って $z$ に近づくとき, $\Delta y=0$ だから $\dfrac{\Delta w}{\Delta z}\to 1$. 一方, ㋒ 虚軸と平行な直線に沿って近づくとき, $\Delta x = 0$ だから, $\dfrac{\Delta w}{\Delta z}\to -1$. これより $\dfrac{\Delta w}{\Delta z}$ は一定値に収束せず, よって $w=x-iy$ は微分可能ではない.

(3) $f(z)=z^n$ とおく. ㋓ 二項定理より

$$\frac{f(z+h)-f(z)}{h}-nz^{n-1}$$
$$=\frac{(z+h)^n-z^n}{h}-nz^{n-1}$$
$$=\frac{\binom{n}{n-1}z^{n-1}h+\binom{n}{n-2}z^{n-2}h^2+\cdots+\binom{n}{0}h^n}{h}-nz^{n-1}$$
$$=\binom{n}{n-2}z^{n-2}h+\cdots+\binom{n}{0}h^{n-1}$$

$$\therefore \quad \lim_{h\to 0}\frac{f(z_0+h)-f(z_0)}{h} = nz^{n-1} \qquad \cdots（答）$$

㋐ 商の微分による.

㋑ 本問は導関数を用いて微分係数を求めてよい. 「定義に従って求めよ」と書いていないときはこのようにしてよい.

㋒

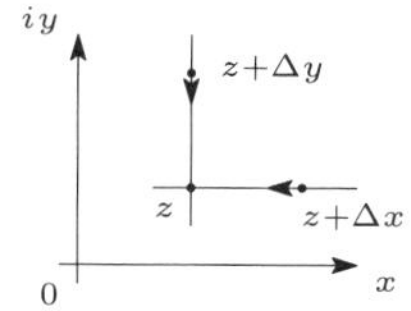


㋓ $(X+Y)^n$
$= \sum_{k=0}^{n}\binom{n}{k}X^{n-k}Y^k$
$= \binom{n}{n}X^{n-1}$
$+\binom{n}{n-1}X^{n-1}Y$
$+\cdots+\binom{n}{0}Y^n$

☞ 複素変数関数の微分の定義は 1 変数の実変数関数の場合と同じ形式になっている. ただし近づく方向が無数にあることから, 起こっていることは多変数関数に近い.

**問題 31 コーシー＝リーマンの関係式** 基本

(1) 次の関数 $f(z)$ は正則関数であることを示し，$f'(z)$ を求めよ．

$$f(z) = x^3-3xy^2+(3x^2y-y^3)i$$

(2) $e^z, \sin z, \cos z$ が正則であることを示し，$(e^z)'=e^z$，$(\sin z)'=\cos z$，$(\cos z)' = -\sin z$ となることを確かめよ．

**解説** 領域 $D$ で定義された関数 $f(z) = u(x,y)+iv(x,y)$ について，$u(x,y)$ と $v(x,y)$ は連続な偏導関数をもつとする．このとき関数 $f(z)$ が正則である為の必要十分条件は

$$\frac{\partial u}{\partial x}=\frac{\partial v}{\partial y} \quad \text{かつ} \quad \frac{\partial u}{\partial y}=-\frac{\partial v}{\partial x}$$

これを**コーシー＝リーマンの関係式**という．略証は次のようになる．$w = f(z)$ とし,$\Delta z = \Delta x+i\Delta y$, $\Delta w = f(z+\Delta z)-f(z)$ とおくと

$$\frac{\Delta w}{\Delta z} = \frac{u(x+\Delta x, y+\Delta y)-u(x,y)+i(v(x+\Delta x, y+\Delta y)-v(x,y))}{\Delta x+i\Delta y}.$$

$u(x,y), v(x,y)$ は連続な偏導関数をもつから，全微分可能であり

$$\begin{aligned}\frac{\Delta w}{\Delta z} &= \frac{(u_x\Delta x+u_y\Delta y+\varepsilon_1)+i(v_x\Delta x+v_y\Delta y+\varepsilon_2)}{\Delta x+i\Delta y}\\ &= \frac{(u_x+u_yl)+i(v_x+v_yl)}{1+il}+\varepsilon \qquad \left(\frac{\Delta y}{\Delta x}=l \text{ とおいた}\right)\end{aligned}$$

$\Delta z \to 0$ のとき，$l = \dfrac{\Delta y}{\Delta x} \to m$ （接線の傾き)，$\varepsilon = \dfrac{\varepsilon_1+i\varepsilon_2}{\Delta x+i\Delta y} \to 0$ より

$$\frac{\Delta w}{\Delta z} \to \frac{(u_x+u_ym)+i(v_x+v_ym)}{1+im} = \frac{(u_x+v_xi)+m(u_y+iv_y)}{1+im}$$

$w = f(z)$ が微分可能であるための必要十分条件は，どのような $m$ に対しても $f(z)$ が同一の値であることだから

$$(u_x+v_xi):(u_y+v_yi) = 1:i \quad \text{から} \quad (u_y+v_x)+(v_y-u_x)i = 0$$

よって必要十分条件は $u_y+v_x = v_y-u_x = 0$，すなわち $u_x = v_y$，$u_y = -v_x$ となり，関係式は示された．この関係式により $f = u+iv$ の導関数は次のようになる：

$$\frac{df}{dz} = \frac{\partial u}{\partial x}+i\frac{\partial v}{\partial x} = \frac{\partial v}{\partial y}-i\frac{\partial u}{\partial y}$$

## 解答

(1)　実部, 虚部は $u = x^3 - 3xy^2$, $v = 3x^2y - y^3$ だから,

$$u_x = 3x^2 - 3y^2, \quad u_y = -6xy$$
$$v_x = 6xy, \quad v_y = 3x^2 - 3y^2.$$

よってコーシー=リーマンの関係式 $u_x = v_y$, $u_y = -v_x$ をみたすから, $f(z)$ は正則関数である. このとき

$$\underset{㋐}{f'(z) = u_x + iv_x} = (3x^2 - 3y^2) + i6xy \qquad \cdots(答)$$

㋐　$f'(z) = v_y - iu_y$ として求めてもよい.

(2)　$z = x + iy$　$(x, y \in \mathbb{R})$ とし, 与えられた関数の実部, 虚部をそれぞれ $u, v$ とする.

$e^z$ の実部 $u = e^x \cos y$, 虚部 $v = e^x \sin y$ の偏導関数はそれぞれ

$$u_x = e^x \cos y, \quad u_y = -e^x \sin y,$$
$$v_x = e^x \sin y, \quad v_y = e^x \cos y$$

だから, コーシー=リーマンの関係式をみたし, よって $e^z$ は正則となる. その微分は
$(e^z)' = u_x + iv_x = e^x \cos y + ie^x \sin y = e^z$ となる.

$\sin z$ の実部 $u = \sin x \cosh y$, 虚部 $v = \cos x \sinh y$ の偏導関数はそれぞれ

$$u_x = \cos x \cosh y, \quad u_y = \sin x \sinh y,$$
$$v_x = -\sin x \sinh y, \quad v_y = \cos x \cosh y.$$

$\cos z$ の実部 $u = \cos x \cosh y$, 虚部 $v = -\sin x \sinh y$ の偏導関数はそれぞれ

$$u_x = -\sin x \cosh y, \quad u_y = \cos x \sinh y,$$
$$v_x = -\cos x \sinh y, \quad v_y = -\sin x \cosh y.$$

これらより $\sin z$, $\cos z$ の実部, 虚部がコーシー=リーマンの関係式をみたし, よって正則であることがわかる. それぞれの導関数は次のようになる：

$$(\sin z)' = \cos x \cosh y - i \sin x \sinh y = \cos z,$$
$$(\cos z)' = -\sin x \cosh y - i \cos x \sinh y = -\sin z.$$

☞　複素関数が微分可能かどうかは, 実 2 変数関数とみてコーシー=リーマンの関係式を確かめればよい. また導関数は $x$ に関する偏導関数 (または $y$ に関する偏導関数) を求めればよい.
基本的な関数については, 結果として実変数を複素変数に置き換えた形になっている.

**問題 32 調和関数** 基本

(1) 正則関数 $f(z)$ の実部 $u$，虚部 $v$ は共に調和関数となることを示せ．

(2) 関調 $u = e^{-x}(x\sin y - y\cos y)$ が調和関数であることを示せ．また，このuを実部にもつような正則関数 $f(z)$ を求めよ．

**解説** [I] **調和関数** 一般に $n$ 次元空間上の関数 $u = u(x_1, x_2, \cdots, x_n)$ に対する微分方程式

$$\Delta u = 0, \quad \Delta = \frac{\partial^2}{\partial x_1^2} + \frac{\partial^2}{\partial x_2^2} + \cdots + \frac{\partial^2}{\partial x_n^2}$$

を**ラプラス方程式**といい，この解を**調和関数**という．調和関数はいろいろな物理現象に現れる．

**例** 熱の導体が空間領域 $\Omega$ を占めるとし，時刻 $t$ での点 $x = (x_1, x_2, x_3) \in \Omega$ での温度が $u = u(t, x)$ で与えられるとする．このとき $u$ は**熱方程式**

$$u_t = \kappa \Delta u \quad (\kappa \text{ は物理的定数})$$

をみたす．ここで $u_t$ は時刻 $t$ に関する微分であり，温度変化の速さを表す．時間が経過し熱の移動が落ち着くと，温度の時間的変化がなくなり，$u_t = 0$ となる．これを“定常状態”という．このとき $u$ は調和関数，すなわち全体で調和がとれた状態を表している．

[II] **正則関数の実部と虚部** 正則関数について次が成立する（問題 (1) の解答参照）：

**命題** $f$ が正則な関数ならば，その実部 $u$, 虚部 $v$ は共に調和関数となる．

逆に実 2 変数の調和関数 $u$ が与えられたとき，$u$ はある正則関数の実部となる：

**命題** $D$ を複素平面内の領域とし，$u$ を $D$ 上の（実 2 変数実数値の）調和関数とする．このとき複素関数 $f = u + iv$ が $D$ 上の正則関数となるような，$D$ 上の調和関数 $v$ が存在する．$v$ を $u$ の**共役な調和関数**という．

**$v$ の構成** 共役な調和関数 $v$ があるとすると，コーシー＝リーマンの関係式より

$$v = \int v_y dy = \int u_x dy$$

ここで $U$ を $u_x$ の $y$ に関する原始関数とすると

$$v = \int u_x dy = U + c \quad (c \text{ は積分定数})$$

となる．$c$ は $y$ に関し定数だが，$x$ については変化する可能性があるので，$c = \varphi(x)$ と表す．再びコーシー＝リーマンの関係式を使うと

$$v_x = U_x + \varphi'(x) = -u_y$$

だから $\varphi(x) = -\int (U_x + u_y)dx$ となる.

上の構成より $v$ は積分定数などから，ただ 1 つには決まらない．調和関数 $u$ に対する共役な調和関数 $v$ の物理的な意味は問題 74 で解説する.

## 解答

(1) ㋐コーシー=リーマンの関係式より実部 $u$ について

$$\begin{aligned} u_{xx} + u_{yy} &= (u_x)_x + (u_y)_y \\ &= (v_y)_x + (-v_x)_y = v_{yx} - v_{xy} = 0. \end{aligned}$$

虚部 $v$ についても同様.

㋐ $u$ が調和関数 $\Leftrightarrow$ $u$ は $u_{xx} + u_{yy} = 0$ をみたす.

(2) 実変数の積の微分の公式より

$$\begin{aligned} u_x &= -e^{-x}(x \sin y - y \cos y) + e^{-x} \sin y \\ &= e^{-x}((1-x) \sin y + y \cos y). \end{aligned}$$

同様の計算により

$$\begin{aligned} u_{xx} &= e^{-x}((x-2) \sin y - y \cos y), \\ u_y &= e^{-x}((x-1) \cos y + y \sin y), \\ u_{yy} &= e^{-x}((2-x) \sin y + y \cos y) \end{aligned}$$

となり，したがって $u_{xx} + u_{yy} = 0$ となる.

次に $v_y = u_x$, $v_x = -u_y$ となる $v$ を求める．前者より

$$\begin{aligned} v &= \int v_y dy = \int u_x dy \\ &= \int e^{-x}((1-x) \sin y + y \cos y) dy \\ &= \int e^{-x}(-x \sin y + \underbrace{\sin y + y \cos y}_{㋑}) dy \\ &= e^{-x}(x \cos y + y \sin y) + \underbrace{\varphi(x)}_{㋒}. \end{aligned}$$

㋑ $y \cos y + \sin y$
$= y(\sin y)' + y' \sin y$
$= (y \sin y)'$

㋒ $x$ に関する関数は $y$ に関する不定積分の積分定数になる.

後者より $v_x = e^{-x}((1-x) \cos y - y \sin y) + \varphi'(x) = -u_y$, したがって $\varphi'(x) = 0$, $\varphi(x) = c$ （$c$ は定数).

$$\begin{aligned} \therefore \quad f &= u + iv \\ &= e^{-x}(x \sin y - y \cos y) \\ &\quad + ie^{-x}(x \cos y + y \sin y) + ci \qquad (c \text{ は定数}) \end{aligned}$$

$\cdots$（答）

☞ 複素関数 $f(z)$ が正則関数ならば，実部，虚部ともに調和関数となり，これが複素変数が応用上重要な理由の 1 つとなる．第 6 章も参照せよ.

**問題 33　べき級数 (4)　基本**

(1)　べき級数 $f(z)=\sum_{n=0}^{\infty} a_n z^n$ $(a_n \in \mathbb{C})$ の収束半径が $R$ ならば，べき級数

$f_0(z)=\sum_{n=1}^{\infty} n a_n z^{n-1}$,　$f_1(z)=c+\sum_{n=0}^{\infty} \frac{a_n}{n+1} z^{n+1}$（$c$ は定数）の収束半径は再び $R$ となることを示せ.

(2)　$m$ が負の整数でないとき，べき級数

$$w=1+\sum_{n=1}^{\infty} \frac{z^n}{n!(m+1)(m+2)\cdots(m+n)}$$

が定める関数のみたす微分方程式を求めよ.

**解説**　べき級数 $\sum_{n=0}^{\infty} a_n z^n$ により定まる関数 $f(z)=\sum_{n=0}^{\infty} a_n z^n$ は，収束半径 $R>0$ の円盤内で微分積分が自由に使える.

## [I] べき級数の導関数

(i)　べき級数 $f_0(z)=\sum_{n=1}^{\infty} n a_n z^{n-1}$ は $f(z)$ と同じ収束半径をもつ.

(ii)　べき級数 $f(z)$ は領域 $|z|<R$ で正則. 任意の $|z|<R$ について $f'(z)=f_0(z)$ となる.

これにより，べき級数から定まる関数は無限回微分可能となる.

## [II] べき級数の積分

(i)　べき級数 $f_1(z)=\sum_{n=0}^{\infty} \frac{a_n}{n+1} z^{n+1}$ は $f(z)$ と同じ収束半径をもつ.

(ii)　べき級数 $f_1(z)$ は領域 $|z|<R$ で正則. 任意の $|z|<R$ について $f_1'(z)=f(z)$ となる.

$f(z)$ に対し $g'(z)=f(z)$ となるべき級数は $g(z)=f_1(z)+c$ ($c$ は定数) という形になる.

## 解答

(1) $f_0(z)$ の収束半径を $R_0$ とする.

$$\sum_{n=1}^{\infty} \underset{㋐}{|a_n z^n|} \leq \sum_{n=1}^{\infty} n|a_n z^n| \leq |z| \sum_{n=1}^{\infty} n|a_n z^{n-1}|$$

㋐ $|a_n z^n| \leq n|a_n z^n|$

より $f_0(z)$ が絶対収束すれば $f(z)$ も絶対収束するので $0 \leq R_0 \leq R$. $R=0$ ならば $R_0=0=R$. 一方, $R>0$ のとき, $r<R$ となる任意の $r$ をとる. $\sum_{n=0}^{\infty} ar^n$ は絶対収束するから, 数列 $|a_n r^n|$ は 0 に収束. 特に $|a_n r^n| \leq M$ となる正数 $M$ がとれる. $|z|<r$ ならば

$$\begin{aligned}\sum_{n=1}^{\infty} |na_n z^{n-1}| &\leq \sum_{n=1}^{\infty} \frac{|a_n r^n|}{r} \cdot n \left(\frac{|z|}{r}\right)^{n-1} \\ &\leq \frac{M}{r} \frac{1}{(1-\frac{|z|}{r})^2} = \frac{Mr}{(r-|z|)^2} < \infty.\end{aligned}$$

となり $f_0(z)$ は絶対収束する. よって $R \leq R_0$, $R=R_0$ となる. $f(z)$ と $f_0(z)$ の役割を $f_1(z)$ と $f(z)$ に置き換えれば, $f_1(z)$ の収束半径と $f(z)$ の収束半径は一致することが分かる.

(2)

$$\begin{aligned} w' &= \sum_{n=1}^{\infty} \frac{z^{n-1}}{(n-1)!(m+1)\cdots(m+n)} \\ &= \underset{㋑}{\frac{1}{m+1} + \sum_{n=1}^{\infty} \frac{z^n}{n!(m+1)\cdots(m+n+1)}} \\ w'' &= \sum_{n=1}^{\infty} \frac{z^{n-1}}{(n-1)!(m+1)\cdots(m+n+1)} \end{aligned}$$

㋑ $n-1$ を $n$ と置き換え, $n=0$ と $n \geq 1$ の部分に分けた.

だから,

$$\begin{aligned} &zw''+(1+m)w' \\ &= \sum_{n=1}^{\infty} \frac{z^n}{(n-1)!(m+1)\cdots(m+n+1)} \\ &\quad +1+ \sum_{n=1}^{\infty} \frac{z^n}{n!(m+2)\cdots(m+n+1)} \\ &= \underset{㋒}{1+ \sum_{n=1}^{\infty} \frac{z^n}{n!(m+2)\cdots(m+n)}} = w \end{aligned}$$

㋒ $\frac{1}{(n-1)!(m+1)}+\frac{1}{n!}$
$= \frac{n+m+1}{n!}$

☞ べき級数は収束半径内で項別微分・項別積分できる. したがってべき級数によって作られた関数は自由に微分, 積分ができる.

より $w$ は微分方程式 $zw''+(1+m)w'-w=0$ をみたす.

**問題 34　コーシーの積分定理 (1)**　基本

(1)　単一閉曲線 $C$ があり，点 $a$ は $C$ の外部にあるとする．このとき次の積分を求めよ．ただし $n$ は自然数である．

(i)　$\displaystyle\int_C (z-a)^n dz$　　(ii)　$\displaystyle\int_C e^{i(z-a)} dz$　　(iii)　$\displaystyle\int_C \frac{1}{(z-a)^n} dz$

(2)　次の積分を求めよ．ただし $C$ は $|z| = 2$ とする．

(i)　$\displaystyle\int_C \frac{1}{2z-5} dz$　　(ii)　$\displaystyle\int_C \frac{1}{z^2-2z+5} dz$

**解説**　複素平面上の曲線

$$C : z(t) = x(t)+iy(t)\quad (a \le t \le b)$$

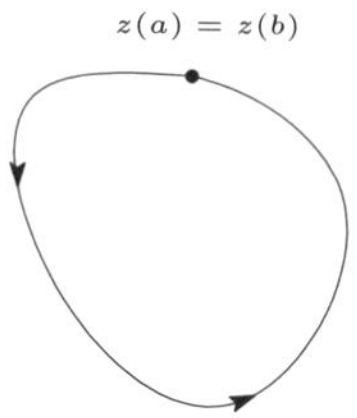


が自分自身と交わらないとき，$C$ を**単一曲線**という．$z(a) = z(b)$，すなわち始点と終点が同じ単一曲線を**単一閉曲線**，または**ジョルダン曲線**という．単一閉曲線は常に反時計回りを正の向きとする．

ここで実関数の線積分と重積分の間に成り立つ定理を確認しておこう．

**グリーンの定理**　$xy$ 平面において単一閉曲線 $C$ で囲まれた領域を $D$ とするとき，2つの関数 $P(x, y)$ と $Q(x, y)$ について次式が成り立つ：

$$\int_C (Pdx+Qdy) = \iint_D (Q_x-P_y)\, dxdy$$

このグリーンの定理を用いて次の定理が導かれる：

**コーシーの積分定理**　関数 $f(z)$ が単一閉曲線 $C$ と $C$ の内部を含む領域で正則であるとき，

$$\int_C f(z)dz = 0.$$

**〈証明〉**　曲線 $C$ の内部を $D$ とし，$f(z) = u+iv$ とすると，グリーンの定理およびコーシー＝リーマンの関係式より

$$\int_C (udx-vdy) = \iint_D (-v_x-u_y)dxdy = \iint_D (u_y-u_y)dxdy = 0,$$
$$\int_C (vdx+udy) = \iint_D (u_x-v_y)dxdy = \iint_D (u_x-u_x)dxdy = 0$$

よって $\displaystyle\int f(z)dz = \int_C (udx-vdy)+i\int_C (vdx+udy) = 0.$

## 解答

(1) (i) ㋐$(z-a)^n$ は $z$ の $n$ 次の多項式だから $z$ 平面全体で正則である．よって $C$ の内部で正則だから，コーシーの積分定理によって

$$\int_C (z-a)^n dz = 0$$

㋐ $\{(z-a)^n\}' = n(z-a)^{n-1}$

(ii) ㋑$e^{i(z-a)}$ は $z$ 平面全体で正則，よって $C$ の内部で正則だから，コーシーの積分定理によって

$$\int_C e^{i(z-a)} dz = 0$$

㋑ $\{e^{i(z-a)}\}' = ie^{i(z-a)}$

(iii) ㋒$\dfrac{1}{(z-a)^n}$ は $z=a$ 以外で正則である．$a$ は $C$ の内部にないから，この関数は $C$ の内部で正則である．よってコーシーの積分定理により

$$\int_C \frac{1}{(z-a)^n} dz = 0$$

㋒ 分母を 0 とする $z=a$ では微分不能であるが，$z=a$ は単一閉曲線 $C$ の外部の点である．

(2) ㋓曲線 $C: |z|=2$ は単一閉曲線である．

㋓ 点 0 を中心とし，半径 2 の円．

(i) ㋔$\dfrac{1}{2z-5}$ は点 $z=\frac{5}{2}$ 以外で正則である．$z=\frac{5}{2}$ は $C$ の内部にはないから，この関数は $C$ の内部で正則である．コーシーの積分定理によって

$$\int_C e^{i(z-a)} dz = 0 \qquad \cdots（答）$$

㋔ 分母を 0 とする $z=\frac{5}{2}$ では微分不能であるが，$z=a$ は単一閉曲線 $C$ の外部の点である．

(ii) ㋕$\dfrac{1}{z^2-2z+5}$ は点 $z=1\pm 2i$ 以外で正則である．$z=1\pm 2i$ は $C$ の内部にはないから，この関数は $C$ の内部で正則である．コーシーの積分定理によって

$$\int_C \frac{1}{z^2-2z+5} dz = 0 \qquad \cdots（答）$$

㋕ 分母を 0 とする $z$ は $z=1\pm 2i$．
㋔と同様に考える．

☞ コーシーの積分定理は，実関数の線積分と重積分との間に成り立つグリーンの定理から導くことができる．グリーンの定理は『弱点克服 大学生の微積分』の p.206 を参照のこと．

| 問題 35 | コーシーの積分定理 (2) | 基本 |
|---|---|---|

(1) 点 $a$ が単一閉曲線 $C$ の内部にあるとき，次の等式を示せ．

$$\int_C \frac{1}{z-a}dz = 2\pi i, \qquad \int_C \frac{1}{(z-a)^n}dz = 0 \quad (n = 2, 3, \ldots)$$

(2) 複素積分 $\displaystyle\int_C \frac{z}{z^2+4}dz$ を求めよ．ただし $C$ は $|z| = 3$ とする．

**解説** **[I] 単連結領域** 複素平面上の領域 $D$ において，$D$ 内のすべての単一閉曲線で囲まれる領域が $D$ の点だけを含むとき，$D$ を**単連結領域**という．単連結でない領域を**多重連結領域**という．多重連結領域は，連結でない境界の個数により，2 重連結，3 重連結,⋯ などという．複素平面全体，円の内部などは単連結領域である（問題 35 解説も参照のこと）．

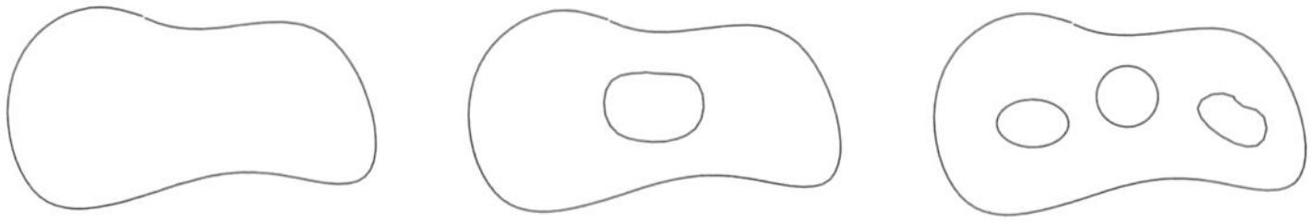

単連結領域　　2 重連結領域　　4 重連結領域

**[II] 積分路の変更 (その 1)** 関数 $f(z)$ が単連結領域 $D$ で正則だとする．右図のように $D$ 内に単一閉曲線 $C, C_1, \ldots, C_m$ があり，$C_1, \ldots, C_m$ は $C$ の内部にあるとする．このとき次の等式が成り立つ：

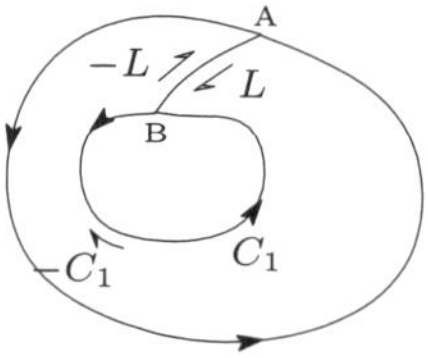


$$\int_C f(z)dz = \int_{C_1} f(z)dz + \cdots + \int_{C_2} f(z)dz$$

2 重連結領域の場合を考える．曲線 $C$ と $C_1$ 上にそれぞれ点 A, B をとり，A と B を結ぶ路 $L$ を $D$ 内にとる．このとき $C' = C+L-C_1-L$ とおくと，$C'$ は単一閉曲線で，$f(z)$ は $C'$ および $C'$ の内部で正則だから，コーシーの積分定理より

$$\int_{C'} f(z)dz = \int_{C+L-C_1-L} f(z)dz = 0.$$

第 2 項を分解すると $\displaystyle\int_{C+L-C_1-L} = \int_C + \int_L - \int_{C_1} - \int_L = \int_C - \int_{C_1}$ だから，上の等式が成り立つ．　この議論は多重連結領域の場合も成り立つ．

**[III] 積分路の変更 (その 2)** 関数 $f(z)$ が単連結領域 $D$ で正則だとする．$D$ 内の 2 点に対して A と B を結ぶ曲線 $C$ に沿った複素積分 $\displaystyle\int_C f(z)dz$ は，積分路 $C$ のとり方に関係なく一定の値をもつ．実際，$C = C_1 - C_2$ とすれば，コーシーの積分定理より

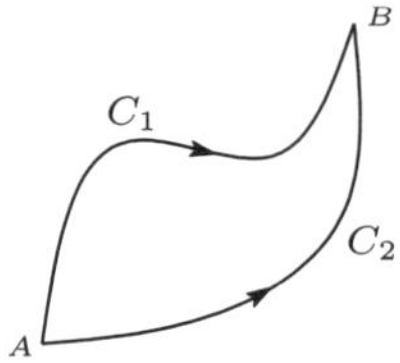

$$\int_C f(z)dz = \int_{C_1} f(z)dz - \int_{C_2} f(z)dz = 0 \qquad \therefore \quad \int_{C_1} f(z)dz = \int_{C_2} f(z)dz.$$

## 解答

(1) 単一閉曲線 $C$ の内部に，点 $a$ を中心とする小円 $C_1$ を描く．$C$ と $C_1$ で囲まれる領域において　$\frac{1}{(z-a)^n}$ ㋐ ($n$ は自然数) は正則だから，

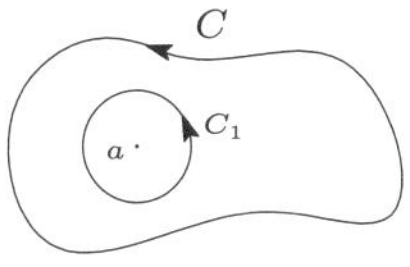


$$\int_C \frac{dz}{(z-a)^n} = \int_{C_1} \frac{dz}{(z-a)^n}$$ ㋑ ．問題 27 の結果より

$$\int_C \frac{dz}{z-a} = 2\pi i, \quad \int_C \frac{1}{(z-a)^n} = 0 \quad (n = 2, 3, \ldots)$$

㋐ 分母を 0 とする点 $a$ は，$C$ と $C_1$ で囲まれた領域の点ではないので，この関数は正則である．

㋑ 解説 **[II]** 参照．

(2) 被積分関数を $f(z)$ とおく．分母の因数分解に応じて部分分数展開すると

$$\frac{z}{z^2+4} = \frac{z}{(z-2i)(z+2i)} = \frac{1}{2}\left(\frac{1}{z-2i} + \frac{1}{z+2i}\right).$$

$f(z)$ は 2 点 $z = \pm 2i$ で正則ではない．$C$ の内部に点 $2i, -2i$ を中心とする小円 $C_1, C_2$ を互いに交わらないように描く．被積分関数は $C, C_1, C_2$ で囲まれた領域で正則だから，

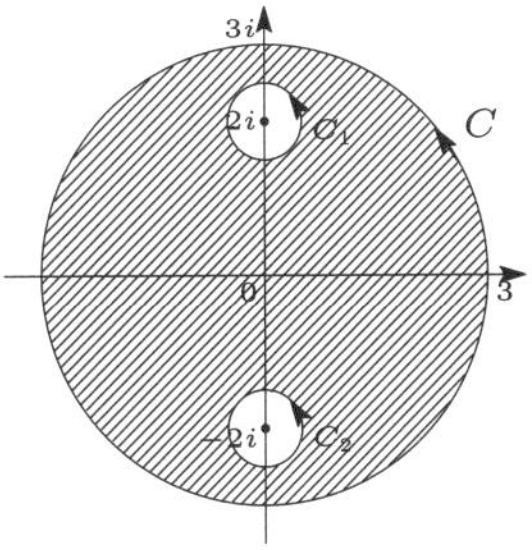


$$\int_C f(z)dz = \int_{C_1} f(z)dz + \int_{C_2} f(z)dz$$ ㋒

ここで

$$\int_{C_1} f(z)dz = \frac{1}{2}\left(\int_{C_1} \frac{dz}{z-2i} + \int_{C_1} \frac{dz}{z-2i}\right)$$ ㋓

$$= \frac{1}{2}(2\pi i + 0) = \pi i.$$

同様に $\int_{C_1} f(z)dz = \pi i$　よって $\int_C f(z)dz = 2\pi i \cdots$ (答)

㋒ 解説 **[II]** 参照．

㋓ 点 $2i$ は単一閉曲線 $C_1$ の内部の点，点 $-2i$ は $C_1$ の外部の点である．

☞ 問題 34 のコーシーの積分定理と，2 重連結領域の場合の解説の等式をマスターすることで，複素積分の土台ができる．

**問題 36 コーシーの積分定理 (3)** 基本

2 点 A, B を結ぶ直線に沿った複素線積分 $\int_{\mathrm{A}}^{\mathrm{B}} f(z)dz$ の値を求めよ.

(1) $\displaystyle\int_0^{2+i} (z^2-iz+2)dz$　　(2) $\displaystyle\int_0^{1+i} z^2 \sin z dz$

(3) $\displaystyle\int_0^{i} \frac{z^2+1}{(z^2-1)^2} dz$

**解説** **[I] 原始関数** $f(z)$ を領域 $D$ で定義された連続関数とする. $F'(z)=f(z)$ を満たす $D$ 上の関数 $F$ を $f$ の**原始関数**という.

**定理** $D$ を領域とする. $F$ が $f$ の $D$ 上の原始関数のとき, 点 A,B を結ぶ任意の区分的になめらかな曲線 $C$ に対し次が成り立つ:

$$\int_C f(z)dz = F(\mathrm{B})-F(\mathrm{A}).$$

原始関数が存在するとき, 積分の値は A,B を結ぶ区分的になめらかな曲線 $C$ に依らず定まるので, $\int_C f(z)dz = \int_{\mathrm{A}}^{\mathrm{B}} f(z)dz$ と記す.

**[II] モレラの定理** 次は原始関数を持つための十分条件である.

**モレラの定理** 領域 $D$ 上の連続関数 $f$ について, $D$ 内の任意の区分的に滑らかな閉曲線 $C$ に対し $\int_C f(z)dz=0$ ならば, $f$ は原始関数をもつ.

上の条件が成立するとき, $f$ の原始関数は $F(z)=\int_a^z f(\zeta)d\zeta$ ($a$ は $D$ の 1 点) により与えられる. $F$ は正則だから, 問題 39 の解説より $f$ も正則となる. 特に単連結領域 $D$ で $f$ が正則ならば, コーシーの積分定理よりモレラの定理の仮定が成立し, したがって $f$ は原始関数を持つ.

**[III] 星状領域** 複素平面の領域 $D$ とその点 $a$ について, 任意の点 $z$ と $a$ を結ぶ線分上の点が必ず $D$ に含まれるとき, $D$ を $a$ に関し**星状**であるという.

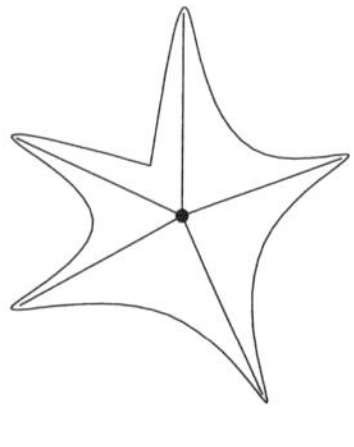

**例 1** 凸領域 (= $D$ の二点を結ぶ線分上の点は全て $D$ に含まれるような領域) は, 任意の点に関し星状である.

**例 2** 点 $a$ より放射状に延びる線分を除いて出来る領域は $a$ に関し星状である.

$D$ が $a \in D$ に関して星状な領域だとすると, $D$ 内の単一閉曲線 $c$ の点 $z$ と $a$ を結ぶ線分上の点が全て $D$ に含まれるという事から, $C$ で囲まれる領域の点は全て $D$ に含まれる．したがって星状領域は単連結な領域となる．

## 解答

(1) 被積分関数は正則だから，原始関数を用いて計算できる．

$$\int_0^{2+i}(z^2-iz+2)dz=\left[\frac{z^3}{3}-i\frac{z^2}{2}+2z\right]_0^{2+i}$$

$$=\frac{(2+i)^3}{3}-i\frac{(2+i)^2}{2}+2(2+i)=\frac{20}{3}+\frac{25}{6}i \qquad \cdots \text{(答)}$$

(2) 被積分関数は正則だから，原始関数を用いて計算できる．

$$\underbrace{\int_0^{1+i} z^2\sin z dz}_{㋐}=\left[-z^2\cos z\right]_0^{1+i}+\int_0^{1+i}2z\cos z dz$$

$$=-(1+i)^2\cos(1+i)+2\left[z\sin z\right]_0^{1+i}-2\int_0^{1+i}\sin z dz$$

$$=-2i\cos(1+i)+2(1+i)\sin(1+i)+2\left[\cos z\right]_0^{1+i}$$

$$=(1-i)(e^{-1+i}+e^{1-i})+(1-i)(e^{-1+i}-e^{1-i})-2$$

$$=2(1-i)e^{-1+i}-2 \qquad \cdots \text{(答)}$$

㋐ $G(z)$ が $g(z)$ の原始関数のとき，次の部分積分が成り立つ：

$$\int_a^b f(z)g(z)dz = \left[f(z)G(z)\right]_a^b - \int_a^b f'(z)G(z)dz$$

(3) 被積分関数は

$$\underbrace{\frac{z^2+1}{(z^2-1)^2}=\frac{1}{2}\left(\frac{1}{(z-1)^2}+\frac{1}{(z+1)^2}\right)}_{㋑}$$

と部分分数展開できる．また被積分関数は $z=\pm1$ を除いて正則．積分路は原点に関して星状な領域 $\mathbb{C}-\{x\in\mathbb{R} : x\leq-1,\ x\geq1\}$ 内にあるので，原始関数 $(-(z\pm1)^{-1})'=(z\pm1)^2$ を用いて計算できる．

$$\int_0^i \frac{z^2+1}{(z^2-1)^2}dz$$

$$=\frac{1}{2}\int_0^i((z-1)^{-2}+(z+1)^{-2})dz$$

$$=\frac{1}{2}\left[-(z-1)^{-1}-(z+1)^{-1}\right]_0^i=\frac{1}{2i} \qquad \cdots \text{(答)}$$

㋑ $$\frac{z^2+1}{(z^2-1)^2} = \frac{A}{z-1}+\frac{B}{(z-1)^2} + \frac{C}{z+1}+\frac{D}{(z+1)^2}$$

と展開されると仮定し，$A, B, C, D$ を求める．

☞ 領域が単連結ならば，複素線積分も実変数の場合と同様，原始関数をつかって計算する事が出来る．一方，単連結でないと積分路によって積分の値が異なる場合があり，注意が必要となる．

**問題 37　コーシーの積分定理 (4)　基本**

下図の積分路 $C$ に沿って積分 $J=\int_C \dfrac{dz}{z(z^2-1)}$ の値を求めよ．

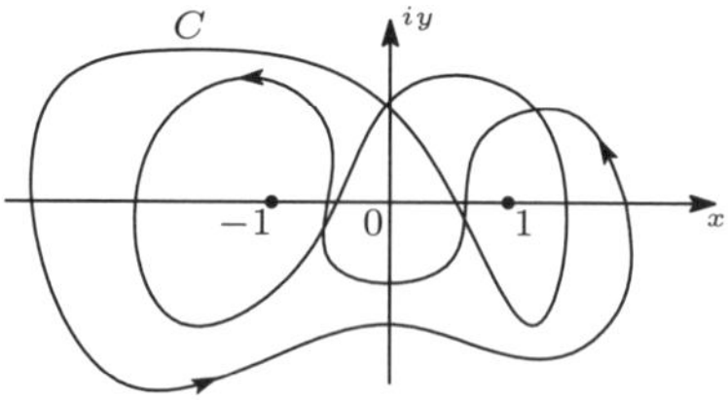


**解説**　**回転数**　例えば原点 0 を中心とする半径 $r$ の円周を $z=1$ から反時計回りに 11 周する路 $C$ 上の点は $z=re^{i\theta}$ $(0\leq\theta\leq 22\pi)$ と表されるから，

$$n(C,0)=\frac{1}{2\pi i}\int_C\frac{dz}{z}=\frac{1}{2\pi i}\int_0^{22\pi}\frac{ire^{i\theta}d\theta}{re^{i\theta}}=\frac{1}{2\pi i}\times 22\pi i=11.$$

時計回りに 11 周する路 $C'$ 上の点は $z=re^{-i\theta}$ $(0\leq\theta\leq 22\pi)$ と表されるから，

$$n(C',0)=\frac{1}{2\pi i}\int_{C'}\frac{dz}{z}=\frac{1}{2\pi i}\int_0^{22\pi}\frac{-ire^{-i\theta}d\theta}{re^{-i\theta}}=\frac{1}{2\pi i}\times(-22\pi i)=-11.$$

このように，$(z-a)^{-1}$ の積分によって円周が点 $a$ の周りを何周しているかが分かる．コーシーの積分定理を使って積分路を変形させることで一般の閉曲線に対し次を得る：

**補題**　$C$ が $\mathbb{C}$ 内の点 $a$ を通らない区分的に滑らかな閉曲線のとき，次の値は整数となる：

$$n(C,a)=\frac{1}{2\pi i}\oint_C\frac{dz}{z-a}$$

この補題により定まる整数値 $n(C,a)$ を $a$ **に関する閉曲線** $C$ **の回転数**という．実際の計算は積分路を適当に変形し，点の周りを何周しているかを考えればよい．例えば $z=-1$ の周りを考えるとき，領域 $\mathbb{C}-\{-1\}$ で $C$ を変形する．

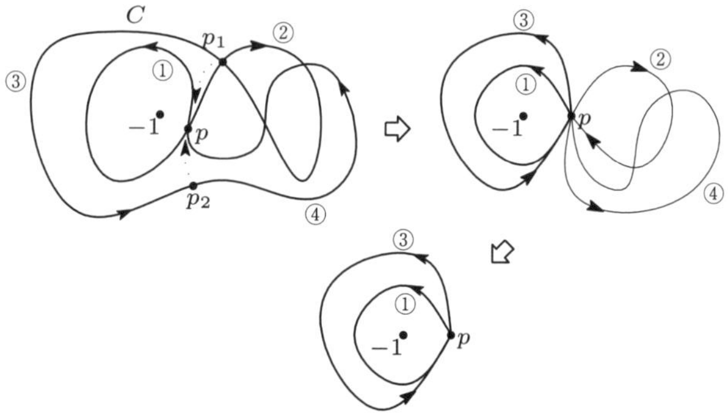

($\mathbb{C}-\{-1\}$ 内で，$p_1, p_2$ が $p$ に行くように $C$ を変形．② ④の部分は内部に $z=-1$ を含まないので，コーシーの積分定理により 1 点 $p$ に収縮させられる．したがって $\displaystyle\int_C \frac{dz}{z+1}$ は積分路 ①, ③ 上の値だけを考えればよい．

## 解答

被積分関数を ㋐部分分数展開して

$$\int_C \frac{dz}{z(z^2-1)} = \frac{1}{2}\int_C \frac{dz}{z+1} - \int_C \frac{dz}{z} + \frac{1}{2}\int_C \frac{dz}{z-1}$$

となる．$C$ を領域 $\mathbb{C}-\{-1\}$，$\mathbb{C}-\{0\}$，$\mathbb{C}-\{1\}$ 内でそれぞれ変形する．

(1)　$C$ を解説のとおりに $\mathbb{C}-\{-1\}$ 内で変形すると $z=-1$ の周りを反時計回りに 2 周する円周に変形できるから，

$$\int_C \frac{dz}{z+1} = \int_{C_{-1}} \frac{dz}{z+1} = 2\pi i \times 2.$$

(2)　$\mathbb{C}-\{0\}$ 内で変形する．下図の①, ② のような 0 を内部に含まない閉曲線を 1 点に縮めると，残った閉曲線も内部に 0 を含まないので，$\displaystyle\int_C \frac{dz}{z} = 0.$

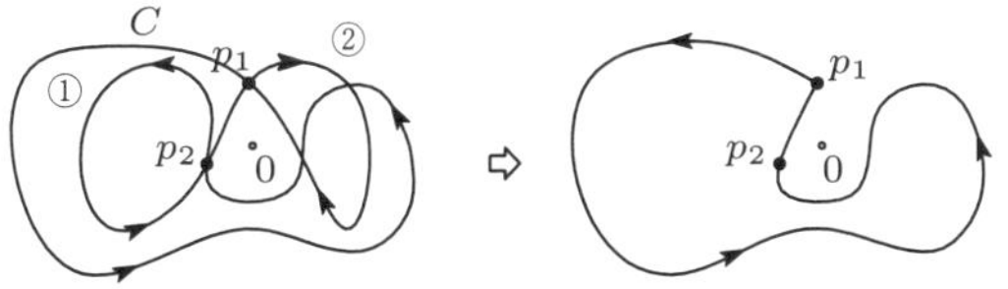


(3)　$\mathbb{C}-\{1\}$ 内で変形する．下図のように 0 を内部に含まない閉曲線③を 1 点に縮める．残った閉曲線①は 1 を時計回りに 1 周，②は反時計回りに 1 周するので，

$$\int_C \frac{dz}{z} = \int_{①+②} \frac{dz}{z} = 2\pi i + 2\pi \cdot (-1) i = 0$$

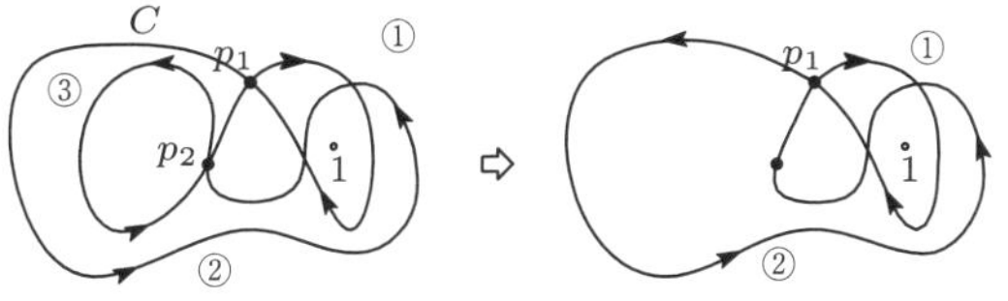


$$\therefore \quad \int_C \frac{dz}{z(z^2-1)} = \frac{1}{2} \times 4\pi i - 0 + 0 = 2\pi i \qquad \cdots (答)$$

㋐
$$\frac{1}{z(z^2-1)} = \frac{A}{z+1} + \frac{B}{z} + \frac{C}{z-1}$$
($A, B, C$ は定数) とする．通分して，両辺の分子を比較する．

☞　$f(z)$ が正則である範囲内では，積分路が自由に変形できる．複素解析の醍醐味の 1 つである．

## 問題 38 コーシーの積分表示 (1) 基本

次の積分を求めよ．ただし $C$ は $|z|=2$ とする．

(1) $\displaystyle\int_C \frac{z^3}{z+i}dz$　　(2) $\displaystyle\int_C \frac{\sin^6 z}{z-\frac{\pi}{6}}dz$　　(3) $\displaystyle\int_C \frac{e^{\pi z}}{z^2+1}dz$

**解説**　**[I] コーシーの積分表示**　コーシーの積分定理より，次の定理が導かれる．

**コーシーの積分表示**　$f(z)$ は領域 $D$ で正則であるとする．$D$ 内に単一閉曲線 $C$ があり，$C$ で囲まれた領域が $D$ 以外の点を含まないとする．このとき点 $a$ が $C$ の内部にあるならば，次式が成り立つ:

$$f(a)=\frac{1}{2\pi i}\int_C \frac{f(z)}{z-a}dz$$

〈証明〉　点 $a$ を中心とする十分小さい半径 $r$ の円 $C_1$ を描くとき，$C_1$ は $C$ の内部にあり，$\dfrac{f(z)}{z-a}$ は $C$ と $C_1$ で囲まれた領域で正則だから，

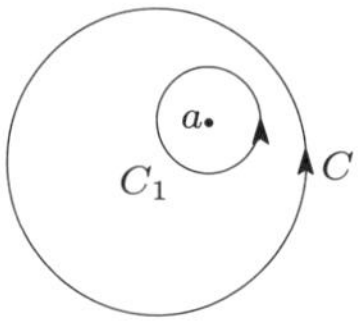


$$\int_C \frac{f(z)}{z-a}dz=\int_{C_1} \frac{f(z)}{z-a}dz. \qquad \cdots ①$$

円 $C_1$ を $z=a+re^{i\theta}$ $(0\leq\theta\leq 2\pi)$ と表せば，$dz=rie^{i\theta}d\theta$ となり

$$\int_{C_1} \frac{f(z)}{z-a}dz=i\int_0^{2\pi} f(a+re^{i\theta})d\theta. \qquad \cdots ②$$

①の左辺は $r$ と無関係だから，②の右辺も $r$ と無関係となる．そこで $r\to +0$ とすると

$$\int_C \frac{f(z)}{z-a}dz=\lim_{r\to +0} i\int_0^{2\pi} f(a+re^{i\theta})d\theta.=i\int_0^{2\pi} f(a)d\theta=2\pi i f(a).$$

これより積分公式を得る．　　(証明終)

**[II] 平均定理**　コーシーの積分表示を円周上で考えると次が成り立つ：

**平均定理**　$f(z)$ は領域 $D$ で正則であるとする．$a\in D$ を中心とする円 $|z-a|=r$ とその内部が $D$ に含まれるとき，次が成立：

$$f(a)=\frac{1}{2\pi}\int_0^{2\pi} f(a+re^{it})dt$$

この表示より，$f(a)$ は $a$ を中心とする円周上の値の平均値になっていることがわかる（練習問題 9 参照）．

## 解答

いずれもコーシーの積分表示を用いる．

(1) ㋐点 $z=-i$ は円 $C$ の内部にあり，$f(z)=z^3$ は $C$ の内部で正則であるから

$$\frac{1}{2\pi i}\int_C \frac{z^3}{z+i}dz = f(-i) = (-i)^3 = i.$$

よって $\displaystyle\int_C \frac{z^3}{z+i}dz = 2\pi i^2 = -2\pi$　　$\cdots$ (答)

㋐ $\dfrac{z^3}{z+i}=\dfrac{z^3}{z-(-i)}$

(2) ㋑点 $z=\frac{\pi}{6}$ は円 $C$ の内部にあり，$f(z)=\sin^6 z$ は $C$ の内部で正則であるから

$$\frac{1}{2\pi i}\int_C \frac{\sin^6 z}{z-\frac{\pi}{6}}dz = f\left(\tfrac{\pi}{6}\right) = \sin^6\tfrac{\pi}{6} = \left(\tfrac{1}{2}\right)^6.$$

よって $\displaystyle\int_C \frac{\sin^6 z}{z-\frac{\pi}{6}}dz = 2\pi i\cdot\frac{1}{2^6} = \frac{\pi}{32}i$　　$\cdots$ (答)

㋑ $0<\frac{\pi}{6}<1$ より $\left|\frac{\pi}{6}\right|<2$ だから，この点は円 $C$ の内部にある．

(3) $$\int_C \frac{e^{\pi z}}{z^2+1}dz = \int_C \underset{㋒}{\frac{e^{\pi z}}{(z-i)(z+i)}}\,dz$$
$$= \frac{1}{2i}\left(\int_C \frac{e^{\pi z}}{z-i}dz - \int_C \frac{e^{\pi z}}{z+i}dz\right)$$

㋒ $\dfrac{1}{(z-i)(z+i)} = \dfrac{1}{2i}\left(\dfrac{1}{z-i}-\dfrac{1}{z+i}\right)$

点 $z=i,-i$ は円 $C$ の内部にあり，$f(z)=e^{\pi z}$ は $C$ の内部で正則であるから

$$\int_C \frac{e^{\pi z}}{z-i}dz = 2\pi i\cdot e^{\pi i} = 2\pi i\cdot(-1) = -2\pi i,$$
$$\int_C \frac{e^{\pi z}}{z+i}dz = 2\pi i\cdot e^{\pi(-i)} = 2\pi i\cdot(-1) = -2\pi i.$$

$$\therefore\quad \int_C \frac{e^{\pi z}}{z^2+1}dz = \frac{1}{2i}\left(-2\pi i-(-2\pi i)\right) = 0$$　　$\cdots$ (答)

☞ コーシーの積分表示によって，点 $a$ における関数 $f(z)$ の値 $f(a)$ は，単一閉曲線 $C$ 上の各点に於ける $f(z)$ によって決定されることが分かる．これは正則関数の重要な性質の 1 つである．

**問題 39　コーシーの積分表示 (2)**　基本

次の積分を求めよ．ただし $C$ は $|z|=2$ とする．

(1) $\displaystyle\int_C \frac{\cos \pi z}{(z-1)^3}dz$　　(2) $\displaystyle\int_C \frac{z+1}{(z-3)(z-i)^2}dz$

(3) $\displaystyle\int_C \frac{e^z}{z(z+1)^2}dz$

**解説**　**[I] コーシーの積分表示の拡張**　単一閉曲線 $C_1$ の内部に単一閉曲線 $C_2$ があって，$C_1$ と $C_2$ で囲まれた領域 $D$ で関数 $f(z)$ は正則だとする．このとき点 $a$ が領域 $D$ の内部にあるならば

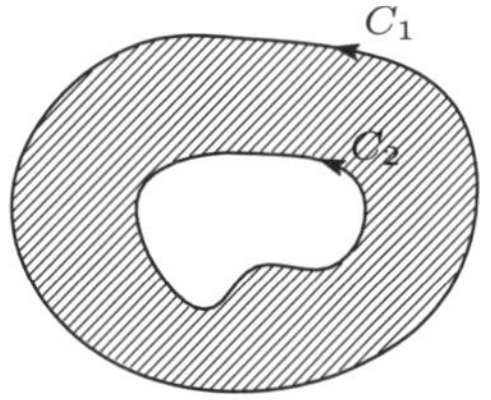


$$f(a)=\frac{1}{2\pi i}\int_{C_1}\frac{f(z)}{z-a}dz-\frac{1}{2\pi i}\int_{C_2}\frac{f(z)}{z-a}dz$$

が成り立つ．問題 34 の解説 (2) と同様に積分路 $L$ を作ることによって証明できる．

**[II] 高階微分**　$f(z)$ は領域 $D$ で正則だとし，$D$ 内に単一閉曲線 $C$ および点 $a$ は $C$ の内部にあるとする．このとき $|h|$ を十分小さくとり，点 $a+h$ も $C$ の内部にあるようにすると，コーシーの積分表示により

$$\frac{f(a+h)-f(a)}{h}=\frac{1}{h}\left(\frac{1}{2\pi i}\int_C\frac{f(z)}{z-(a+h)}dz-\frac{1}{2\pi i}\int_C\frac{f(z)}{z-a}dz\right)$$
$$=\frac{1}{2\pi i}\int_C fracf(z)(z-a-h)(z-a))dz.$$

ここで $h\to 0$ とすると，微分係数の定義より，左辺 $\to f'(a)$ だから，

$$f'(a)=\frac{1}{2\pi i}\int_C\frac{f(z)}{(z-a)^2}dz.$$

この式を用いて，$f'(z)$ について同様に考えると

$$f''(a)=\frac{2!}{2\pi i}\int_C\frac{f(z)}{(z-a)^3}dz$$

が得られる．一般には数学的帰納法により次式が証明される：

$$f^{(n)}(a)=\frac{n!}{2\pi i}\int_{C_1}\frac{f(z)}{(z-a)^{n+1}}dz\quad (n=1,2,\ldots)$$

上の結果から次のことが分かる：

**定理**　正則な関数 $f(z)$ は何回でも微分可能であることがわかる．また $f(z)$ の各導関数 $f^{(n)}(z)$ は $f(z)$ が正則である領域で再び正則である．

## 解答

(1)　点 $z=1$ は円 $C$ の内部にあり，$f(z)=\cos\pi z$ は $C$ の内部で正則である．

$f'(z)=-\pi\sin\pi z$,　$f''(z)=-\pi^2\cos\pi z$ より

$$\int_C \frac{\cos\pi z}{(z-1)^3}dz=\underbrace{\int_C \frac{f(z)}{(z-1)^3}}_{㋐}$$

$$=\frac{2\pi i}{2!}f''(1)=\pi^3 i \qquad \cdots (答)$$

(2)　点 $z=i$ は円 $C$ の内部にあり，$z=3$ は $C$ の外部にある．したがって $f(z)=\dfrac{z+1}{z-3}$ は $C$ の内部で正則である．

$$f'(z)=\frac{1\cdot(z-3)-(z+1)\cdot 1}{(z-3)^2}=-\frac{4}{(z-3)^2}\ より$$

$$\int_C \frac{z+1}{(z-3)(z-i)^2}dz=\int_C \frac{f(z)}{(z-i)^2}$$

$$=\underbrace{2\pi i f'(i)}_{㋑}=\frac{4\pi(3-4i)}{25} \qquad \cdots (答)$$

(3)　点 $z=0,-1$ は円 $C$ の内部にあり，$f(z)=e^z$ は $C$ の内部で正則である．

$$\underbrace{\frac{1}{z(z-1)^2}=\frac{1}{z}-\frac{1}{z+1}-\frac{1}{(z+1)^2}}_{㋒}\ より$$

$$\int_C \frac{e^z}{z(z+1)^2}dz$$

$$=\underbrace{\int_C \frac{f(z)}{z}dz-\int_C \frac{f(z)}{z+1}dz}_{㋓}-\int_C \frac{f(z)}{(z+1)^2}dz$$

$$=2\pi i f(0)-2\pi i f(-1)-2\pi i f'(-1)$$

$$=2\pi i-2\pi i e^{-1}-2\pi i e^{-1}$$

$$=2\pi(1-2e^{-1})i \qquad \cdots (答)$$

㋐　$f''(1)$
$=\dfrac{2!}{2\pi i}\displaystyle\int_C \frac{f(z)}{(z-1)^3}dz.$

㋑　$f'(i)=-\dfrac{4}{(i-3)^2}$
$=-\dfrac{2}{4-3i}$
$=-\dfrac{2(4+3i)}{25}$

㋒　$\dfrac{1}{z(z+1)^3}$
$=\dfrac{a}{z}+\dfrac{b}{z+1}+\dfrac{c}{(z+1)^2}$
とおいて，分母を払って係数比較．

㋓　$f^{(n)}(z)$ の公式で $n=0$ のときと見做せばよい $(0!=1)$.

☞　関数 $f(z)$ が領域 $D$ で正則ならば，第 $n$ 次導関数 $f^{(n)}(z)$ $(n=1,2,\ldots)$ も存在する．複素関数の正則性は，実関数のときの微分可能性よりもはるかに強い性質になっている．

**問題 40　テイラー展開・マクローリン展開　基本**

次の関数の (　) 内の点を中心とするテイラー展開を求めよ.

(1) $\sin z \quad (z = \frac{\pi}{2})$　　(2) $\cos z \quad (z = \frac{\pi}{2})$　　(3) $\dfrac{1}{z(z-2)} \quad (z = 1)$

**解 説**　複素関数についての重要な定理であるテイラー展開を学ぶ.

**[I] テイラー展開**　関数 $f(z)$ は領域 $D$ で正則であり, $D$ 内の任意の点 $a$ を中心として半径 $R$ の円 $C$ が $D$ に含まれるとする. このとき, この円の内部 $|z-a|<R$ に含まれる任意の点 $z$ に対して, 関数 $f(z)$ は

$$f(z) = f(a)+\frac{f'(a)}{1!}(z-a)+\frac{f''(a)}{2!}(z-a)^2+\cdots+\frac{f^{(n)}(a)}{n!}(z-a)^n+\cdots$$

とべき級数に展開できる. すなわち, 正則関数は解析的 (問題 24 解説 [II] 参照) である. このべき級数を関数 $f(z)$ の点 $a$ を中心とする**テイラー展開**という. テイラー展開 (特に係数) は関数に対して唯一通りに定まる. 特に

$$f(z) = a_n(z-a)^n+a_{n+1}(z-a)^{n+1}+\cdots, \qquad a_n \neq 0$$

という形になるとき, $a$ を $f(z)$ の $n$ **位の零点**という.

〈**証明**〉　点 $z$ を円 $C:|z-a| = R$ の内部の点とすると, コーシーの積分表示より

$$f(z) = \frac{1}{2\pi i}\int_C \frac{f(\zeta)}{\zeta-z}d\zeta \quad \cdots ①$$

と表される. $C$ 上の点 $\zeta$ に対し, $|z-a|<|\zeta-a|$, $\left|\dfrac{z-a}{\zeta-a}\right|<1$ だから

$$\begin{aligned}\frac{f(\zeta)}{\zeta-z} &= \frac{f(\zeta)}{(\zeta-a)-(z-a)} = \frac{f(\zeta)}{(\zeta-a)(1-\frac{z-a}{\zeta-a})}\\ &= \frac{f(\zeta)}{\zeta-a}\left\{1+\frac{z-a}{\zeta-a}+\left(\frac{z-a}{\zeta-a}\right)^2+\cdots+\left(\frac{z-a}{\zeta-a}\right)^n+\cdots\right\}\end{aligned}$$

①に代入すれば, 問題 37 の解説 (2) の公式よりテイラー展開が導かれる. (証明終)

**[II] マクローリン展開**　テイラー展開で $a=0$ とすると**マクローリン展開**が成り立つ:

$$f(z) = f(0)+\frac{f'(0)}{1!}z+\frac{f''(0)}{2!}z^2+\cdots+\frac{f^{(n)}(0)}{n!}z^n+\cdots$$

問題 22, 23 で与えたべき級数が $e^z, \sin z, \cos z$ および $\dfrac{1}{1-z}$ のマクローリン展開になる. テイラー展開の計算はこれらの展開を用いて計算されることが多い.

## 解答

(1) $w = z - \dfrac{\pi}{2}$ とおくと， $z = w + \dfrac{\pi}{2}$ だから, $\sin z = \sin\left(w + \dfrac{\pi}{2}\right) = \cos w$. 余弦関数のマクローリン展開

$$\cos w = \sum_{n=0}^{\infty} \frac{(-1)^n}{(2n)!} w^{2n} = 1 - \frac{w^2}{2!} + \frac{w^4}{4!} - \cdots$$

より,

$$\begin{aligned}\sin z &= \sum_{n=0}^{\infty} \frac{(-1)^n}{(2n)!} \left(z - \frac{\pi}{2}\right)^{2n} \\ &= 1 - \frac{1}{2!}\left(z - \frac{\pi}{2}\right)^2 + \frac{1}{4!}\left(z - \frac{\pi}{2}\right)^4 - \cdots \qquad \cdots \text{(答)}\end{aligned}$$

(2) (1) で得られた等式の両辺を $z$ で微分することにより

$$\begin{aligned}\cos z &= \underset{㋐}{(\sin z)'} \\ &= \sum_{n=1}^{\infty} \frac{(-1)^n}{(2n-1)!} \left(z - \frac{\pi}{2}\right)^{2n-1} \\ &= -\left(z - \frac{\pi}{2}\right) - \frac{1}{3!}\left(z - \frac{\pi}{2}\right)^3 + \frac{1}{5!}\left(z - \frac{\pi}{2}\right)^5 - \cdots \quad \cdots \text{(答)}\end{aligned}$$

㋐ $\sin X = \displaystyle\sum_{n=1}^{\infty} \frac{(-1)^2}{(2n-1)!)} X^{2n-1}$

(3) 部分分数展開すると $\underset{㋑}{\dfrac{1}{z(z-2)} = \dfrac{1}{2}\left(\dfrac{1}{z-2} - \dfrac{1}{z}\right)}$. ここで $w = z - 1$ とおく.

㋑ $\dfrac{1}{z(z-2)} = \dfrac{A}{z-2} + \dfrac{B}{z}$ （$A, B$ は定数）とおいて， $A, B$ を求める.

$$\frac{1}{z} = -\frac{1}{1+w} = \sum_{n=0}^{\infty} (-1)^n w^n$$

$$\frac{1}{z-2} = -\frac{1}{1-w} = -\sum_{n=0}^{\infty} w^n$$

$1 + (-1)^n = 0$ ($n$ は奇数), 2 ($n$ は偶数) だから

$$\begin{aligned}\frac{1}{z(z-2)} &= \frac{1}{2}\left(-\sum_{n=0}^{\infty} w^n - \sum_{n=0}^{\infty} (-1)^n w^n\right) \\ &= -\frac{1}{2} \sum_{n=0}^{\infty} (1 + (-1)^n) w^n = -\sum_{n=0}^{\infty} w^{2n} \\ &= -1 - w^2 - \cdots - w^{2n} - \cdots\end{aligned}$$

$$\therefore \quad \frac{1}{z(z-2)} = -1 - (z-1)^2 - \cdots - (z-1)^{2n} - \cdots$$

$\cdots$ (答)

☞ 正則関数は, 1 点を中心とし, 定義域の境界までの距離を半径とする円上で, べき級数に展開できる.

**問題 41 コーシーの評価式** 基本

以下の命題を，この順序で証明せよ．

(1) 関数 $f(z)$ が，領域 $D:\{z;|z-a|\le r\}$ で正則，$|f(z)|\le M$ を満たすならば

$$|f^{(n)}(z)|\le\frac{n!M}{r^n}\qquad(n=1,2,\ldots).$$

(2) 全複素平面 $\mathbb{C}$ で正則かつ有界な関数は定数関数に限る．

(3) $n$ 次の多項式関数 $f(z)=z^n+a_1z^{n-1}+a_2z^{n-2}+\cdots+a_{n-1}z+a_n$ は少なくとも 1 つの零点 ($f(z_0)=0$ となる $z_0\in\mathbb{C}$) をもつ．ただし (3) では $f(z)$ が $\mathbb{C}$ で非正則であること ($\displaystyle\lim_{z\to\infty}|f(z)|=\infty$) はそのまま用いてよい．

**解説** **[I] コーシーの不等式**　(1) の不等式を**コーシーの不等式**という．これは $f(z)$ が $z=a$ の近傍でテイラー展開 $f(z)=\displaystyle\sum_{n=0}^{\infty}c_n(z-a)^n$ されるとき，係数について

$$|c_n|\le\frac{M}{r^n}\qquad(n=0,1,\ldots)$$

が成立することと言い換えてもよい．(1) では領域 $D$ 全体で $|f(z)|\le M$ となる事を要請しているが，$D$ 全体でなく境界 $\partial D$，すなわち中心 $a$，半径 $r$ の円周 $\partial D:\{z\in\mathbb{C}:|z-a|=r\}$ 上でさえ成り立てばよい．これは解答の $M$ に関する条件の使い方を見れば分かる．

**[II] リュービルの定理**　定義域内の任意の複素数 $z$ に対し $|f(z)|\le M$ となる $M>0$ が存在するとき，すなわち，$f(z)$ が一定の範囲内に $f(z)$ は**有界**だという．問題 (2) の主張を**リュービルの定理**という．内容は簡単だが，関数を決定する際には決定的な役割を果たす．

**[III] 代数学の基本定理**　問題 (3) の主張を**代数学の基本定理**という（問題 03 参照）．代数学の基本定理の証明は，リュービルの定理を用いたもの以外にも，解析な証明，代数的な証明，幾何的な考察による証明などがある．“代数学”と冠してはいるが，いずれの証明も“実数の連続性”が深く関係している．この定理の重要性を最初に認識したといわれるガウス自身，最初に学位論文で証明を与えてから，合計 4 回の異なる証明を発表している．

**解答**

(1) $f(z)$ が領域 $D:\{z;|z-a|\le r\}$ で正則だからコーシーの積分表示より

$$f^{(n)}(a)=\frac{n!}{2\pi i}\int_{|z-a|=r}\frac{f(z)}{(z-a)^{n+1}}dz$$

が成り立つ．このとき $z=a+re^{i\theta}$ とおいて

$$\begin{aligned}f^{(n)}(a)&=\frac{n!}{2\pi i}\int_0^{2\pi}\frac{f(a+re^{\theta})}{r^{n+1}\cdot e^{(n+1)i\theta}}rie^{i\theta}d\theta\\&=\frac{n!}{2\pi}\int_0^{2\pi}\frac{f(a+re^{\theta})}{r^n}e^{-ni\theta}d\theta,\end{aligned}$$

$$\begin{aligned}|f^{(n)}(a)|&\leq\frac{n!}{2\pi r^n}\int_0^{2\pi}|f(a+re^{\theta})||e^{-ni\theta}|d\theta\\&\leq\frac{n!2\pi M}{2\pi r^n}=\frac{n!M}{r^n}.\end{aligned}$$

(2)　$f(z)$ は全複素平面上で正則だから

$$f(z)=\sum_{n=0}^{\infty}c_nz^n\qquad(|z|<\infty)$$

と テイラー展開可能㋐．有界性から $|f(z)|\leq M$ となる正数 $M$ をとれば，(1) より，任意の $r>0$ に対し

$$|c_n|=\left|\frac{f^{(n)}(0)}{n!}\right|\leq\frac{M}{r^n}\qquad(n=1,2,\ldots).$$

$r\to+\infty$ とすれば $c_n=0$ だから $f(z)=c_0$．したがって $f(z)$ は定数関数である．

㋐　$f(z)$ が定数関数を示すには $c_n=0\ \ (n\geq 1)$ が言えればよい．

(3)　$f(z)$ が零点を持たないと仮定して $g(z)=1/f(z)$ とおくと，$g(z)$ は全平面上で正則である．また「$g(z)$ が全平面上で有界」でないならば

①　$\lim_{z\to a}|g(z)|=\infty$ となる $a\in\mathbb{C}$ が存在する，

②　$\lim_{z\to\infty}|g(z)|=\infty$

のいずれかが成り立つが，仮定より $f(a)\neq 0$ だから，その逆数である $g(a)\in\mathbb{C}$ となり，①の場合はあり得ない．②は $\lim_{z\to\infty}|f(z)|=\infty$ だから，$\lim_{z\to\infty}|g(z)|=0$ で不成立．

　したがって $g(z)$ は有界で (2) から $f(z)$ は定数でなくてはならず矛盾する．よって $f(z)$ は必ず零点を持つ．

☞　これらの証明は複素解析の教科書にはたいてい出ているだろうが，改めてどの定理や条件が効いているのかを鑑賞しておこう．

**問題 42　関数列・一様収束 (2)**　標準

(1)　$\zeta(z)=\sum_{n=1}^{\infty}\frac{1}{n^z}$　($\mathrm{Re}\,z>1$, $n^z=e^{z\log n}$ とする) が広義一様絶対収束することを示せ.

(2)　$\Gamma(z)=\int_0^{\infty}e^{-t}t^{z-1}dt$　($\mathrm{Re}\,z>0$, $t^z=e^{z\log t}$ とする) が広義一様絶対収束することを示せ.

**解説**　**[I] ワイエルシュトラスの定理**　正則関数列の極限が再び正則となる為の条件として次の定理がある.

**定理**（ワイエルシュトラス）　領域 $D$ 上の関数 $f_n(n=1,2,\ldots)$, $f$ について, 次が成立する：

(i)　各 $f_n$ が正則であり, かつ $f_n$ が $f$ に $D$ 上広義一様収束（問題 28 解説参照）するとき, $f$ は正則となる.

(ii)　(i) が成立するとき, $f_n$ の導関数 $f_n'$ は $f$ の導関数 $f'$ に広義一様収束する.

**例**　べき級数 $f(z)=\sum_{n=0}^{\infty}a_nz^n$ の各部分和 $\sum_{n=0}^{N}a_nz^n$ は多項式だから正則. また, 収束円内で広義一様収束するから, $f(z)$ もその収束円内で正則関数となる.

**[II] ワイエルシュトラスの $M$ 判定法**　領域 $D$ 上の関数 $f_n(n=1,2,\ldots)$ に対し

$$F(z)=\sum_{n=0}^{\infty}f_n(z)$$

という形の関数を**関数項級数**という. べき級数は $f_n(z)=a_nz^n$ の場合である.

**定理**（ワイエルシュトラスの $M$ 判定法）　部分集合 $A$ 上の関数列 $f_n(n=1,2,\ldots)$ に対し,

“任意の $n$ に対し $|f_n(z)|\leq M_n$　$(z\in D)$”　かつ　“級数 $\sum_{n=1}^{\infty}M_n$ は収束”

という 2 条件を満たす正数列 $M_n$　$(n=1,2,\ldots)$ が存在するとき, 関数項級数 $\sum_{n=1}^{\infty}f_n$ は $A$ 上一様絶対収束する（すなわち $\sum_{n=1}^{\infty}|f_n|$ が $A$ 上一様収束する).

級数を無限積分に置き換えた場合も同様である：

**定理**（ワイエルシュトラスの $M$ 判定法）$A$ を $\mathbb{C}$ の部分集合とし, $a\in\mathbb{R}$ とする. 関数 $f(z,t)$　$(z\in A,\ t\geq a)$ に対して,

“任意の $t$ に対し $|f(z,t)| \leq M(t)$ $(z \in D)$” かつ “$\int_a^{\infty} M(t)dt < \infty$” という 2 条件を満たす関数 $M(t) \geq 0$ が存在するとき，無限積分 $\int_a^{\infty} f(z,t)dt$ は $A$ 上一様絶対収束する（すなわち $\int_a^{\infty} |f(z,t)|dt$ が $A$ 上一様収束する）.

## 解答

(1) 任意の $\delta > 0$ に対し $\mathrm{Re}\ z \geq 1+\delta$ で一様収束することを示せばよい.

$$\left|\frac{1}{n^z}\right| = e^{-\mathrm{Re}\ z \log n} \leq e^{(-1-\delta)\log n} = \frac{1}{n^{1+\delta}}$$

であり，$2^{\kappa} \leq n < 2^{\kappa+1}-1$ ならば $\frac{1}{n} \leq \frac{1}{2^{\kappa}}$ となるから，任意の正整数 $N$ に対し

$$\sum_{k=1}^{N} \frac{1}{n^{1+\delta}} < \sum_{\kappa=0}^{\infty} \sum_{n=2^{\kappa}}^{2^{\kappa}-1} \frac{1}{n^{1+\delta}}$$

$$< \sum_{\kappa=0}^{\infty} \underbrace{\frac{2^{\kappa}}{2^{(1+\delta)\kappa}}}_{㋐} = \frac{1}{1-\frac{1}{2^{\delta}}} < \infty.$$

従って $\zeta(z)$ は $\mathrm{Re}\ z < 1$ で広義一様絶対収束する.

㋐
$2^{\kappa} \leq n \leq 2^{\kappa+1}-1$ ならば
$\frac{1}{n} \leq \frac{1}{2^{\kappa}}$ だから
$\sum_{n=2^{\kappa}}^{2^{\kappa-1}} \frac{1}{n^{1+\delta}} \leq 2 \cdot \frac{1}{(2^{\kappa})^{1+\delta}}$.

(2) 任意の $0 < \delta < 1 < R < \infty$ となる任意の $\delta, R$ をとる. $0 < t \leq 1$ ならば $|e^{-t}t^{z-1}| \leq t^{\delta-1}$. $t \geq 1$ のとき，$R < N$ となる正整数 $N$ をとれば $\frac{t^{N+1}}{(N+1)!} \leq e^t$，$t^2 \leq t^{(N-R+2)}$ となる. $|e^{-t}t^{z-1}| = e^{-t+(\mathrm{Re}\ z-1)\log t}$ であるから，$\delta \leq \mathrm{Re}\ z \leq R$ となる $z$ に対し，

$$|e^{-t}t^{z-1}| \leq e^{-t}t^{R-1} \leq \frac{t^{R-1}}{\frac{t^{N+1}}{(N+1)!}} \leq \frac{(N+1)!}{t^{N-R+2}} \leq \frac{(N+1)!}{t^2}.$$

$M(t) = t^{\delta-1}$ $(0 < t \leq 1)$，$\frac{(N+1)!}{t^2}$ $(1 \leq t < \infty)$ とおけば $|e^{-t}t^{z-1}| \leq M(t)$ だから

$$\int_0^{\infty} M(t)dt = \int_0^1 t^{\delta-1}dt + \int_0^{\infty} \frac{(N+1)!}{t^2}dt = \frac{1}{\delta} + (N+1)! < +\infty$$

となるから，ワイエルシュトラスの $M$ 判定法より $\Gamma(z)$ は領域 $\delta \leq \mathrm{Re}\ z \leq R$ で一様絶対収束する. $\delta, R$ は任意だから，$\Gamma(z)$ は領域 $0 < \mathrm{Re}\ z$ で広義一様絶対収束する.

**問題 43　一致の定理**　標準

(1)　原点を中心とする半径 1 の円板 $U$ 上で正則，かつ $f\left(\frac{1}{n}\right) = \frac{n^2}{n^2+1}$ $(n = 1, 2, \ldots)$ となる関数 $f(z)$ が唯一つ存在することを示せ．

(2)　複素平面全体で正則，かつ $f(1) = 1$，$f\left(\frac{1}{2n-1}\right) = 0$　$(n = 2, 3, \ldots)$ となる関数 $f(z)$ は存在するか．

(3)　$f(z)$ を領域 $D$ 上の正則関数とする．このとき $f(z)$ の零点は孤立する．すなわち $z \in Z$ に対し，$r$ を十分小さくとると $U_r(z)$ は $z$ 以外の以外に零点を含まないことを示せ．

**解説**　**[I] 領域**　領域という用語は“変数が動く範囲”という曖昧な意味ではなく，次の意味で用いる．すなわち，複素平面内の部分集合 $D$ について，「任意の 2 点をつなぐ $D$ 内の (連続) 曲線がある」という命題が成り立つとき，$D$ は**連結** (正確には“弧状連結”) だといい，さらに $D$ が開集合であるとき，$D$ を**領域**という．実際には曲線ではなく，線分をつないで出来た“折れ線”で十分である．

**例 1**　円盤 $D_1 = U_1(1)$ は連結，したがって領域であるが，2 つの共通部分がない円の和集合 $D_2 = U_1(-1) \cup U_1(1)$ は連結ではない．

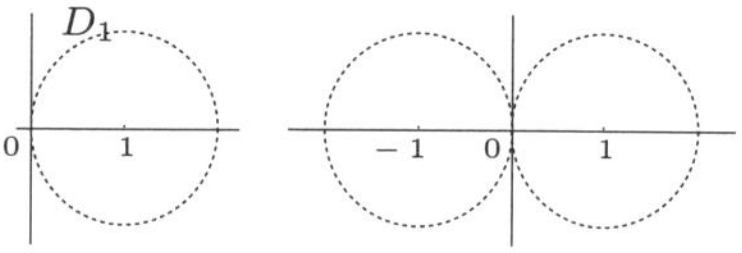


例えば $D_1$ 上で正則関数 $f(z)$ の導関数が恒等的に $f' = 0$ ならば $f = c$　($c$ は定数) となる．しかし $D_2$ のように連結ではないと $f' = 0$ だとしても $D_2$ 全体で定数関数ではない場合がある（演習問題 10 参照）．

**[II] 一致の定理**　連続関数は折り曲げても連続関数となる．例えば

$$f(x) = \begin{cases} 0 & (x \leq 0) \\ x & (x \geq 0) \end{cases}$$

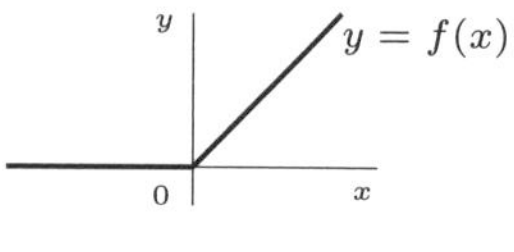


とすれば，$h$ は再び連続関数となる．一方，解析関数はこのように折り曲げることはできない．すなわち，次がなりたつ：

**〈一致の定理〉**　領域 $D$ 上の解析関数 $f$ に対して，次の命題は互いに同値である：

(a)　$D$ 上で常に $f = 0$.

(b)　空集合ではない開集合 $U \subset D$ があって，$U$ 上で $f = 0$.

(c)　$D$ 内の点列 $\{a_n\}_{n=1,2,\ldots}$ と点 $a$ があって，$a_n \neq a$，$a_n \to a$　$(n \to \infty)$ かつ任意の $n$ に対し $f(a_n) = 0$ となる．

(d)　$D$ の点 $a$ があって $f^{(n)}(a) = 0$　$(n = 0, 1, 2, \ldots)$

正則関数は解析関数（問題 40 参照）だから，正則関数に対しても一致の定理は成り立つ．

**例 1** 領域 $D$ 上の解析関数 $f, g$ が $D$ 内の或る円盤 $U_r(a)$ 上で $f = g$ だとすると $U_r(a)$ 上 $f - g = 0$ だから，(b) より $D$ 全体で $f - g = 0$，すなわち $f = g$ となる．

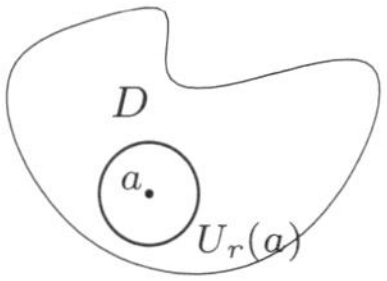


**例 2** 実軸と交わる領域 $D$ 上で定義された解析関数 $f, g$ について，$D \cap \mathbb{R}$ 上で $f = g$ ならば $D$ 全体で $f = g$ となる．特に実軸上の指数関数 $e^x$，三角関数 $\sin x$, $\cos x$ の複素平面への（解析関数としての）拡張は唯一通りしかない．

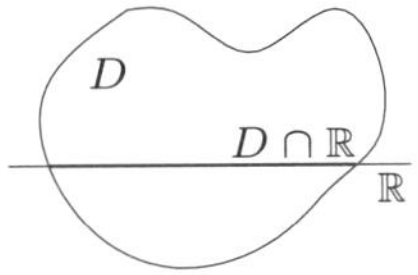


## 解答

(1) $f(z) = \dfrac{1}{1+z^2}$ とすれば，$f(z)$ は $U$ 上で正則であり，点列 $a_n = \dfrac{1}{n}$ $(n = 1, 2, \ldots)$ に対し $f(a_n) = \dfrac{1}{1+(\frac{1}{n})^2} = \dfrac{n^2}{n^2+1}$ となる．正則関数 $g$ も条件を満たすとし，$h = f - g$ とおく．$\{a_n\}$ は 0 に収束する点列であり，かつ $h(a_n) = f(a_n) - g(a_n) = 0$ となるから，一致の定理より $h = 0$．従って条件を満たす正則関数は $f(z)$ のみである．

(2) $a_n = \dfrac{1}{2n-1}(n = 1, 2, \cdots)$ とすれば，$a_n \to 0 (n \to \infty)$ となる．関数 $f$ が条件を満たすとすると $f(a_n) = 0$ だから，一致の定理より全平面で $f = 0$ となる．したがって，さらに $f(1) = 1$ を満たすような正則関数は存在しない．

$\cdots$（答）

(3) 仮に各正整数 $n = 1, 2, \ldots$ に対し $U_{\frac{1}{n}}(z)$ が $z$ 以外の零点 $z_n$ を含む㋐とすると，$z_n \to z$ $(n \to \infty)$，かつ $f(z_n) = 0$ となり，一致の定理より $f$ は恒等的に 0 になる．

㋐

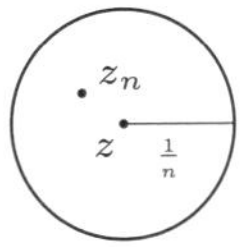

**問題 44 最大値の原理** 標準

(1) 領域 $D$ の正則関数 $f, g$ が $|f(z)| = |g(z)|$ $(z \in D)$ を満たすならば，$g(z) = \varepsilon f(z)$，$|\varepsilon| = 1$ となる定数 $\varepsilon$ があることを示せ．

(2) 単位円盤を $\mathbb{D} = U_1(0)$ とする．

(i) $\mathbb{D}$ 上の正則関数 $f$ について

$$f(0) = 0 \quad \text{かつ} \quad |f(z)| < 1 \qquad \cdots ①$$

ならば $|f(z)| \leq |z|$ となることを示せ．

(ii) 特に $|f(z_0)| = |z_0|$ となる $z_0 \in \mathbb{D} - \{0\}$ が存在するのは $f(z) = \varepsilon z$ $(|\varepsilon| = 1)$ という形の場合に限ることを示せ．

(iii) ① が成り立つならば $|f'(0)| \leq 1$．また $|f'(0)| = 1$ となるのは $f(z) = \varepsilon z$ $(|\varepsilon| = 1)$ という形の場合に限ることを示せ．

**解 説** 特定の条件を満たす関数を決定する為に，次の定理がよく用いられる：

**定理（最大値の原理）** (i) $f(z)$ が領域 $D$ 内で正則かつ定数関数でなければ，$|f(z)|$ は $D$ の内部では最大値をとり得ない．

(ii) $D$ が有界で，かつ境界 $\partial D$ を含めて $f$ が連続ならば，$|f|$ は $\partial D$ 上でのみ最大値をとる．

（証明のあらすじ） $|f(z)|$ が $D$ の内部の点 $a$ で最大値 $|f(a)|$ をとったと仮定する．このとき円周 $C : \{z \in \mathbb{C} : |z-a| = r\} \subset D$ 上の一部分では $|f(z)| < |f(a)|$ となるように $r$ をとれるから，平均定理（問題 36 解説 (2)）より

$$|f(a)| = \left| \frac{1}{2\pi} \int_0^{2\pi} f(a+re^{i\theta}) d\theta \right| \leq \frac{1}{2\pi} \int_0^{2\pi} |f(a+re^{i\theta})| d\theta$$
$$< \frac{1}{2\pi} \int_0^{2\pi} |f(a)| d\theta = |f(a)|$$

となり矛盾を引き起こす．

**例 1** $f(z) = z^2$ の実部，虚部は $x^2 - y^2$，$4xy$ だから，$|f(z)| = x^2 + y^2$．これは下に凸な (2 変数)2 次関数であり，どのような部分領域を持ってきても，その内部で最大値に達する事はない．

**例 2** $f(z) = \cos z$ のとき，$|f(z)| = \sqrt{\sin^2 x + \cosh^2 y}$．この関数の (3 次元での) グラフは右図のようになる．虚軸方向（$=$ $y$ 軸方向）は $\simeq \cosh y$ となり，下に凸な関数が含まれている事から，どのような部分領域をとっても，その内部で最大値に達する事はない．

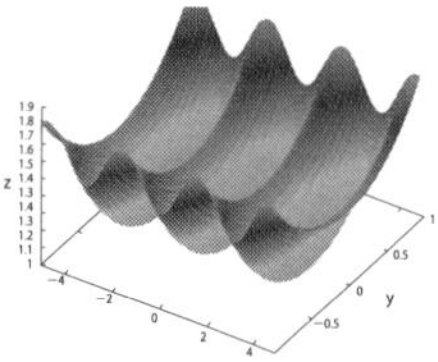

## 解答

(1) $f \equiv 0$ ならば, 仮定より $g \equiv 0$, したがって $g = f$ となる. $f \not\equiv 0$ のとき, $f(z_0) \neq 0$ となる $z_0 \in D$ をとる. ㋐$f$ の連続性より $z_0$ の近傍 $U$ の各点で $f(z) \neq 0$ となる. このとき $|g/f| = 1$ $(z \in U)$ となるから, 最大値の原理より $g/f$ は $U$ 上で定数となり, 一致の定理より $g/f$ は $D$ 全体で定数となる. この定数を $\varepsilon$ とすれば, $g(z) = \varepsilon f(z)$ $(z \in D)$ かつ $|\varepsilon| = 1$ となる.

(2) (i) 仮定より $\mathbb{D}$ 上で

$$f(z) = z(c_0 + c_1 z + c_2 z^2 + \cdots)$$

と㋑べき級数展開できる.

$$g(z) = c_0 + c_1 z + c_2 z^2 + \cdots$$

と置けば, $g(z)$ は $\mathbb{D}$ 上正則. 任意の $z \in \mathbb{D}$ に対し $|z| \leq r < 1$ となる任意の $r$ をとれば, 最大値の原理より

$$|g(z)| \leq \max_{|\zeta|=r} |g(\zeta)| = \max_{|\zeta|=r} \frac{|f(\zeta)|}{|\zeta|} \leq \frac{1}{r}.$$

(㋒は中央の項 $\max_{|\zeta|=r} \frac{|f(\zeta)|}{|\zeta|}$ に付く.)

$r \to 1-0$ とすれば $|g(z)| \leq 1$, したがって $|f(z)| \leq |z|$ となる.

(ii) $z_0 \in U_R(0) - \{0\}$ に於いて $|f(z_0)| = |z_0|$ だとする. 上の記号を用いれば $|g(z_0)| = 1$ が成立. 再び最大値の原理より $g(z) = g(z_0) = \varepsilon$ $(|\varepsilon| = 1)$, したがって $f(z) = \varepsilon z$ となる.

(iii) $f'(z) = g(z) + zg'(z)$ より $f'(0) = g(0)$. これと (i) の中段の不等式より $r \to 1-0$ とすれば $|f'(0)| = |g(0)| \leq 1$ となる. また $|f'(0)| = 1$ ならば, 再度, 最大値の原理より $g(z) = g(z_0) = \varepsilon$ $(|\varepsilon| = 1)$ と表される. $f'(z) = g(z) = \varepsilon$ と $f(0) = 0$ より $f'(z) = \varepsilon z$ となる.

---

㋐
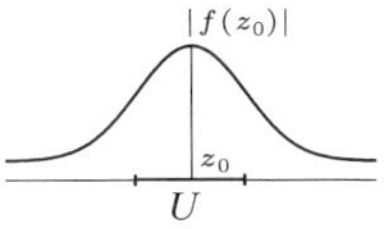


㋑ 問題 40 解説 [I].

㋒ $|z| \leq r$ の境界 $|z| = r$ 上で最大値をとるから.

☞ 定数ではない正則関数の絶対値は領域の境界上で最大値をとる事を「最大値の原理」という. 絶対値の最大値の範囲を限定する他, 問題のように或る条件を満たす関数を特定するために利用される.
なお, この問題の内容は「シュワルツの補題」と呼ばれている.

**問題 45 フレネル積分** 標準

次の等式を証明せよ.

$$\int_0^\infty \cos(x^2)dx = \int_0^\infty \sin(x^2)dx = \frac{\sqrt{\pi}}{2\sqrt{2}}$$

**解説** **[I] コーシーの積分定理の応用** 実積分の計算は留数定理の応用として第 5 章で扱うが，それに先駆けて，コーシーの積分定理により計算できる実積分を紹介する．特に有効なのは無限積分の場合であり，

- 被積分関数が正則関数（の一部）となるとき，問題○○のようにコーシーの積分定理によって積分路の変更できる．
- 無限大の付近で特定の積分路上の値が 0 になる．

という状況にあるとき，求めたい積分を既知の積分に帰着させることができる．

**例** 右図のような長方形に沿って正則関数 $e^{-Z^2}$ を積分すれば，コーシーの積分定理より

$$\int_{-R}^{R} e^{-x^2}dx + \int_0^b e^{-(R+it)^2}idt = \int_{-R}^{R} e^{-(x+bi)^2}dx + \int_0^b e^{-(-R+it)^2}idt$$

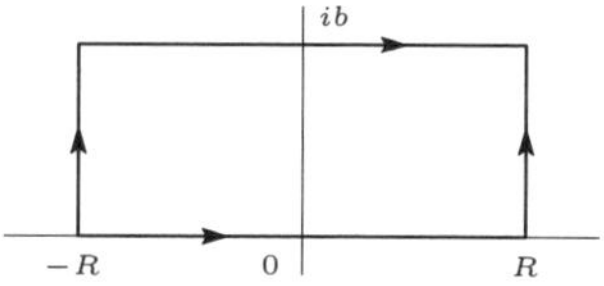


各辺の第 2 項は

$$\left|\int_0^b e^{-(\pm R+it)^2}idt\right| \leq \int_0^b e^{-R^2+b^2}dt = be^{-R^2+b^2} \underset{R\to\infty}{\longrightarrow} 0$$

となるから

$$\int_{-\infty}^{\infty} e^{-x^2}dx = \int_{-\infty}^{\infty} e^{-(x+bi)^2}dx = e^{b^2}\int_{-\infty}^{\infty} e^{-x^2}(\cos(2bx) - i\sin(2bx))dx$$

左辺は Gauss 積分だから，実部をとることで $\int_{-\infty}^{\infty} e^{-x^2}\cos(2bx)dx = \sqrt{\pi}e^{-b^2}$ となる．

**[II] ジョルダンの不等式** 特定の路上の積分が 0 になる事を示す為に，次のジョルダンの不等式が必要になる：

$$\frac{2\theta}{\pi} \leq \sin\theta \leq \theta \qquad \left(0 \leq \theta \leq \frac{\pi}{2}\right)$$

実際，$0 \leq \theta \leq \frac{\pi}{2}$ で $f(\theta) = \dfrac{\sin\theta}{\theta}$ は単調減少する（ここで $f(0) = 1$ とする）から，$f(0) \geq f(\theta) \geq f(\frac{\pi}{2})$．ゆえに上の不等式を得る．

## 解答

右図のように中心角を $\frac{\pi}{4}$ とする半径 $R>0$ の扇形の周 $C = C_1+C_2+C_3$ に沿って関数 $e^{-z^2}$ を積分する．$C_1$ 上で積分して $R \to \infty$ とすると

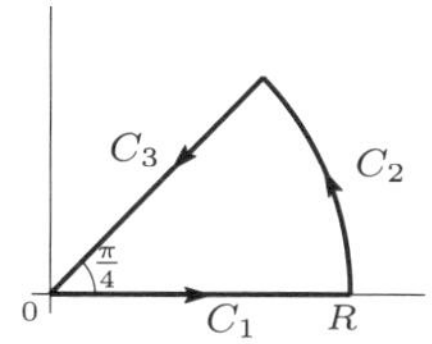


$$\int_0^R e^{-x^2}dx \to \int_0^\infty e^{-x^2}dx = \frac{\sqrt{\pi}}{2}$$

次に $C_2$ を $z = Re^{\theta i}$ $\left(0 \leq \theta \leq \frac{\pi}{4}\right)$ で表すと

$$\left|\int_0^{\frac{\pi}{4}} e^{-R^2e^{2i\theta}} Rie^{i\theta}d\theta\right| \leq \int_0^{\frac{\pi}{4}} e^{-R^2\cos 2\theta}Rd\theta$$
$$=\frac{R}{2}\int_0^{\frac{\pi}{2}} e^{-R^2\sin t}dt \qquad \left(2\theta = \frac{\pi}{2}-t\right)$$
$$\leq \frac{R}{2}\int_0^{\frac{\pi}{2}} \underset{㋐}{e^{-R^2\frac{2t}{\pi}}}dt = \frac{\pi}{4R}(1-e^{-R^2}).$$

㋐ ジョルダンの不等式

ここで $R \to \infty$ とすれば最右辺 $\to 0$ となる．最後に $C_3$ の点を $z = re^{\frac{\pi}{4}i}$ $(0 \leq r \leq R)$ と表す．

$$C = \int_0^\infty \cos(r^2)dr, \quad S = \int_0^\infty \sin(r^2)dr$$

とおくと

$$\int_{C_3} e^{-z^2}dz = e^{\frac{\pi}{4}i}\int_R^0 e^{-r^2 i}dr$$
$$\xrightarrow[R\to\infty]{} \underset{㋑}{-e^{\frac{\pi}{4}i}}(C-iS)$$
$$= -\frac{1}{\sqrt{2}}\{(C+S)+i(C-S)\}.$$

㋑ $e^{\frac{\pi}{4}}i = \frac{1}{\sqrt{2}}+\frac{1}{\sqrt{2}}i$

コーシーの積分定理より $\int_C e^{-z^2}dz = 0$ だから，$R \to \infty$ とすれば $\frac{1}{\sqrt{2}}\{(C+S)+i(C-S)\} = \frac{\sqrt{\pi}}{2}$．両辺の実部と虚部を比較して $C = S = \frac{\sqrt{\pi}}{2\sqrt{2}}$ となる．

**問題 46 対数関数 (2)** 基本

複素平面から実軸の 0 以下の部分を除いた領域を $D=\mathbb{C}-\{x\leq 0\}$ とし,

$$\operatorname{Log} z := \int_\gamma \frac{dz}{z} \qquad (\gamma \text{ は 1 を始点とし}, z \text{ を終点とする } D \text{ 内の曲線})$$

とする.

(1) $\operatorname{Log} z$ は正則であり, $(\operatorname{Log} z)'=\dfrac{1}{z}$ となることを示せ.

(2) $\operatorname{Log} z$ の $z=1$ を中心とするテイラー展開を求めよ.

(3) 任意の $z\in\mathbb{C}$ に対し $e^{\operatorname{Log} z}=z$ となることを示せ.

**解説** **[I] 対数の分枝** 問題 28 で対数関数を指数関数 $e^z$ の逆関数として定義したが, これは多価関数となって値が定まらない. 値を確定させる方法の一つとして, “適切な分枝をとる” というのがある. 対数関数の場合, 指数関数の変数の範囲を限定し, その逆関数を考えることで得られる. すなわち,

$$D(\theta)=\{z\in\mathbb{C}:\theta-\pi<\operatorname{Im} z\leq\theta+\pi\},$$

$$D[\theta]=\left\{re^{i\theta}\in\mathbb{C}:\begin{array}{c} r>0, \\ \theta-\pi<\theta\leq\theta+\pi\end{array}\right\}$$

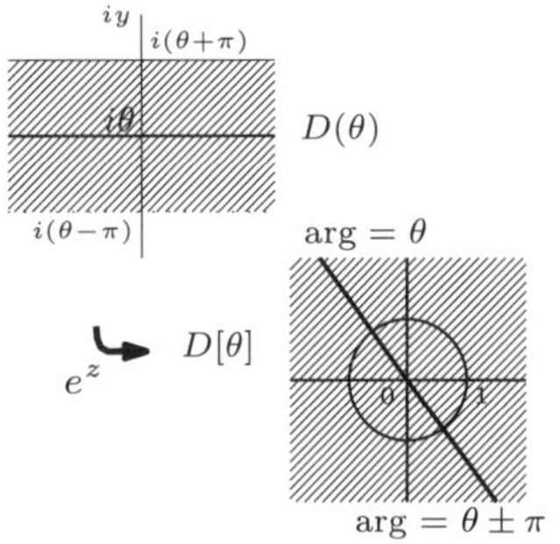


とするとき, 変数を $D(\theta)$ に限定すると指数関数 $e^z$ は $D(\theta)$ から $D[\theta]$ $(=\mathbb{C})$ への全単射となり (問題 21), その逆関数は 1 価関数となる. これを対数関数 $\log z$ の $\theta$ **を中心とする分枝**とよび, $\underset{\theta}{\log} z$ と書くことにする. 特に $\underset{0}{\log} z$ を対数関数の**主値**という.

問題 (3) より, 変数 $z$ を $D$ に限定すれば $\underset{0}{\log} z=\operatorname{Log} z$ となる.

**[II] 偏角の分枝** 問題 07 で定義した偏角は対数関数の虚部であり, したがって多価関数である. これを一価にするため, $\theta$ を中心とする偏角の分枝を

$$\underset{\theta}{\arg} z=\underset{\theta}{\log} z=t \qquad (z=re^{it},\ \theta-\pi<t\leq\theta+\pi)$$

で定める. 特に $\underset{0}{\arg} z$ を偏角の**主値**といい, これを $\operatorname{Arg} z$ と記す.

**[III] べき関数の分枝** $\alpha\in\mathbb{C}$ とする. 問題 28 で定義したべき関数 $z^\alpha$ も一般には多価関数だから, 使うときには分枝をとる必要がある. そのために, $\theta$ を中心とする $z^\alpha$ の分枝を

$$\underset{\theta}{z}^{\alpha}=\exp(\alpha(\underset{\theta}{\log} z))$$

で定める．特に $\underset{0}{z}^{\alpha}$ を $z^{\alpha}$ の**主値**といい，これを単に $z^{\alpha}$ と表すことにする．例えば $\alpha=\dfrac{1}{2}$ の場合，$z=re^{i(t+2n\pi)}$ $(-\pi<t\leq\pi,\ n\in\mathbb{Z})$ のとき，

$$z^{\frac{1}{2}}=e^{\frac{1}{2}(\log r+i(t+2n\pi))}=e^{\log r}e^{i\frac{t}{2}}e^{in\pi}=(-1)^{n}\sqrt{r}e^{i\frac{t}{2}}$$

と 2 価になる．$z^{\frac{1}{2}}$ の主値を $\sqrt{z}$ と記すことにする．同様に $\alpha=\frac{1}{n}$ に対するべき関数 $z^{\frac{1}{n}}$ の主値を $\sqrt[n]{z}$ と記すことにする．

## 解答

(1) 領域 $D$ は ㋐$z=1$ に関し星状，したがって単連結領域であり，$\dfrac{1}{z}$ は $D$ で正則だから，コーシーの積分定理とモレラの定理より原始関数を持つ．

㋐ 問題 36 の解説参照．

これは ㋑$\mathrm{Log}\,z$ により与えられ，$(\mathrm{Log}\,z)'=\dfrac{1}{z}$ となる．

㋑ 問題 36 の解説参照．

(2) $(\mathrm{Log}\,z)'=\dfrac{1}{z}$ の 1 を中心とする単位円盤 $U_1(1)$ 上のテイラー展開は

$$\frac{1}{z}=\frac{1}{1+z-1}=\sum_{n=0}^{\infty}(-1)^{n}(z-1)^{n}$$

となるから，$U_1(1)$ 上で

$$\mathrm{Log}\,z=c+\sum_{n=1}^{\infty}\frac{(-1)^{n+1}}{n}(z-1)^{n}\quad(c\text{ は定数})$$

㋒ という形になる．$z=1$ を代入すると $\mathrm{Log}\,1=\log 1=0$ より $c=0$ となるから，$\mathrm{Log}\,z=\displaystyle\sum_{n=1}^{\infty}\frac{(-1)^{n+1}}{n}(z-1)^{n}$ となる．　…（答）

㋒ 問題 33 の解説参照．

(3) $\mathrm{Log}\,z$ は $D$ 上で正則，$e^{z}$ は複素平面全体で正則だから，その合成 $e^{\mathrm{Log}\,z}$ は $D$ 上で正則になる．任意の実数 $x$ に対し $\mathrm{Log}\,x=\displaystyle\int_{1}^{x}\frac{dt}{t}=\log x$ だから $e^{\mathrm{Log}\,x}=e^{\log x}=x$ となり，㋓一致の定理より，任意の $z\in D$ に対し $e^{\mathrm{Log}\,z}=z$ となる．

㋓ 問題 43 参照．

**問題 47 対数関数 (3)** 基本

三角関数 $w=\sin z$, $w=\cos z$ および $w=\tan z$ $\left(=\dfrac{\sin z}{\cos z}\right)$ の逆関数をそれぞれ $w=\arcsin z$, $w=\arccos z$, $w=\arctan z$ と記す．このとき次の関係を導け．

(1) $\arcsin z=-i\log(iz+(1-z^2)^{\frac{1}{2}})$

(2) $x>1$ となる実数 $x$ に対し $\arcsin x$ の実部と虚部を求めよ．

(3) $\arctan z=\dfrac{1}{2i}\log\dfrac{1+iz}{1-iz}$

(4) $(\arcsin z)'=(1-z^2)^{-\frac{1}{2}}$

(5) $(\arctan z)'=\dfrac{1}{1+z^2}$

**解説** **[I] 逆三角関数，逆双曲線関数** $\sin z$, $\cos z$, $\tan z$ の逆関数をそれぞれ逆正弦関数，逆余弦関数，逆正接関数といい，それぞれ $\arcsin z$, $\arccos z$, $\arctan z$ と記す：

$$\arcsin z=\{w\in\mathbb{C}:\sin w=z\},\qquad \arccos z=\{w\in\mathbb{C}:\cos w=z\},$$
$$\arctan z=\{w\in\mathbb{C}:\tan w=z\}.$$

これらは多価関数である．1 価関数として扱うために適当な分枝をとる．

**例** $\mathbb{C}$ から 2 つの半直線 $\{x\geq -1\}$, $\{1\leq x\}$ を除いた領域 $D$ は原点 0 に関し星状，したがって単連結である．$(-1,1)$ で正となるように $(1-z^2)^{\frac{1}{2}}$ の分枝 $\sqrt{1-z^2}$ をとる．このとき問題 (4) より

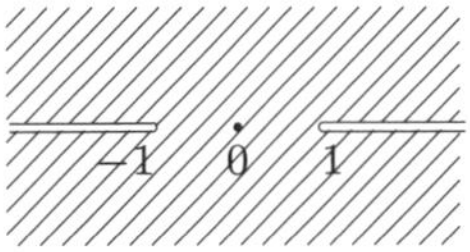


$$\mathrm{Arcsin}\ z=\int_0^z\frac{d\zeta}{\sqrt{1-\zeta^2}}\qquad (z\in D)$$

とすれば，Arcsin $z$ は $\arcsin z$ の 1 つの分枝となる．

同様に双曲線関数 $\sinh z$, $\cosh z$, $\tanh z\left(=\dfrac{\sinh z}{\cosh z}\right)$ の逆関数を次のように記す：

$$\mathrm{arcsinh}\, z=\{w\in\mathbb{C}:\sinh w=z\},\qquad \mathrm{arccosh}\, z=\{w\in\mathbb{C}:\cosh w=z\},$$
$$\mathrm{arctanh}\, z=\{w\in\mathbb{C}:\tanh w=z\}.$$

**[II] 逆関数の微分** 複素平面 $\mathbb{C}$ 内の開集合 $A, B$ と $A$ から $B$ への全単射 $f$ について，$w=f(z)$ とその逆写像 $z=f^{-1}(w)$ がともに連続，$f(z)$ は正則，かつ $A$ の各点 $a$ で $f'(a)\neq 0$ ならば，逆関数 $f^{-1}(w)$ も正則であり，次が成り立つ：

$$(f^{-1})'(w)=\frac{1}{f'(z)}\quad (w=f(z))\qquad \text{すなわち}\quad \frac{dz}{dw}=\frac{1}{\frac{dw}{dz}}$$

上の主張では逆関数の連続性を仮定したが，局所的に考える場合には逆関数の連続性の仮定は不要となる．

## 解答

(1)　$z = \sin w$ とする．$W = e^{iw}$ とおくと，

$$z = \frac{e^{iw}-e^{-iw}}{2i}, \qquad W^2-2izW-1=0$$

$$\therefore \quad \underset{㋐}{W = iz+(1-z^2)^{\frac{1}{2}}}$$

$$\therefore \quad \arcsin z = w = -i\log(iz+(1-z^2)^{\frac{1}{2}}).$$

㋐　$(1-z^2)^{\frac{1}{1}}$ は 2 価関数として扱う．ただし実変数の場合，$0 \leq w \leq \dfrac{\pi}{2}$ ならば，分岐 $(1-z^2)^{\frac{1}{2}} = \sqrt{1-z^2} \geq 0$ をとる．

(2)　$x > 1$ より $(1-x^2)^{\frac{1}{2}} = \pm\sqrt{1-x^2} = \underset{㋑}{\pm i\sqrt{x^2-1}}$. $i(x\pm\sqrt{x^2-1})$ は虚軸方向の正の部分にあるので，

$$\begin{aligned}\arcsin x &= -i\log(i(x\pm\sqrt{x^2-1}))\\ &= -i\{\log(x\pm\sqrt{x^2-1})+i(\frac{\pi}{2}+2n\pi)\}\\ &= \frac{\pi}{2}+2n\pi-i\log(x\pm\sqrt{x^2-1}).\end{aligned}$$

㋑　正負は決定できない．

$y=\log(x\pm\sqrt{x^2-1})$ とすれば $\underset{㋒}{x=\cosh y}$，したがって $y = \operatorname{arccosh} x$ となる．したがって

$$\arcsin x = \frac{\pi}{2}+2n\pi-i\operatorname{arccosh} x. \qquad (n \text{ は整数})$$

㋒　$e^y = x\pm\sqrt{x^2-1}$,
$(e^y-x)^2 = x^2-1$,
$2x = e^y+e^{-y}$

(3)　$z = \tan w$ とする．$W = e^{iw}$ とおくと, s

$$z = \frac{1}{i}\frac{e^{iw}-e^{-iw}}{e^{iw}+e^{-iw}} = \frac{1}{i}\frac{W^2-1}{W^2+1} \qquad \therefore \quad W^2 = \frac{1+iz}{1-iz}$$

$$\therefore \quad \arctan z = \underset{㋓}{w = \frac{1}{2i}\log\frac{1+iz}{1-iz}}.$$

㋓　$W^2 = e^{2iw}$

(4)　$z = \sin w$ を $w$ に関し微分すれば

$$\left(\frac{dz}{dw}\right)^2 = \cos^2 w = 1-\sin^2 w, \qquad \frac{dz}{dw} = (1-z^2)^{\frac{1}{2}}.$$

逆関数定理より $\dfrac{dw}{dz} = (1-z^2)^{-\frac{1}{2}}$.

(5)　$z = \tan w$ を $w$ に関し微分すれば，逆関数定理より

$$\frac{dz}{dw} = \frac{1}{\cos^2 w} = 1+\tan^2 w, \qquad \therefore \quad \frac{dw}{dz} = \frac{1}{1+z^2}.$$

**問題 48 対数関数 (4)** 基本

(1) 複素数 $m$, および $|z|<1$ となる $z$ に対し次が成り立つことを示せ.

$$(1+z)^m = \sum_{k=0}^{\infty} \binom{m}{k} z^k$$

$$\left(\text{ここで } \binom{m}{k} = \frac{m(m-1)\cdots(m-k+1)}{k!}\ (k \geq 1),\ \binom{m}{0} = 1 \text{ とする.}\right)$$

(2) $|z|<1$ となる $z$ に対し次が成り立つことを示せ.

$$\arcsin z = z + \frac{1}{2}\cdot\frac{1}{3}z^3 + \frac{1\cdot 3}{2\cdot 4}\frac{1}{5}z^5 + \cdots$$
$$+ \frac{1\cdot 3\cdot\cdots\cdot(2n-1)}{2\cdot 4\cdot\cdots\cdot(2n)}\cdot\frac{1}{2n+1}z^{2n+1} + \cdots$$

**解説** **一般2項定理** 正整数 $m$ に対し二項定理

$$(X+Y)^m = \sum_{k=0}^{m} {}_mC_k X^{m-k} Y^k \qquad \left({}_mC_k = \frac{m!}{k!(m-k)!}\ (k \geq 0)\right)$$

が成り立つ. 二項係数を

$$\begin{aligned} {}_mC_k &= \frac{m(m-1)\cdots(m-k+1)(m-k)(m-k-1)\cdots 2\cdot 1}{k!(m-k)(m-k-1)\cdots 2\cdot 1} \\ &= \frac{m(m-1)\cdots(m-k+1)}{k!} \quad \left(= \binom{m}{k}\right) \end{aligned}$$

と変形しておけば, $m$ は整数でなくとも意味をもつ. これを用いて一般の複素数 $m$ に対し次の**一般二項定理**が得られる:

$$(1+z)^m = \sum_{k=0}^{\infty} \binom{m}{k} z^k = 1 + mz + \frac{m(m-1)}{2}z^2 + \cdots$$

ここで左辺のべき函数 $(1+z)^m$ は $-\frac{\pi}{2} < \mathrm{Im}\log(1+z) < \frac{\pi}{2}$ となる分枝をとる.

**解答**

(1) $f(z) = (1+z)^m = e^{m\mathrm{Log}\,(1+z)},\ g(z) = \displaystyle\sum_{k=0}^{\infty}\binom{m}{k}z^k$

とおく.

$$\begin{aligned} (1+z)f'(z) &= (1+z)(e^{m\mathrm{Log}\,(1+z)})' \\ &= (1+z)\cdot\frac{m}{1+z}(1+z)^m = mf(z). \end{aligned}$$

一方，$k\binom{m}{k}+(k+1)\binom{m}{k+1}=m\binom{m}{k}$ より

$$\begin{aligned}(1+z)g'(z) &= \sum_{k=0}^{\infty}\binom{m}{k+1}(k+1)(1+z)z^k \\ &= \sum_{k=0}^{\infty}\left(m\binom{m}{k}-k\binom{m}{k}\right)z^k+\sum_{k=0}^{\infty}\binom{m}{k+1}(k+1)z^{k+1} \\ &= \sum_{k=0}^{\infty}\left(m\binom{m}{k}-k\binom{m}{k}\right)z^k+\sum_{k=1}^{\infty}k\binom{m}{k}z^k \\ &= m\sum_{k=0}^{\infty}\binom{m}{k}z^k=mg(z)\end{aligned}$$

だから，

$$\begin{aligned}\left(\frac{g(z)}{f(z)}\right)' &= \frac{g'(z)f(z)-g(z)f'(z)}{f(z)^2} \\ &= \frac{(1+z)g(z)f(z)-g(z)(1+z)f(z)}{f(z)^2}=0.\end{aligned}$$

したがって $g/f$ は定数となる．$g(0)/f(0)=1/1=1$ より $f(z)=g(z)$.

(2)　(1) より

$$(1-z^2)^{-\frac{1}{2}}=\sum_{k=0}^{\infty}\binom{-\frac{1}{2}}{k}(-z^2)^k$$

$(-z^2)^k=(-1)^k z^{2k}$ と

$$\begin{aligned}\binom{-\frac{1}{2}}{k} &= \frac{(-\frac{1}{2})(-\frac{1}{2}-1)\cdots(-\frac{1}{2}-k+1)}{k!} \\ &= (-1)^k\frac{1\cdot 3\cdot\cdots\cdot(2k-1)}{2\cdot 4\cdot\cdots\cdot(2k)}\end{aligned}$$

より

$$(1-z^2)^{-\frac{1}{2}}=\sum_{k=0}^{\infty}\frac{1\cdot 3\cdot\cdots\cdot(2k-1)}{2\cdot 4\cdot\cdots\cdot(2k)}z^{2k}$$

㋐ $(\arcsin z)'=(1-z^2)^{-\frac{1}{2}}$ と問題 33 より $|z|<1$ で

㋐　問題 47 参照.

$$\arcsin z=c+\sum_{k=0}^{\infty}\frac{1\cdot 3\cdot\cdots\cdot(2k-1)}{2\cdot 4\cdot\cdots\cdot(2k)}z^{2k}\qquad (c\text{ は定数})$$

となる．$\arcsin 0=0$ より $c=0$ となって問題の等式を得る.

**練習問題** 解答は 197 ページから 03

1 次の関数 $w=f(z)$ は微分可能でないことを示せ.

(1) $w=3x+yi$ (2) $w=\mathrm{Re}\,z$

2 次の関数 $w$ が $z=x+iy$ の正則関数になるように, 定数 $a,b,c$ の値を定め, その導関数を求めよ.

(1) $w=x+ay+(2x+by)i$

(2) $w=ax^3+bxy^2+(6x^2y+cy^3)i$

3 $\dfrac{\partial}{\partial\bar{z}}=\dfrac{1}{2}\left(\dfrac{\partial}{\partial x}+i\dfrac{\partial}{\partial y}\right)$ とするとき, $\dfrac{\partial f}{\partial\bar{z}}=0$ であることと $f(z)$ が複素微分可能であることは同値なことを示せ.

4 次の $x,y$ の多項式 $w$ を, $z,\bar{z}$ を使って表し. 微分可能であるかどうか判定せよ.

(1) $w=2x^2+2ixy$

(2) $w=x^3+3ix^2y-x(3y^2-1)+i(y-y^3)$

5 コーシー・リーマンの関係式を極形式で表せ.

6 正則関数 $f(z)$ $(z=x+iy)$ は $f(0)=0$ をみたし, その実部が

$$u(x,y)=e^{-x}(x\cos x+ay\sin y) \qquad (a\text{ は実定数})$$

という形をしているとする. このとき, 次の問に答えよ.

(1) $u(x,y)$ が調和関数であることから, $a$ の値を求めよ.

(2) コーシー=リーマンの関係式に注意して, $f(z)$ の虚部 $v(x,y)$ を求めよ.

(3) $f(z)$ を $z$ の関数として表せ.

7　関数 $u=\dfrac{x}{x^2+y^2-2y+1}$ が調和関数である事を示せ．また $u$ を実部とするような正則関数 $f$ を求めよ．

8　次の複素積分の値を求めよ．

(1) $\displaystyle\int_{|z|=\frac{1}{2}}\frac{z}{z^2+1}dz$

(2) $\displaystyle\int_{|z|=3}\frac{\sin^2 z}{z}dz$

(3) $\displaystyle\int_{|z|=2}\frac{\cos z}{z^2+1}dz$

(4) $\displaystyle\int_{|z|=4}\frac{\sin z}{(3z-\pi)^3}dz$

(5) $\displaystyle\int_{|z|=3}\frac{z}{z^2-3iz-2}dz$

(6) $\displaystyle\int_{|z-i|=2}\frac{e^{\pi z}}{z^2-2iz}dz$

9　関数 $f(z)$ が閉円盤 $|z-a|\leq R$ を含む領域で正則とする．このときコーシーの積分表示 $f(a)=\dfrac{1}{2\pi i}\displaystyle\int_C\frac{f(z)}{z-a}dz$ を用いて，次式を証明せよ．

$$f(a)=\frac{1}{2\pi}\int_0^{2\pi}f(a+Re^{i\theta})d\theta.$$

10　$f$ を領域 $D$ 上で正則な関数とする．

(1)　$D$ 上で $f'(z)=0$ ならば，$f$ は定数関数であることを示せ．

(2)　$D$ が領域でないときも $f$ は定数関数か．

11　領域 $D$ で正則な関数 $f(z)$ が，$|f(z)|=C$ （$C$ は定数）ならば，$f(z)$ は $D$ で定数関数であることを示せ．

12　次の関数の絶対値の括弧内の閉領域に於ける最大値を求めよ．

(1)　$f(z)=z^2-z \quad (|z-1|\leq 2)$

(2)　$f(z)=\dfrac{aiz+1}{z-ai} \quad (a>1,\ |z|\leq 1)$

13　十分大きい $z$ に対して関数 $f(z)$ は $|z^2f(z)|\leq M$ をみたすものとする．このとき $\displaystyle\lim_{R\to\infty}\int_{K_R} e^{ihz}f(z)dz=0$ を証明せよ．ただし $h$ は正の定数で，$K_R$ は原点中心の半径 $R$ の上半円周とする．

14　次の値を求めよ．

(1)　$\log(1+\sqrt{3}i)(1)$　　(2)　$\cos^{-1}3$　　(3)　$\sin^{-1}(-2i)$

15　関数 $w=\mathrm{Log}\,z$ により，$z$ 平面の部分集合 $1\leq|z|\leq 2$ は $w$ 平面のどのような集合に移されるか．

# *Chapter* 4

# 有理型関数

**問題 49 ローラン展開 (1)** 基本

次の関数の (　　) 内の点を中心とするローラン展開を求めよ．

(1) $\dfrac{e^z}{(z-3)^2}$ $(z=3)$ (2) $z\sin\dfrac{1}{z}$ $(z=0)$

(3) $\dfrac{z}{(z+1)^2(z+2)}$ $(z=-1)$

**解説** **[I] 孤立特異点** 関数 $f(z)$ が $z=a$ で正則でないとき，$a$ を $f(z)$ の**特異点**という．特に $z=a$ を中心とする正の半径を持つ円を考えるとき，その円の内部では $z=a$ 以外のすべての点で $f(z)$ が正則になるならば，$z=a$ を**孤立特異点**という．例えば $f(z)=\dfrac{1}{(z-a)(z-b)}$ $(a\neq b)$ に対し，点 $a,b$ がともに孤立特異点となる．

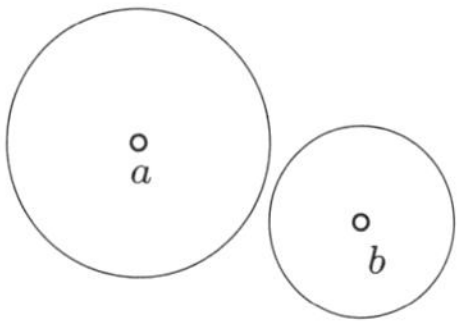


**[II] ローラン展開** $z=a$ を関数 $f(z)$ の特異点とする．円 $C:|z-a|=R$ とその内部から点 $z=a$ を除いた領域で $f(z)$ は正則であるとする．このとき円 $C$ 内の点 $a$ と異なる任意の点 $z$ について，$f(z)$ は次のように展開できる:

$$
\begin{aligned}
f(z)&=\sum_{m=1}^{\infty}\frac{b_m}{(z-a)^m}+\sum_{n=0}^{\infty}c_m(z-a)^m\\
&=\left(\frac{b_1}{z-a}+\frac{b_2}{(z-a)^2}+\cdots+\frac{b_m}{(z-a)^m}+\cdots\right)\\
&\quad+c_0+c_1(z-a)+c_2(z-a)^2+\cdots+c_m(z-a)^m+\cdots
\end{aligned}
$$

ただし，$b_m=\dfrac{1}{2\pi i}\displaystyle\int_C f(z)(z-a)^{m-1}dz$，$c_n=\dfrac{1}{2\pi i}\displaystyle\int_C \frac{f(z)}{(z-a)^{n-1}}dz$

この級数を $z=a$ を中心とする $f(z)$ の**ローラン展開**といい，$\displaystyle\sum_{m=1}^{\infty}\frac{b_m}{(z-a)^m}$ を $f(z)$ の $z=a$ における**主要項**という．一般に，$f(z)$ のローラン展開の係数を求めるのは面倒である．ローラン展開は結果が一意に定まることから，普通は

$$
\begin{aligned}
\frac{1}{1-z}&=1+z+z^2+\cdots+z^n+\cdots,\\
\frac{1}{1+z}&=1-z+z^2-\cdots+(-1)^nz^n+\cdots
\end{aligned}
\qquad (|z|<1)
$$

および，よく知られた関数のマクローリン展開などを利用して求めることになる．

## 解答

(1) $u=z-3$ とおいて $e^u$ のマクローリン展開を用いれば

$$\frac{e^z}{(z-3)^2}=\frac{e^{u+3}}{u^2}=\frac{e^3}{u^2}\underset{㋐}{e^u}$$
$$=\frac{e^3}{u^2}\left(1+\frac{u}{1!}+\frac{u^2}{2!}+\cdots+\frac{u^n}{n!}+\cdots\right)$$
$$=\frac{e^3}{u^2}+\frac{e^3}{u}+\frac{e^3}{2!}+\frac{e^3}{3!}u+\cdots+\frac{e^3}{n!}u^{n-2}+\cdots$$
$$=\frac{e^3}{(z-3)^2}+\frac{e^3}{z-3}+\frac{e^3}{2!}+\frac{e^3}{3!}(z-3)$$
$$+\cdots+\underset{㋑}{\frac{e^3}{(n+2)!}(z-3)^n}+\cdots\qquad\cdots(答)$$

㋐ $e^u$ のマクローリン展開.

㋑ $(z-3)^n$ の項がローラン展開の答えの式に現れるように，最後の項を選んだ.

(2) $\sin z$ のマクローリン展開 $\sin z=z-\frac{z^3}{3!}+\frac{z^5}{5!}-\cdots$ を用いれば

$$z\sin\frac{1}{z}=z\left\{\frac{1}{z}-\frac{1}{3!z^3}+\frac{1}{5!z^5}-\cdots\right\}$$
$$=\underset{㋒}{1-\frac{1}{3!z^2}+\frac{1}{5!z^4}-\cdots}\qquad\cdots(答)$$

㋒ $z\sin\frac{1}{z}$ のローラン展開の一般項は

$$(-1)^n\frac{1}{(2n+1)!z^{2n}}.$$

(3) $u=z-(-1)=z+1$ とおくと $z=u-1$.

$$\frac{z}{(z+1)^2(z+2)}=\underset{㋓}{\frac{u-1}{u^2(u+1)}}$$
$$=\frac{u-1}{u^2}(1-u+u^2-u^3+\cdots)$$
$$=\frac{1}{u^2}(-1+2u-2u^2+2u^3-\cdots)$$
$$=-\frac{1}{u^2}+\frac{2}{u}-2+2u-2u^2+\cdots$$
$$=-\frac{1}{(z+1)^2}+\frac{2}{z+1}$$
$$+\underset{㋔}{-2+2(z+1)-2(z+1)^2+\cdots}$$
$$\cdots(答)$$

㋓ $\frac{1}{1+u}$ のマクローリン展開.

㋔ 下線部分の一般項は $2(-1)^{n+1}(z+1)^n$.

☞ ローラン展開は，関数 $f(z)$ における正則でない点，すなわち特異点を中心とする展開である．もしも $f(z)$ が $|z-a|<R$ で正則ならば，ローラン展開はマクローリン展開と一致する.

**問題 50　ローラン展開 (2)　基本**

関数 $f(z)=\dfrac{1}{z(z^2-1)}$ について次の円環領域でローラン展開せよ.

(1)　$\{0<|z|<1\}$　　(2)　$\{|z|>1\}$　　(3)　$\{1<|z-i|<\sqrt{2}\}$

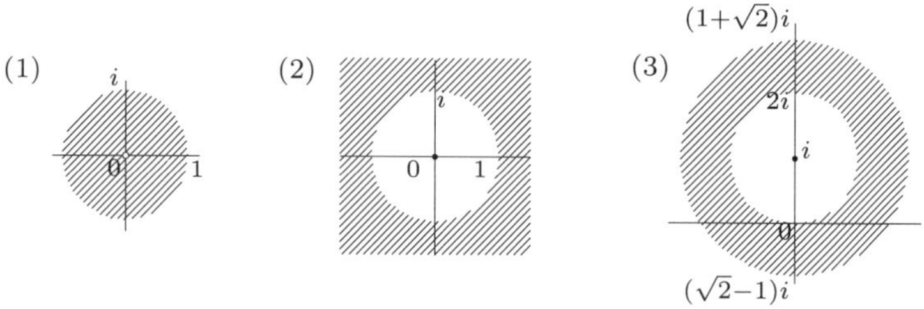


**解説**　前問題では除外近傍, すなわち円盤から孤立特異点を除いた領域でのローラン展開を計算したが, 孤立特異点を中心にする必要はなく, 一般には或る点を中心とする円環領域で展開される.

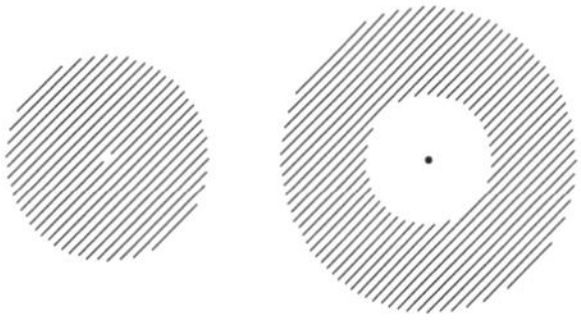

ローラン展開では, $|z|>1$ となる $z$ に対し $\zeta=\dfrac{1}{z}$ とおくと, $|\zeta|<1$ となるから

$$\frac{z}{z-1}=\frac{1}{1-\frac{1}{z}}=\frac{1}{1-\zeta}=1+\zeta+\zeta^2+\cdots+\zeta^n+\cdots$$

したがって　$\dfrac{z}{z-1}=1+\dfrac{1}{z}+\dfrac{1}{z^2}+\cdots+\dfrac{1}{z^n}+\cdots$　となる. これは $\dfrac{z}{z-1}$ の $\infty$ を中心とするテイラー展開であり, 理論上にも応用上にも重要な展開である.

**解答**

$f(z)$ の部分分数展開が

$$f(z)=\frac{1}{2}\,\frac{1}{z-1}+\frac{1}{2}\,\frac{1}{z+1}-\frac{1}{z}$$

であることに注意する.

(1)　$z=0$ を中心とする円環領域だから,

$$f(z)=-\frac{1}{z}\,\frac{1}{1-z^2}=-\frac{1}{z}(1+z^2+\cdots+z^{2n}+\cdots)$$

$$=-\frac{1}{z}-z-\cdots-z^{2n-1}+\cdots \qquad \cdots\text{(答)}$$

(2) $z=\infty$ を中心とする円環領域と考え，$\underset{㋐}{\zeta=\dfrac{1}{z}}$ とおくと

$$f(z)=\frac{1}{2}\frac{\zeta}{1-\zeta}+\frac{1}{2}\frac{\zeta}{1+\zeta}-\zeta$$
$$=\frac{1}{2}\sum_{n=1}^{\infty}\zeta^n+\frac{1}{2}\sum_{n=1}^{\infty}(-1)^{n-1}\zeta^n-\zeta\ =\ \sum_{n=1}^{\infty}\frac{1}{z^{2n+1}}$$

…(答)

(3) $z=i$ を中心とする円環領域と考え，$\zeta=z-i$ と置く．$|\zeta|<\sqrt{2}$ ならば $|\zeta/(1\pm i)|=|\zeta|/\sqrt{2}<1$ だから，この範囲で

$$\frac{1}{z-1}=-\frac{1}{1-i}\frac{1}{1-\frac{\zeta}{1-i}}\ =\ -\sum_{n=0}^{\infty}\frac{1}{(1-i)^{n+1}}\zeta^n,$$
$$\frac{1}{z+1}=\frac{1}{1+i}\frac{1}{1+\frac{\zeta}{1+i}}=-\sum_{n=0}^{\infty}\frac{1}{(-1-i)^{n+1}}\zeta^n$$

となる． 一方，$|\zeta|>1$ のとき，更に $w=\dfrac{-i}{\zeta}$ とすれば $|w|<1$ となるから

$$\frac{1}{z}\ =\frac{iw}{1-w}\ \ =i\sum_{n=1}^{\infty}w^n=\sum_{n=1}^{\infty}\frac{(-i)^{n-1}}{\zeta^n}$$

以上より

$$f(z)=-\sum_{n=1}^{\infty}\frac{(-i)^{n-1}}{\zeta^n}$$
$$-\frac{1}{2}\sum_{n=0}^{\infty}\underset{㋑}{\left\{\frac{1}{(-1-i)^{n+1}}+\frac{1}{(1-i)^{n+1}}\right\}}\zeta^n$$
$$=-\sum_{n=1}^{\infty}\frac{(-i)^{n-1}}{\zeta^n}$$
$$+\frac{1}{4}\sum_{n=0}^{\infty}\frac{(1+i)^{n+1}+(-1+i)^{n+1}}{2^n}\zeta^n$$
$$=-\sum_{n=1}^{\infty}\frac{(-i)^{n-1}}{(z-i)^n}$$
$$+\frac{1}{4}\sum_{n=0}^{\infty}\frac{(1+i)^{n+1}+(-1+i)^{n+1}}{2^n}(z-i)^n$$

…(答)

㋐ $z=\infty$ を中心とする円環領域を考える.

㋑ $\dfrac{1}{-1-i}=\dfrac{-1+i}{2}$, $\dfrac{1}{1-i}=\dfrac{1+i}{2}$,

☞ 等比級数の和は, 展開する円環領域, 中心のとり方により様々に変化する. 基本ツールなので, 使い方をしっかり覚えよう.

**問題 51 孤立特異点 (1)** 基本

次の関数の孤立特異点とその種類を述べよ.

(1) $f(z)=\dfrac{z^3+2z^2+2z+1}{z^4+z^3}$ (2) $f(z)=\dfrac{z}{\sin z}$

(3) $f(z)=\dfrac{1}{\sin(1/z)}$

**解説** **[I] 孤立特異点の分類** 点 $z=a$ を関数 $f(z)$ の孤立特異点とし, $z=a$ を中心とする $f(z)$ のローラン展開を $f(z)=\sum_{m=1}^{\infty}\dfrac{b_m}{(z-a)^m}+\sum_{n=0}^{\infty}c_n(z-a)^n$ とするとき, 主要項の形により特異点は次のように分類される：

(I) $z=a$ での主要項がない, すなわち, $b_n$ がすべて 0 であるとき, $a$ を $f$ の**除去可能特異点**という. $f(a)=c_0$ と定義し直すことにより, $f$ は $a$ の近傍で正則となる.

(II) $z=a$ での主要項が有限和, すなわち

$$f(z)=\frac{b_k}{(z-a)^k}+\frac{b_{k-1}}{(z-a)^{k-1}}+\cdots+\frac{b_1}{z-a}+c_0+c_1(z-a)+\cdots \qquad (b_k\neq 0)$$

という形になるとき, 特異点 $z=a$ を関数 $f(z)$ の $k$ **位の極**という.

(III) $z=a$ での主要項が無限和, すなわち

$$f(z)=\cdots+\frac{b_k}{(z-a)^k}+\frac{b_{k-1}}{(z-a)^{k-1}}+\cdots+\frac{b_1}{z-a}+c_0+c_1(z-a)+\cdots$$

という形で, $b_1,b_2,\ldots,b_n,\ldots$ のうち, 0 でないものが無限個存在するとき, $a$ を**真性特異点**という.

**[II] 挙動による特徴付け** 孤立特異点をローラン展開の主要項の形で分類したが, 特異点周辺の挙動にも違いが現れる.

**〈除去可能特異点の特徴づけ〉** $f$ の孤立特異点 $z=a$ について次の 3 条件は同値：

(1) $z=a$ は除去可能特異点である.

(2) $\lim_{z\to a}f(z)$ が存在する.

(3) $|f(z)|$ は $z=a$ の或る除外近傍で有界.

孤立特異点での値は定義されていないが, 除去可能特異点の場合, $f(a)=\lim_{z\to a}f(z)$ とすれば $z=a$ を含めて正則となる. すなわち“除去できる”特異点である.

**〈極の特徴づけ〉** $f$ の孤立特異点 $z=a$ について次の 3 条件は同値：

(1) $z=a$ は極である.

(2) $\lim_{z\to a}|f(z)|=\infty$.

後の問題で与える無限遠点 $\infty$ を用いれば，(2) より $f(a)=\infty$ と定義でき，“値” が確定する．

$\lim\limits_{z\to a} f(z)$ が存在せず，かつ $\lim\limits_{z\to a}|f(z)|=\infty$ でもない場合，特に振動する場合などが真性特異点である．真性特異点については次の問題で詳しく述べる．

## 解答

(1)　$f(z)$ の分母は $z^3(z+1)$ と因数分解されるから，$z=0,-1$ が $f$ の孤立特異点になる．
$z=0$ の近傍では $z\neq -1$ だから，

$$f(z)=\frac{(z+1)(z^2+z+1)}{z^3(z+1)}=\frac{1}{z^3}+\frac{1}{z^2}+\frac{1}{z}$$

より $z=0$ は $f$ の 3 位の極である．一方，$\lim\limits_{z\to-1} f(z)=\lim\limits_{z\to-1}\dfrac{z^2+z+1}{z^3}=3$ より $z=-1$ は $f$ の除去可能特異点である．

(2)　$f(z)$ の分母は $z=n\pi$　($n$ は整数) で 0 となり，それ以外では 0 にならないので，$z=n\pi$　($n$ は整数) が $f$ の孤立特異点となる．$n\neq 0$ のとき，

$$\begin{aligned}&\lim_{z\to n\pi}(z-n\pi)\frac{z}{\sin z}\\ &=\lim_{z\to n\pi} z\cdot\lim_{z\to n\pi}\underbrace{\frac{(z-n\pi)}{(-1)^n\sin(z-n\pi)}}_{\text{㋐}}\\ &\underset{\text{㋑}}{=}(-1)^n n\pi\end{aligned}$$

㋐　$\sin(z-n\pi)=(-1)^n\sin z$

㋑　$\lim\limits_{z\to0}\dfrac{\sin}{z}=1$

だから，$z=n\pi$ は $f$ の 1 位の極．一方，$n=0$ のとき，$\lim\limits_{z\to0} f(z)=1$ だから，$z=0$ は除去可能特異点である．

(3)　$z=iy$ として $y\to 0$ とすると

$$f(z)=\frac{1}{\sin(\frac{1}{iy})}=\frac{i}{\sinh(\frac{1}{y})}\ \to\ 0.$$

$z=\frac{1}{\frac{\pi}{2}+2n\pi}$ とすると $z\to0$ かつ $f(z)=\dfrac{1}{\sin(\frac{\pi}{2})}=1$ となる．これらより $\lim\limits_{z\to0} f(z)$ は確定しない事がわかる．よって $z$ は真性特異点である．

☞　孤立特異点は，ローラン展開の形によって 3 種類に分類される．単に展開の形が違うだけでなく，特異点付近における関数の挙動が異なる．

**問題 52 孤立特異点 (2)** 基本

$f(z)=e^{\frac{1}{z}}$ とする．

(1) $z=0$ は $f(z)$ の真性特異点であることを示せ．

(2) 任意の複素数 $c$ に対し $z_n\to 0$，$f(z_n)\to c(n\to\infty)$ となる 0 ではない数列 $\{z_n\}_{n=1,2,\ldots}$ が存在することを示せ．

(3) $z=0$ の近くで $0,\infty$ 以外のすべての値を無限回とることを示せ．

**解説** 点 $z=a$ を関数 $f(z)$ の孤立特異点とし，$z=a$ を中心とする $f(z)$ のローラン展開を $f(z)=\displaystyle\sum_{m=1}^{\infty}\frac{b_m}{(z-a)^m}+\sum_{n=1}^{\infty}c_n(z-a)^n$ とする．$z=a$ での主要項が無限和，即ち $b_m\neq 0$ となる $m$ が無限個存在するとき，$z=a$ を $f(z)$ の**真性特異点**という．真性特異点の近傍ではどのようなことが起きるのか．

**例** $s(z)=\sin\dfrac{1}{z}$ $(z\neq 0)$ とする．sin のマクローリン展開より $s(z)$ の $z=0$ を中心とするローラン展開は $s(z)=\dfrac{1}{z}-\dfrac{1}{3!z^3}+\dfrac{1}{5!z^5}-\cdots$ となるから，$z=0$ は $s(z)$ の真性特異点である．実軸に限定して考えると，$s(z)$ は $z=0$ の近傍上，$-1,1$ 間を激しく振動している．特に $-1\leq c\leq 1$ となる $c$ に対し $c=\sin\theta$ となる $\theta\in[0,2\pi)$ を一つ固定する．このとき数列 $z_n=\dfrac{1}{\theta+2n\pi}$ $(n=1,2,\cdots)$ は実軸正の方向から 0 に近づき，ここでの値は常に $s(z_n)=c$ となる．すなわち $z=0$ の近傍で値 $c$ を無限回とることになる．

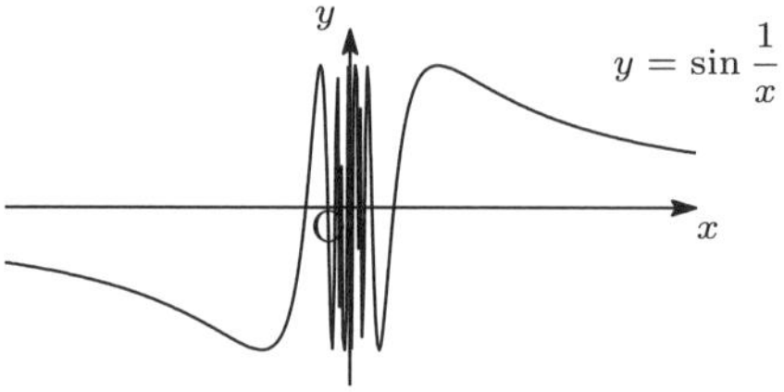


上の問題はこの例の指数関数版である．より一般に次がなりたつ：

**カソラチ・ワイエルシュトラスの定理** $z=a$ が関数 $f(z)$ の真性特異点のとき，任意の複素数 $c$ に対し $z_n\to a$，$f(z_n)\to c$ $(n\to\infty)$ となる $f(z)$ の正則点からなる点列 $\{z_n\}_{n=1,2,\ldots}$ が存在する．

(練習問題 2 参照) $f(z)$ は真性特異点の近くで激しく振動し，$z\to a$ での極限は定まらない．同じ発散でも "無限大 $\infty$ に収束" する極の場合とは異なる．実は，より精密な次の定理が成り立つ：

**ピカールの定理**　関数 $f(z)$ が $U_r(a)$ の点 $a$ を除いて正則であり，かつ $a$ が真性特異点のとき，

(i)　$0<|z-a|<r$ かつ $f(z)\neq c$ となる数 $c$ は高々 2 つである．
(ii)　(i) で挙げた $c$ 以外の $c$ に対し $0<|z-a|<r$ かつ $f(z)=c$ となる $z$ は無限個ある．

## 解答

(1)　指数関数 $e^z$ のマクローリン展開

$$e^z=1+\frac{z}{1!}+\frac{z^2}{2!}+\cdots+\frac{z^n}{n!}+\cdots$$

より，問題の関数の $z=0$ におけるローラン展開は

$$f(z)=1+\frac{1}{1!z}+\frac{1}{2!z^2}+\cdots+\frac{1}{n!z^n}+\cdots.$$

主要項は無限和となるので，$z=0$ は $f(z)$ の真性特異点になっている．

(2)(3)　$c$ が $0,\infty$ 以外の複素数のとき，$\log c$ によって $c$ の対数の主値を表し，

$$z_n=\frac{1}{\log c+2\pi ni}\qquad(n=1,2,\ldots)$$

とする．$\log c=s+it$　$(s\in\mathbb{R},\ t\in(-\pi,\pi])$ と表すとき，$t+\pi>m$ となる正数 $m>0$ をとれば，

$$|z_n|^2=\frac{1}{|\log c+2\pi ni|^2}=\frac{1}{s^2+(t+2\pi n)^2}$$
$$\leq\frac{1}{4\pi n(t+\pi n)}<\frac{1}{4\pi nm}$$

だから，$n\to\infty$ ならば $z_n\to 0$ となる．また

$$f(z_n)=e^{\log c+2\pi ni}=e^{\log c}e^{2\pi ni}=c$$

となるから，$f(z)$ は $z=0$ の近くで $c$ を無限回とる．また $f(z_n)\to c$ でもある．

☞　除去可能特異点，極と異なり，真性特異点の場合は極限が確定しない．

　$c=0$ のとき，$z_n=-\frac{1}{n}$ とすれば $z_n\to 0$ かつ $f(z_n)=e^{-n}\to 0$　$(n\to\infty)$ となる．

　$c=\infty$ のとき，$z_n=\frac{1}{n}$ とすれば $z_n\to 0$ かつ $f(z_n)=e^{n}\to\infty$　$(n\to\infty)$ となる．

**問題 53 無限遠点** 基本

$\mathbb{S}=\{(x,y,z):x^2+y^2+z^2=1\}$ を $xyz$ 空間内のリーマン球面，$p:\mathbb{C}\to\mathbb{S}$ を立体射影，$q:\mathbb{S}\to\mathbb{C}$ を $p$ の逆射影とする（解説参照）．

(1) $z\in\mathbb{C}$ に対し $p(z)=(X,Y,Z)$ となる $X,Y,Z$ を求めよ．

(2) $(X,Y,Z)\in\mathbb{S}$ に対し $q(X,Y,Z)=x+iy$ となる $x,y$ を求めよ．

(3) $z\in\mathbb{C}$ に対し $\varphi(z)=\dfrac{1}{z}$ とするとき，$p\circ\varphi\circ q(X,Y,Z)$ を求めよ．

**解 説** 関数 $f(z)$ の孤立特異点 $z=a$ が真性特異点の場合，値は不確定であるのに対し，極の場合は $z$ が $a$ に近づくと絶対値 $|f(z)|$ が必ず無限大になる，という意味で確定した状態になる．そこで値そのものについても "無限大" $\infty$ を導入して，これを数のように扱うことにする．

**[I] 無限遠点** 複素平面 $\mathbb{C}$ に**無限遠点** $\infty$ を付け加えた $\widehat{\mathbb{C}}=\mathbb{C}\cup\{\infty\}$ を**拡大複素平面**という．$\infty$ との演算を次のように定める:

$$\text{任意の } c\in\mathbb{C} \text{ に対し} \qquad \infty\pm c=c\pm\infty=\infty, \qquad \frac{c}{\infty}=0$$

$$0 \text{ でない } c\in\mathbb{C} \text{ に対し} \quad \infty\cdot c=c\cdot\infty=\infty, \qquad \frac{\infty}{c}=\infty, \quad \frac{c}{0}=\infty$$

また $z\in\mathbb{C}$ が $|z|\to\infty$ となるとき，$z$ は $\infty$ に近づくことにする．

**[II] リーマン球面と立体射影** 拡大複素平面をイメージする為に，右図のような空間内に原点を中心とする半径 1 の球面 $\mathbb{S}$ を考える．北極点 $(0,0,1)$ を $N$ とし，また $xy$ 平面と複素平面を同一視して，点 $(x,y,0)$ を $z=x+iy$ と書くことにする．

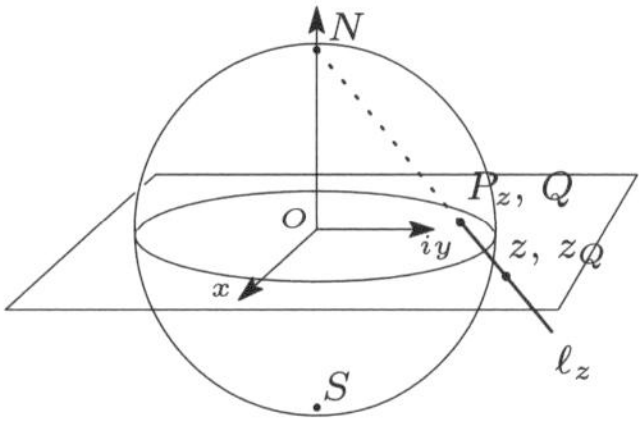


$N$ と複素平面の点 $z$ を結ぶ直線 $\ell_z$ は球面の $N$ 以外の 1 点 $P_z$ で交わる．$z$ に対し $P_z$ を与える対応を $p(z)=P_z$ と書き，これを**立体射影**という．

逆に球面 $\mathbb{S}$ の点 $Q$ と $N$ を通る直線は複素平面と 1 点 $z_Q$ で交わる．$Q$ に対し $z_Q$ を与える対応を $q(Q)=z_Q$ と書き，これを $p$ の逆射影とよぶことにする．この対応のもとで，複素平面の点 $z$ を無限遠点 $\infty$ に近づけると，$z$ の立体射影 $p(z)$ は北極点 $N$ に近づく事がわかる．この球面モデルの中で，無限遠点 $\infty$ は北極点 $N$ として実在することになる．

**例** 1. 複素平面内の単位円 $U_1(0)$ は南半球，単位円は赤道，単位円の外部 (および無限遠点) は北半球を表す．

2. 複素平面上の直線 $\ell$ の立体射影による像は，$\ell$ と北極点 $N$ を含む平面とこの球面との共通部分の大円である．

## 解 答

$xyz$ 空間の原点を $O$ とする.

(1) $N$ と $z=x+iy$ を通る直線 $\ell_z$ の点は ㋐ $\overrightarrow{ON}+t\overrightarrow{Nz}$ ($t$ は実数) と書ける.

$$\overrightarrow{OP_z}=\begin{bmatrix}X\\Y\\Z\end{bmatrix}=\begin{bmatrix}0\\0\\1\end{bmatrix}+t\begin{bmatrix}x\\y\\-1\end{bmatrix}=\begin{bmatrix}tx\\ty\\-t+1\end{bmatrix}$$

$X^2+Y^2+Z^2=1$ に代入すれば $t^2(x^2+y^2+1)-2t=0$.

$t\neq 0$ より $t=\dfrac{2}{x^2+y^2+1}$. したがって

$$(X,Y,Z)=\left(\frac{2x}{x^2+y^2+1},\frac{2y}{x^2+y^2+1},\frac{x^2+y^2-1}{x^2+y^2+1}\right).$$

(2) $N$ と $Q(X,Y,Z)$ を通る直線 $\ell_Q$ の点は ㋑ $\overrightarrow{ON}+t\overrightarrow{NQ}$ ($t$ は実数) と書ける.

$$\overrightarrow{Oz_Q}=\begin{bmatrix}x\\y\\0\end{bmatrix}=\begin{bmatrix}0\\0\\1\end{bmatrix}+t\begin{bmatrix}X\\Y\\Z-1\end{bmatrix}=\begin{bmatrix}tX\\tY\\t(Z-1)+1\end{bmatrix}.$$

$t(Z-1)+1=0$ より $x+iy=\dfrac{X}{1-Z}+i\dfrac{Y}{1-Z}$　　$\cdots$ (答)

(3) $p\circ\varphi\circ q(X,Y,Z)=p\cdot\varphi\left(\dfrac{X}{1-Z}+i\dfrac{Y}{1-Z}\right)$

$$=p\left(\frac{1}{\frac{X+iY}{1-Z}}\right)=p\left(\frac{(1-Z)(X-iY)}{X^2+Y^2}\right).$$

$\left(\dfrac{(1-Z)X}{X^2+Y^2}\right)^2+\left(\dfrac{-(1-Z)Y}{X^2+Y^2}\right)^2=\dfrac{(1-Z)^2}{X^2+Y^2}$ より

$\therefore$ $p\circ\varphi\circ q(X,Y,Z)$

$$=\left(\frac{\frac{2(1-z)X}{X^2+Y^2}}{\frac{(1-Z)^2}{X^2+Y^2}+1},\frac{\frac{-2(1-z)Y}{X^2+Y^2}}{\frac{(1-Z)^2}{X^2+Y^2}+1},\frac{\frac{(1-Z)^2}{X^2+Y^2}-1}{\frac{(1-Z)^2}{X^2+Y^2}+1}\right)$$

$=(X,-Y,-Z)$　　$\cdots$ (答)

㋐

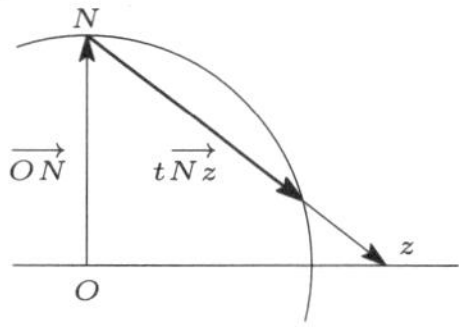


㋑

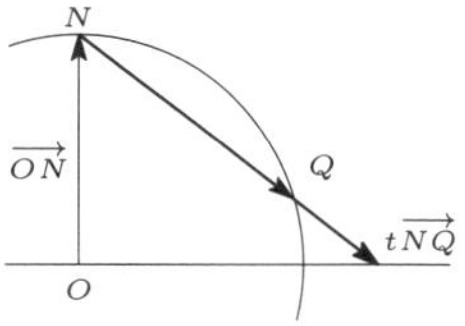


☞ 無限遠点は極の特徴付けや問題 55〜57 で扱う一次分数変換のところで用いる. 複素平面を球面の一部と考えれば, 無限遠点は北極点として解釈できる.

| 問題 | 54 | 部分分数展開 (1) | 基本 |
|---|---|---|---|

有理関数 $f(z)=\dfrac{z^3-1}{z^2-2iz-1}$ の部分分数展開を求めよ。

**解 説**　**[I] 無限遠点での正則性**　ある半径 $R>0$ の円の外部 $\{z\in\mathbb{C}:|z|>R\}$ で定義される複素関数 $f(z)$ に対し

$$\widetilde{f}(\zeta)=f\left(\frac{1}{\zeta}\right)\qquad\left(0<|\zeta|<\frac{1}{R},\ \zeta=\frac{1}{z}\right)$$

とすれば，$\widetilde{f}(\zeta)$ は 0 の除外近傍 $U_{\frac{1}{R}}(0)-\{0\}$ で定義された $\zeta$ 変数の関数となる．

(a)　$\widetilde{f}(0)$ で定義され，かつ $\widetilde{f}(\zeta)$ は $\zeta=0$ で微分可能なとき，$f$ は $\infty$ **で微分可能**だという．

(b)　除外近傍 $U_{\frac{1}{R}}(0)-\{0\}$ 上で $\widetilde{f}(\zeta)$ が $\zeta$ について正則のとき，$\zeta=0$ が除去可能特異点，極，真性特異点であるのに応じて $\infty$ は $f$ の**除去可能特異点**，**極**，**真性特異点**であるという．

(c)　$\infty$ が $f$ の極で，$f(\zeta)=\dfrac{a_{-n}}{\zeta^n}+\cdots$ とローラン展開されるとき，$z=\frac{1}{\zeta}$ を使って $z$ に戻すと

$$\begin{aligned}\widetilde{f}(\zeta)&=\frac{a_{-n}}{\zeta^n}+\cdots+\frac{a_{-1}}{\zeta}+a_0+a_1\zeta+\cdots,\\ f(z)&=a_{-n}z^n+\cdots+a_{-1}z+a_0+\frac{a_1}{z}+\cdots\end{aligned}$$

という形になる．この場合，$a_{-n}z^n+\cdots+a_{-1}z$ が $f$ の $\infty$ に於ける主要項になる．

**[II] 拡大複素平面全域で定義される関数**　立体射影により（少なくとも位相空間として）拡大複素平面は球面と同一視できる．このこと（とリュービルの定理）より，拡大複素平面全域で定義される正則関数，有理型関数は極端に少なくなる:

**定理**　(a)　拡大複素平面全体で正則な関数は定数しかない．
(b)　拡大複素平面全体で高々極しか持たない関数は有理関数しかない．特に孤立特異点は有限個しかない．

**[III] 有理関数の部分分数展開**　有理関数は特異点における情報（位置及び主要項）によってほぼ復元される．詳しく言うと，有理関数 $f(z)=\dfrac{P(z)}{Q(z)}$（$P,Q$ は互いに素な多項式，$Q\neq 0$）について，

極の全体を $a_1,a_2,\ldots,a_m$　（$\infty$ が極の場合は $a_m=\infty$ とする），
各極 $a_k$ における主要部を $P_k$

とする．このとき $\varphi(z)=f(z)-P_1(z)-\cdots-P_r(z)$ は，各極の主要項を全て除くの

で，拡大複素平面全体で正則となる．さらに [II] の定理より $\varphi(z)$ は定数．したがって

$$f(z) = P_1(z)+\cdots+P_r(z)+c \qquad (c\text{ は定数})$$

と表される．これは $f(z)$ の部分分数展開にほかならない．

## 解答

$z^2-2i-1 = (z-i)^2$ だから，$z = i$ は $f(z)$ の 2 位の極．よって $z = i$ を中心とするローラン展開は

$$f(z) = \frac{A}{(z-i)^2}+\frac{B}{z-i}+C+\cdots$$

という形になる．

$(z-i)^2 f(z) = A+B(z-i)+C(z-i)^2+\cdots$ より

$$A = \lim_{z\to i}(z-i)^2 f(z) = \lim_{z\to i}(z^3-1) = -1-i$$

$$B = \lim_{z\to i}\{(z-i)^2 f(z)\}' = \lim_{z\to i} 3z^2 = -3$$

だから，$z = i$ における主要部は $P_i = -\dfrac{1+i}{(z-i)^2}-\dfrac{3}{z-i}$．

$z = \dfrac{1}{\zeta}$ とすると $f(\frac{1}{\zeta}) = \dfrac{\frac{1}{\zeta^3}-1}{\frac{1}{\zeta^2}-\frac{2i}{\zeta}-1} = \dfrac{\zeta^3-1}{\zeta(\zeta^2+2i\zeta-1)}$ だから，$\zeta = 0$ は $f(\frac{1}{\zeta})$ の 1 位の極．

よって $f(\frac{1}{\zeta}) = \dfrac{D}{\zeta}+E+\cdots$ という形になる．

$\zeta f(\frac{1}{\zeta}) = D+E\zeta+\cdots$ より

$$D = \lim_{\zeta\to 0}\zeta f(\tfrac{1}{\zeta}) = \lim_{\zeta\to 0}\frac{\zeta^3-1}{\zeta^2+2i\zeta-1} = 1$$

だから，$z = \infty$ における主要部は $P_\infty = \dfrac{1}{\zeta} = z$．

これらより $f(z) = P_i(z)+P_\infty(z)+c$ ($c$ は定数) と表される．ここで $z = 0$ とすると

$$c = f(0)-P_i(0)-P_\infty(0) = \frac{-1}{-1}+\frac{1+i}{-1}+\frac{3}{-i}-0 = 2i.$$

$$\therefore\quad f(z) = -\frac{1+i}{(z-i)^2}-\frac{3}{z-i}+z+2i \qquad\cdots(\text{答})$$

☞ 有理関数に対し，(無限遠点を含む) 極における主要部をすべての足し合わせると，元の関数との差は定数となる．適当な点での値を比較すれば定数が決定できる．この主要部の和が有理関数の部分分数展開となる．

| 問題 | 55 | 一次分数変換 (1) | 基本 |
|---|---|---|---|

上半平面 $\mathbb{H} = \{\mathrm{Im}\ z\}$ を $\mathbb{H}$ へ写像する一次分数変換は次の形で与えられることを示せ.

$$w = S(z) = \frac{az+b}{cz+d} \quad (a, b, c, d \in \mathbb{R},\ ad-bc > 0)$$

**解 説** **[I] 一次分数変換** 次の形の写像を複素数を成分とする 2 次正則行列 $A = \begin{bmatrix} a & b \\ c & d \end{bmatrix}$ $(ad-bc \neq 0)$ に対応する**一次分数変換**という：

$$w = f_A(z) = \frac{az+b}{cz+d}$$

値を拡大複素平面まで拡張することで $cz+d = 0$ となる $z$ に対して $f_A(z) = \infty$ と定義すれば，全平面上の点 $z$ に対して値が定義される．さらに $1/\infty = 0$ となる事に注意すれば

$$f_A(z) = \frac{a+\frac{b}{z}}{c+\frac{d}{z}} \longrightarrow \frac{a+\frac{b}{\infty}}{c+\frac{d}{\infty}} = \frac{a}{c} \qquad (z \to \infty)$$

となり，$f_A$ は拡大複素平面全体で定義される事になる．

**[II] 一次分数変換の合成** 2 次正方行列 $A = \begin{bmatrix} a & b \\ c & d \end{bmatrix}$，$B = \begin{bmatrix} \alpha & \beta \\ \gamma & \delta \end{bmatrix}$ に対応する一次分数変換 $\zeta = f_A(z) = \frac{az+b}{cz+d}$，$w = f_B(\zeta) = \frac{\alpha\zeta+\beta}{\gamma\zeta+\delta}$，を合成すると

$$w = f_B(f_A(z)) = \frac{\alpha\frac{az+b}{cz+d}+\beta}{\gamma\frac{az+b}{cz+d}+\delta} = \frac{(\alpha a+\beta c)z+\alpha b+\beta d}{(\gamma a+\delta c)z+\gamma b+\delta d}$$

となる．一方，$B$ と $A$ の積は $BA = \begin{bmatrix} \alpha a+\beta c & \alpha b+\beta d \\ \gamma a+\delta c & \gamma b+\delta d \end{bmatrix}$ だから，合成 $f_B(f_A(z))$ は積 $BA$ に対応する一次分数変換 $f_{BA}$ となる．

**[III] 基本の一次分数変換** 一般の 1 次分数変換は

$$[1] \quad w = z+A, \qquad [2] \quad w = Bz \ \ (B \neq 0) \qquad [3] \quad w = \frac{1}{z}$$

の 3 種類の 1 次分数変換の合成写像で得られる．実際，$c \neq 0$ のとき，

$$w = \frac{\frac{a}{c}(cz+d)-\frac{ad}{c}+b}{cd+d} = \frac{a}{c} - \frac{ad-bc}{c}\frac{1}{cz+d}.$$

と変形できる．この変形に注意して上記 3 種の一次分数変換を

$$
\begin{aligned}
z \xrightarrow{[1]} cz \xrightarrow{[1]} cz+d \xrightarrow{[3]} & \frac{1}{cz+d} \\
\xrightarrow{[2]} & -\frac{ad-bc}{c}\frac{1}{cz+d} \\
\xrightarrow{[1]} & -\frac{ad-bc}{c}\frac{1}{cz+d}+\frac{a}{c} = \frac{az+b}{cz+d}
\end{aligned}
$$

のように合成させれば, 一次分数変換が与えられる. また $c=0$ のときは $ad \neq 0$ であり,

$$w = \frac{az+b}{d} = \frac{a}{d}\left(z+\frac{b}{a}\right)$$

という変形から, この場合は [1][2] の合成になっている事がわかる.

## 解答

$$f(z) = \frac{az+b}{cz+d} \qquad (ad-bc \neq 0) \quad \cdots ①$$

とおく. $c, d, c+d \neq 0$ のとき,

$$f(0) = \frac{b}{d} = s, \quad f(1) = \frac{a+b}{c+d} = t, \quad f(\infty) = \frac{a}{c} = u$$

は全て実数㋐.この3式より $(s-t)d=(t-u)c$ となる. $u=t$ ならば $s=t$ となるが, $ad-bc=ucd-sdc=0$ となって仮定に反する. $v=\dfrac{t-u}{s-t}$ とおけば $c=vd$,

$$\therefore \quad f(z) = \frac{uvdz+sd}{vdz+d} = \frac{uvz+s}{vz+1} \qquad (uv, s, v \in \mathbb{R}).$$

また $c=0$, $d=0$ また, $c+d \neq 0$ の場合も係数をすべて実数にとれることが確かめられる. 改めて ① について, $a, b, c, d$ がすべて実数だとする.

$$
\begin{aligned}
\operatorname{Im} f(z) = \frac{f(z)-\overline{f(z)}}{2i} &= \frac{(ad-bc)}{|cz+d|^2}\frac{z-\overline{z}}{2i} \\
&= \frac{(ad-bc)}{|cz+d|^2}\operatorname{Im} z
\end{aligned}
$$

より, $f(z)$ より上半平面が上半平面に移るならば, $ad-bc>0$ でなければならない.

㋐ 一般に連続写像は領域の境界をその像の内部, または境界に移す. 一次分数変換は連続写像だから, H の境界である実軸, および無限遠点は H, またはその境界に移るが, 全単射であることと仮定より H 内に移ることはない.

☞ 一次分数変換は, 拡大複素平面から自身への正則な全単射を与える写像であり, 合成も再び一次分数変換となる.

**問題 56 一次分数変換 (2)** 基本

(1) 複素平面の相違なる 3 点の組 $(z_1, z_2, z_3)$ を別の相異なる 3 点の組 $(w_1, w_2, w_3)$ に移すような一次分数変換がただ 1 つあることを示せ.

(2) $0, 1, \infty$ がそれぞれ $-1, -i, 1$ に移るような一次分数変換 $f$ を求め，上半平面 $\mathbb{H} = \{\mathrm{Im}\, z > 0\}$ の $f$ による像を求めよ.

## 解説

**[I] 複比** 複素平面上の異なる 4 点 $z_1, z_2, z_3, z_4$ に対して

$$(z_1, z_2, z_3, z_4) = \frac{z_1-z_2}{z_1-z_3}\Big/\frac{z_4-z_2}{z_4-z_3} = \frac{z_1-z_2}{z_1-z_3}\,\frac{z_3-z_4}{z_2-z_4}$$

を**複比**または**非調和比**という．拡大複素平面の点に対しても複比は定義される．例えば $z_1\infty$ の場合，$1/\infty = 0$ である事を使って

$$\lim_{z_1\to\infty}\frac{z_1-z_2}{z_1-z_3}\,\frac{z_3-z_4}{z_2-z_4} = \lim_{z_1\to\infty}\frac{1-\frac{z_2}{z_1}}{1-\frac{z_3}{z_1}}\,\frac{z_3-z_4}{z_2-z_4} = \frac{z_4-z_3}{z_4-z_2}$$

となる．他の場合も同様に計算することで，複比は次のように定義される：

$$(\infty, z_2, z_3, z_4) = \frac{z_4-z_3}{z_4-z_2}, \qquad (z_1, \infty, z_3, z_4) = \frac{z_3-z_4}{z_3-z_1},$$

$$(z_1, z_2, \infty, z_4) = \frac{z_2-z_1}{z_2-z_4}, \qquad (z_1, z_2, z_3, \infty) = \frac{z_1-z_2}{z_1-z_3}.$$

**[II] 複比の不変性** 複比と一次分数変換について次が成り立つ：

**定理** 拡大複素平面の $z_1 \neq z_2 \neq z_3 \neq z_1$ となる任意の 4 点 $z, z_1, z_2, z_3$ の一次分数変換 $w = f(z)$ による像に対し，次が成り立つ：

$$(f(z), f(z_1), f(z_2), f(z_3)) = (z, z_1, z_2, z_3).$$

一次分数変換は前問の解説のように 3 種の変換の合成として得られるが，問題 55 解説 [III] の一次分数変換 [1], [2] について上の等式が成立することは容易にわかる．また [3] の変換についても

$$\left(\frac{1}{z_1}, \frac{1}{z_2}, \frac{1}{z_3}, \frac{1}{z_4}\right) = \frac{\frac{1}{z_1}-\frac{1}{z_2}\ \ \frac{1}{z_3}-\frac{1}{z_4}}{\frac{1}{z_1}-\frac{1}{z_3}\ \ \frac{1}{z_2}-\frac{1}{z_4}}$$

$$= \frac{z_2-z_1}{z_3-z_1}\,\frac{z_1z_3}{z_1z_2}\,\frac{z_4-z_3}{z_4-z_2}\,\frac{z_4z_3}{z_4z_2} = (z_1, z_2, z_3, z_4)$$

より等式が成立している．したがって任意の一次分数変換に対して等式が成り立つ.

## 解答

(1) $w = f(z)$ を $(z_1, z_2, z_3)$ を $(w_1, w_2, w_3)$ に移す一次分

数変換とする．複比の不変性より任意の $z$ に対し

$$(w, w_1, w_2, w_3) = (z, z_1, z_2, z_3)$$

が成立．これを $\zeta$ とおく．複比の形より

・ 右辺 $\zeta = p(z)$ は $z$ を変数とする一次分数変換であり，$(z_1, z_2, z_3)$ を $(0, \infty, 1)$ に移す．
・ 左辺 $\zeta = q(w)$ は $w$ を変数とする一次分数変換であり，$(w_1, w_2, w_3)$ を $(0, \infty, 1)$ に移す．
・$\zeta = q(w)$ の逆変換 $w = r(\zeta)$ は $(0, \infty, 1)$ を $(w_1, w_2, w_3)$ に移す一次分数変換となる．

よって ㋐合成 $w = r(p(z))$ は $(z_1, z_2, z_3)$ を $(w_1, w_2, w_3)$ に移す一次分数変換となる．作り方よりこのような一次分数変換は全てこの手続きで与えられるので，唯一つしかないことが分かる．

㋐

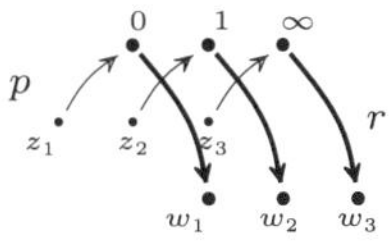


(2)　$(0, 1, \infty)$ を $(-1, -i, 1)$ に移す一次分数変換を $w = f(z)$ とおく．

$$(z, 0, 1, \infty) = \frac{z}{z-1}, \qquad (w, -1, -i, 1) = \frac{w+1}{w+i}\,\frac{-i-1}{-1-1}.$$

であり，等式 ㋑$(w, -1, -i, 1) = (z, 0, 1, \infty)$ を $w$ について解けば

$$w = \frac{(1-i)z-(1+i)}{(1-i)z+(1+i)} = \frac{z-i}{z+i} \qquad \cdots \text{(答)}$$

㋑　複比の不変性より．

$1-|w|^2$ を計算すると

$$1-|w|^2 = 1-\frac{z-i}{z+i}\overline{\left(\frac{z-i}{z+i}\right)} = \frac{4\operatorname{Im} z}{|z+i|^2}$$

となるから，$z$ について

$$\operatorname{Im} z > 0 \ (=0,\ <0) \quad \Leftrightarrow \quad |w|^2 < 1 \ (=1,\ >1)$$

が成立．したがって $w = f(z)$ によって上半平面 $\mathbb{H}$ は単位円盤 $\{w \in \mathbb{C} : |w| < 1\}$ に移される．　$\cdots$ (答)

**問題 57 一次分数変換 (3)** 基本

1つの円, または直線で囲まれた拡大複素平面内の領域を “円盤” ということにする.

(1) 任意の円盤は一次分数変換により単位円盤 $\mathbb{D}=\{|z|\leq 1\}$ に移されることを示せ.

(2) $a\in\mathbb{D}$ に対し，一次分数変換

$$l_a(z)=\frac{z-a}{1-\overline{a}z}$$

は $\mathbb{D}$ を $\mathbb{D}$ に移すことを示せ.

(3) 正則関数 $l$ で $l(\mathbb{D})\subset\mathbb{D}$，全単射，かつ $l^{-1}(\mathbb{D})\subset\mathbb{D}$ となるものは $\varepsilon l_a$ $(|\varepsilon|=1,\ a\in\mathbb{D})$ という形の一次分数変換に限ることを示せ.

(4) ある円盤を再び円盤に移すような正則関数は一次分数変換に限ることを示せ.

**解 説** **円円対応** リーマン球面上で，複素平面の直線は無限遠点を中心とする「円」と考えられる．一次分数変換という操作の下では円と直線は区別できなくなる：

**定理（円円対応）** 一次分数変換は（$z$ 平面上の任意の）円を（$w$ 平面上の）円に移す.

（証明）問題 55 の解説にある基本の一次分数変換について,

[1] は平行移動だから明らか.
[2] は原点を中心とする回転 + 拡大・縮小を表すので，この場合も明らか.
[3] について．問題 09 の解説より，任意の円 $C$ は

$$az\overline{z}+\overline{\alpha}z+\alpha\overline{z}+c=0 \qquad (a,c\in\mathbb{R},\ ac<\alpha\overline{\alpha})$$

と表される．$z=1/w$ を代入して整理すると

$$a+\overline{\alpha w}+\alpha w+cw\overline{w}=0$$

となり，これより $w=1/z$ による円 $C$ の像は上の方程式で表される円 (または直線) になることが分かる.

いずれの場合も円（直線）を円（直線）に移す変換であり，一般の一次分数変換は上の 3 種の合成として作られるから，円（直線）を円（直線）に移す変換となる.

## 解答

(1) 任意の円盤は適当な $az+b$ $(a,b\in\mathbb{C})$ という形の一次分数変換により，$\mathbb{D}$, または

$$㋐\,D=\{|z|>1\},\qquad ㋐\,H=\{\mathrm{Im}\,z>0\}$$

のいずれかの領域に移される．$D$ は $f(z)=\dfrac{1}{z}$ によって，㋑ $H$ は $f(z)=\dfrac{z-i}{z+i}$ によってそれぞれ $\mathbb{D}$ に移されるから，これらを合成させれば任意の円盤は適当な一次分数変換により $\mathbb{D}$ に移されることがわかる．

㋐ 円盤は通常の意味ではなく，問題文の意味の "円盤" である．

㋑ 問題 56 の結果より．

(2) $1-|l_a(z)|^2$ を計算すると

$$1-\frac{|a-z|^2}{|1-\overline{a}z|^2}=\frac{(1-|a|^2)(1-|z|^2)}{|1-\overline{a}z|^2}.$$

$|a|<1$ だから，$z$ に対し

$$1-|z|>0 \iff 1-|l_a(z)|>0,$$

したがって $l_a$ は $\mathbb{D}$ を $\mathbb{D}$ に移す一次分数変換となる．

(3) $a=l(0)$ とし，$S(z)=l(l_a^{-1}(z))$ とおく．$S(0)=0$, $|S(z)|<1$ であり，その逆写像についても $S^{-1}(0)=0$, $|S^{-1}(z)|<1$ となることから，㋒ シュワルツの補題より

$$|z|=|S^{-1}(S(z))|\le|S(z)|\le|z|,$$

よって $|S(z)|=|z|$ となり，再びシュワルツの補題より $S(z)=\varepsilon z$, $|\varepsilon|=1$ となる $\varepsilon$ が存在し，$l(z)=\varepsilon l_a(z)$ となる．

㋒ 問題 44 の POINT 参照．

(4) $f$ が円盤 $U$ を円盤 $V$ に移したとする．$U$ を $\mathbb{D}$ に，$V$ を $\mathbb{D}$ に移す一次分数変換をそれぞれ $l_1, l_2$ とすると，$l_2\cdot f\cdot l_1^{-1}$ は $\mathbb{D}$ を $\mathbb{D}$ に移すので，(iii) より $l_2\cdot f\cdot l_1^{-1}=\varepsilon l_a$, $|\varepsilon|=1$, $a\in\mathbb{D}$ となる $\varepsilon, a$ がとれる．このとき

$$f=l_2^{-1}\cdot(\varepsilon l_a)\cdot l_1$$

となり，したがって $f$ は一次分数変換である．

**問題 58　部分分数展開 (2)**　標準

次の等式を証明せよ.

$$\pi\cot\pi z=\frac{1}{z}+\sum_{n=1}^{\infty}\left(\frac{1}{z-n}+\frac{1}{n}\right)+\sum_{n=1}^{\infty}\left(\frac{1}{z+n}-\frac{1}{n}\right)$$

**解説**　**極が 1 位の場合**　有理関数は部分分数展開できる(問題 54). 同様に全ての極が 1 位となる有理型関数は部分分数展開できる：

**定理**　複素平面上の有理型関数 $f(z)$ と、その極の全体 $a_1, a_2, \ldots$ について,

(1)　$0<|a_1|,\quad |a_{n-1}|\leq|a_n|,\quad |a_n|\to\infty\ \ (n\to\infty)$

(2)　各極の位数は全て 1.

だとする. さらに原点を中心とする半径 $R_m$ の円周の列 $\{C_m\}_{m=1,2,\ldots}$ で

(a)　$0<R_{m-1}<R_m\to\infty\ \ (m\to\infty)$

(b)　$f(z)$ は $C_m$ 上に極を持たない.

(c)　$|f(z)|<M\ \ (z\in C_m,\ m=1,2,\ldots)$ となる $M>0$ が存在する.

をみたすものがとれるとき, $f$ の任意の正則点 $z$ において次式が成立：

$$f(z)=f(0)+\sum_{n=1}^{\infty}\mathrm{Res}\,(f,a_n)\cdot\left(\frac{1}{z-a_n}+\frac{1}{a_n}\right)$$

**解答**

$f(z)=\pi\cot\pi z-\dfrac{1}{z}$ とおく. $f(z)$ の極の全体は 0 および $a_{2n-1}=n,\ a_{2n}=-n\ \ (n=1,2,\ldots)$. ($z=0$ 以外の) 各極に於ける位数は 1 であり, 留数は

$$\begin{aligned}\mathop{\mathrm{Res}}_{z=n} f(z) &=\mathop{\mathrm{Res}}_{z=n}\pi\cot\pi z\\ &=\frac{1}{\pi}\lim_{z\to n}\frac{\pi(z-n)}{\underset{㋐}{\underbrace{(-1)^n\sin\pi(z-n)}}}\cdot\pi\cos\pi z\\ &=1\end{aligned}$$

となる.

次に $R_m=m+\frac{1}{2}, C_m: z=R_m e^{it}(0\leq t\leq 2\pi)$ とおけば, $f$ は $C_n$ の各点で正則. $z=x+iy\in C_m$ について

㋐
$\sin\pi z$
$=(-1)^n\sin\pi(z-n)$

㋑　問題 18 および
$\sin(x+iy)$
$=\sin x\cosh y$
$\quad +i\cos x\sin hy,$
$\cos(x+iy)$
$=\cos x\cos h$
$\quad -i\sin xhy.$

$$|\cot(\pi z)|^2 = \left|\frac{\cos\pi(x+iy)}{\sin\pi(x+yi)}\right|^2 = \underset{㋑}{\frac{\sinh^2 2\pi y+\cos^2\pi x}{\cosh^2\pi y-\cos^2\pi x}}.$$

$0<\delta<\frac{1}{2}$ を固定する．$|y|\geq\delta$ のとき，

$$|\cot(\pi z)|^2 \leq \frac{\sinh^2\pi y+\cos^2\pi x}{\cosh^2\pi y-1}$$

$$= \underset{㋒}{1+\frac{\cos^2\pi x}{\cosh^2\pi y-1}} \leq 1+\frac{1}{\cosh^2\pi\delta-1} < \infty.$$

㋒　$\sin h^2\pi y$
$= \cos h^2\pi y-1$

一方，$|y|\leq\delta$ のとき，㋓ $m$ を十分大きくとれば $m+\frac{1}{4}\leq|x|\leq m+\frac{1}{2}$，したがって $\cos^2\pi x\leq\frac{1}{2}$ となるので，

㋓

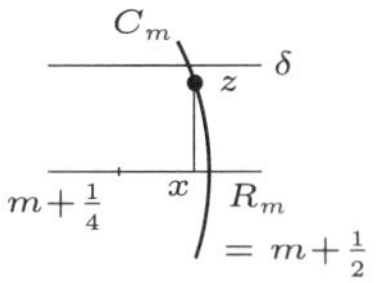


$$|\cot(\pi z)|^2 = \frac{\sinh^2\pi y+\cos^2\pi x}{\cosh^2\pi y-\cos^2\pi x}$$

$$\leq \frac{\sinh^2\pi\delta+1}{1-\cos^2\pi x} \leq 2(\sinh^2\pi\delta+1).$$

したがって $1+\dfrac{1}{\cosh^2\pi\delta-1}<M^2$，$2(\sinh^2\pi\delta+1)<M^2$ となる $M>0$ を一つ固定すれば，$m$ によらず $|\cot(\pi z)| < M \quad (z\in C_m)$ が成り立つ．またロピタルの定理を 2 回適用して

$$f(0) = \lim_{z\to 0} f(z) = \pi\lim_{z\to 0}\left\{\frac{\cos\pi z}{\sin\pi z}-\frac{1}{\pi z}\right\}$$

$$=\pi\lim_{z\to 0}\left\{\frac{\pi z\cos\pi z-\sin\pi z}{\pi z\sin\pi z}\right\}$$

$$=-\pi\lim_{z\to 0}\frac{\pi z\sin\pi z}{\sin\pi z+\pi z\cos\pi z}$$

$$=-\pi\lim_{z\to 0}\frac{\sin\pi z+\pi z\cos\pi z}{2\cos\pi z-\pi z\sin\pi z} = 0$$

となるから，定理 2 より

$$\pi\cot(\pi z) = \frac{1}{z}+f(0)+\sum_{n\neq 0}\operatorname*{Res}_{z=n} f(z)\left(\frac{1}{z-n}+\frac{1}{n}\right)$$

$$=\frac{1}{z}+\sum_{n\neq 0}\left(\frac{1}{z-n}+\frac{1}{n}\right)$$

$$=\frac{1}{z}+\sum_{n=1}^{\infty}\left(\frac{1}{z-n}+\frac{1}{n}\right)+\sum_{n=1}^{\infty}\left(\frac{1}{z+n}-\frac{1}{n}\right).$$

| 問題 | 59 | 無限乗積 (1) | 標準 |
|---|---|---|---|

$|z|<1$ のとき, $\displaystyle\prod_{n=0}^{\infty}(1+z^{2^n}) = \frac{1}{1-z}$ となることを示せ.

**解 説** **[I] 無限乗積** $a_n \neq 0$ となる数 $a_n$ $(n=1,2,\ldots)$ の（形式的な）積

$$\prod_{n=1}^{\infty} a_n = a_1 \cdot a_2 \cdot \cdots \cdot a_n \cdot \cdots$$

を $a_n$ $(n=1,2,\ldots)$ の**無限乗積**という. $a_1, a_2, \ldots, a_N$ までの積 $p_N = a_1 \cdot a_2 \cdots a_N$ を**部分積**といい, 数列 $\{p_N\}_{N=1}^{\infty}$ が或る 0 ではない値 $P \in \mathbb{C}$ に収束するとき, $\displaystyle\prod_{n=1}^{\infty} a_n$ は $P$ に収束するといい, $\displaystyle\prod_{n=1}^{\infty} a_n = P$ と記す. また $\{a_n\}_{n=1}^{\infty}$ の中に有限個だけ 0 が含まれ, それらを除いた無限乗積が収束するとき, $\displaystyle\prod_{n=1}^{\infty} a_n = 0$ と定義する.

**命題** 数列 $\{a_n\}_{n=1}^{\infty}$ は 0 を含まないとする. $\displaystyle\prod_{n=1}^{\infty} a_n = 0$ が収束するならば, $a_n \to 1$ $(n \to \infty)$ となる.

実際, 部分積 $p_N$ を経由すれば $a_N = p_N/p_{N-1} \to P/P = 1\ (N \to \infty)$ となる. この命題より $a_n$ を改めて $1+a_n$ と置き換えて, 最初から $\displaystyle\prod_{n=1}^{\infty}(1+a_n)$ という形の無限乗積を考えることが多い. この場合, 収束すれば $a_n \to 0$ となる.

**命題** $\{a_n\}_{n=1}^{\infty}$ は 0 を含まないとする.

(1) $\displaystyle\prod_{n=1}^{\infty} a_n$ が収束することと級数 $\displaystyle\sum_{n=1}^{\infty} \operatorname{Log} a_n$ が収束することは同値である.

(2) $\displaystyle\prod_{n=1}^{\infty} a_n$ が収束するとき, $\displaystyle\prod_{n=1}^{\infty} a_n = \exp \sum_{n=1}^{\infty} \operatorname{Log} a_n$ となる.

ここで Log は対数の主値を表す.

**[II] 絶対収束** $\displaystyle\prod_{n=1}^{\infty}(1+|a_n|)$ が収束するとき, 無限乗積 $\displaystyle\prod_{n=1}^{\infty}(1+a_n)$ は**絶対収束**するという. 絶対収束するときは, 無限積の極限は積の順序で変らない.

**命題** $\prod_{n=1}^{\infty}(1+a_n)$ が絶対収束することと級数 $\sum_{n=1}^{\infty}a_n$ が絶対収束することは同値である.

## 解答

$|z|<1$ ならば

㋐
$$\sum_{n=0}^{\infty}|z|^{2^n}<\sum_{n=0}^{\infty}|z|^n=\frac{1}{1-|z|}<\infty$$

㋐ $|z|+|z|^2+|z|^4+\cdots$ $<1+|z|+|z|^2+|z|^3+|z|^4$

となるから, $\prod_{n=0}^{\infty}(1+z^{2^n})$ は絶対収束する.

次に $p_n(z)=\prod_{\nu=0}^{n}(1+z^{2^\nu})$ とおく.

$$p_0(z)=1+z,\qquad p_1(z)=1+z+z^2+z^3,$$
$$p_2(z)=1+z+z^2+z^3+z^4+z^5+z^6+z^7$$

より,

$$p_n(z)=\sum_{\nu=0}^{2^{n+1}-1}z^\nu$$

となると予想される. ㋑ $n=0$ のときは上の計算より明らか. ㋑ $n>0$ とし $n-1$ までの成立を仮定するとき,

㋑ 数学的帰納法.

$$p_n(z)=p_{n-1}(z)(1+z^{2^n})=(1+z^{2^n})\sum_{\nu=0}^{2^n-1}z^\nu$$
$$=\sum_{\nu=0}^{2^n-1}z^\nu+\sum_{\nu=0}^{2^n-1}z^{2^n+\nu}$$
$$=\sum_{\nu=0}^{2^n-1}z^\nu+\sum_{\nu=2^n}^{2^n+2^n-1}z^\nu=\sum_{\nu=0}^{2^{n+1}-1}z^\nu$$

となる. したがって数学的帰納法より任意の $n$ について上の等式が成立する. ここで $n\to\infty$ とすれば

☞ 無限の積が収束するかどうかは, 級数の和により判定できる.

$$\prod_{n=0}^{\infty}(1+z^{2^n})=\sum_{\nu=0}^{\infty}z^\nu=\frac{1}{1-z}.$$

**問題 60　無限乗積 (2)**　標準

次の等式を証明せよ．

$$\sin z = z\prod_{n=1}^{\infty}\left\{\left(1-\frac{z}{n\pi}\right)e^{z/n\pi}\right\}\left\{\left(1+\frac{z}{n\pi}\right)e^{-z/n\pi}\right\}$$
$$= z\prod_{n=1}^{\infty}\left(1-\frac{z^2}{n^2\pi^2}\right)$$

**解説**　**因数分解定理**　代数学の基本定理（問題 03）より整式（＝多項式）は 1 次式の積に因数分解できたが，実は整関数（＝複素平面全体で正則な関数）も因数分解することができる．非負整数 $n$ に対し

$$E(u;n) = \begin{cases} 1-u & (n=0) \\ (1-u)\exp\sum_{\kappa=1}^{n}\dfrac{u^{\kappa}}{\kappa} & (n>0) \end{cases}$$

とおく（これを**ワイエルシュトラスの素因子**という）．

**定理**（ワイエルシュトラスの因数分解定理）複素数列 $\{a_\nu\}_{\nu=1}^{\infty}$ が 0 を含まず，

$$|a_1| \leq |a_2| \leq \cdots \leq |a_\nu| \leq \cdots, \qquad \lim_{\nu\to\infty}|a_\nu| = \infty$$

となるとする．

(i)　適当な自然数列 $\{n_\nu\}_{\nu=1}^{\infty}$ をとるとき，任意の正数 $R$ に対し

$$\sum_{\nu=1}^{\infty}\left(\frac{R}{|a_\nu|}\right)^{n_\nu+1} < +\infty$$

となるならば，関数 $f(z) = \prod_{\nu=1}^{\infty}E(\frac{z}{a_\nu};n_\nu)$ は整関数となり，$\{a_\nu\}_{\nu=1}^{\infty}$ は $f$ の零点全体の集合と一致する．特に $a$ が零点のとき，$a$ の位数は $a=a_\nu$ となる $\nu$ の個数と一致する．

(ii)　$\{a_\nu\}_{\nu=1}^{\infty}$ を（重複を込めた）零点の全体とし，原点での零点の位数が $m$ であるような整関数は，適当な自然数列 $\{n_\nu\}_{\nu=1}^{\infty}$ および整関数 $g(z)$ を用いて

$$f(z) = z^m e^{g(z)}\prod_{\nu=1}^{\infty}E\left(\frac{z}{a_\nu};n_\nu\right)$$

と表される．

**解答**

$\sin z$ の 0 以外の零点の全体は $\{a_\nu\}_{\nu=1,2,\ldots}$ $(a_{2\nu-1}=\nu\pi,$ $a_{2\nu}=-\nu\pi,\ \ \nu=1,2,\ldots)$ となる．　また各 $\nu$ に対し

$n_\nu = 1$ とすると，任意の正数 $R$ に対し

$$\sum_{\nu=1}^{\infty}\left(\frac{R}{a_\nu}\right)^{1+1} = \sum_{\nu=1}^{\infty}\left(\frac{R^2}{a_{2\nu-1}^2}+\frac{R^2}{a_{2\nu}^2}\right)$$
$$= \sum_{\nu=1}^{\infty} 2\frac{R^2}{\nu^2\pi^2} = \frac{R^2}{3} < \infty$$

となることに注意する．また $z=0$ は $\sin z$ の 1 位の零点だから，㋐因数分解定理より $\sin z$ は

$$\sin z$$
$$= z e^{g(z)} \prod_{\nu=1}^{\infty}\left\{\left(1+\frac{z}{a_{2\nu-1}}\right)e^{z/a_{2\nu-1}}\right\}$$
$$\times\left\{\left(1+\frac{z}{a_{2\nu}}\right)e^{z/a_{2\nu}}\right\}$$
$$= z e^{g(z)} \prod_{\nu=1}^{\infty}\left\{\left(1-\frac{z}{\nu\pi}\right)e^{z/\nu\pi}\right\}\left\{\left(1+\frac{z}{\nu\pi}\right)e^{-z/\nu\pi}\right\}$$

$(g(z)$ は整関数$)$ $\cdots$ ①

という形に表される．$g(z)$ を求めるために，①の $z$ に $\pi z$ を代入してから両辺の対数微分をとると

$$(\log\sin\pi z)' = \pi\frac{\cos\pi z}{\sin\pi z} = \pi\cot\pi z$$
$$= \left\{\log\pi z + g(\pi z) + \sum_{\nu=1}^{\infty}\log\left\{\left(1-\frac{z}{\nu}\right)e^{z/\nu}\right\}\right.$$
$$\left. + \sum_{\nu=1}^{\infty}\log\left\{\left(1+\frac{z}{\nu}\right)e^{-z/\nu}\right\}\right\}'$$
$$= \frac{1}{z} + g'(\pi z) + \sum_{\nu=1}^{\infty}\left(\frac{1}{z-\nu}+\frac{1}{\nu}\right) + \sum_{\nu=1}^{\infty}\left(\frac{1}{z+\nu}-\frac{1}{\nu}\right)$$

$\pi\cot\pi z$ の部分分数展開（問題 58）と比較して $g'(\pi z)=0$，すなわち $g(z)$ は定数関数となる．$z\to 0$ のとき，①より $\dfrac{\sin z}{z} \to e^{g(0)}$．一方，$\dfrac{\sin z}{z} \to 1$ だから $e^{g(0)} = 1$．したがって問題の第 1 の等式を得る．また

$$\left(1-\frac{z}{\nu\pi}\right)e^{z/\nu\pi}\cdot\left(1+\frac{z}{\nu\pi}\right)e^{-z/\nu\pi} = 1-\frac{z^2}{\nu^2\pi^2}$$

より第 2 の等式を得る．

㋐ 解説を参照．

**練習問題**　解答は 203 ページから　04

1　$f(z)=1/(e^z-1)$ の原点を中心とするローラン展開は次の形で与えられる事を示せ.

$$\frac{1}{z}-\frac{1}{2}+\sum_{n=1}^{\infty}(-1)^{n-1}\frac{B_n}{(2n)!}z^{2n-1} \qquad (B_n \text{ は定数}).$$

2　カソラチ・ワイエルシュトラスの定理（問題 52 参照）を示せ.

3　$\mathbb{S}=\{(x,y,z):x^2+y^2+z^2=1\}$ をリーマン球面とする. このとき次の複素平面内の図形の立体射影 $p:\mathbb{C}\to\mathbb{S}$ による像を求めよ.

(1)　単位円盤 $U_1(0)$

(2)　実軸 $\mathbb{R}$

(3)　円環領域 $D=\{z\in\mathbb{C}:\frac{1}{2}<|z|<2\}$

(4)　直線

4　(円周に関する鏡像の原理)　$C$ を $a$ を中心とする半径 $R>0$ の円とする. 点 $z, z^*$ について $(z-a)\overline{(z^*-a)}=R^2$ が成り立つとき, $z^*$ を $z$ の円 $C$ に関する**鏡像点**という（問題 73 参照）. 以下の問に答えよ.

(1)　$C$ がアポロニウスの円 $|z-p|=k|z-q|$（第 1 章演習問題 12 参照）によって与えられるとき, $q$ は $p$ の鏡像点となることを示せ.

(2)　任意の一次分数変換 $f(z)=\dfrac{az+b}{cz+d}$ $(ad-bc\neq 0)$ について, 円周 $C$ に関して鏡像の位置にある 2 点 $p, q$ の像 $f(p), f(q)$ が共に $\infty$ ではないとき, $f(q)$ は円周 $f(C)$ に関する $f(p)$ の鏡像点であることを示せ.

5　任意の $z$ に対し $\dfrac{\pi^2}{\sin^2 \pi z} = \displaystyle\sum_{n=-\infty}^{\infty} \frac{1}{(z-n)^2}$ が成り立つことを示せ.

6　任意の $z$ に対し $\cos z = \displaystyle\prod_{n=1}^{\infty} \left(1-\frac{4z^2}{(2n-1)^2\pi^2}\right)$ が成り立つことを示せ.

# *Chapter* 5

# 留数定理とその応用

**問題 61 留数定理 (1)** 基本

次の留数を求めよ．log, $\sqrt{\ }$ は主値とする．

(1) $\displaystyle\operatorname*{Res}_{z=\pi}\frac{\cos z}{e^{iz}+1}$　(2) $\displaystyle\operatorname*{Res}_{z=0}\frac{\log(1+z)}{z^2}$　(3) $\displaystyle\operatorname*{Res}_{z=1}\frac{z^\alpha}{\sqrt{z}-1}$

(4) $\displaystyle\operatorname*{Res}_{z=1}\left(\frac{z+1}{z-1}\right)^4$　(5) $\displaystyle\operatorname*{Res}_{z=\infty}\frac{z}{z^2+1}$　(6) $\displaystyle\operatorname*{Res}_{z=0}\ ze^{\frac{1}{z}}$

**解 説** 積分路で囲まれた領域の中に孤立特異点が存在すると周回積分は 0 にならない場合がある．積分の値に影響を及ぼすのが留数である．

**[I] 留数** 関数 $f(z)$ の孤立特異点 $z=a$ を中心とするローラン展開

$$f(z) \;=\; \cdots+\frac{\alpha_{-2}}{(z-a)^2}+\frac{\alpha_{-1}}{z-a}+\alpha_0+\alpha_1(z-a)+\cdots$$

の $(z-a)^{-1}$ の係数を $f(z)$ の $z=a$ における**留数**といい，

$$\alpha_{-1}=\operatorname*{Res}_{z=a}f(z)=\operatorname{Res}(f(z);a)$$

などと記す．

**[II] 留数の計算方法** ある条件下で留数は次のように計算される：

(i) $z=a$ が $f(z)$ の $n$ 位の極のとき，

$$(z-a)^n f(z) \;=\alpha_{-n}+\cdots+\alpha_{-2}(z-a)^{n-2}+\underline{\alpha_{-1}(z-a)^{n-1}}+\cdots$$

となるので，これを $n-1$ 回微分し，$z\to a$ とすれば留数が取り出せる：

$$\operatorname*{Res}_{z=a}f(z)=\frac{1}{(n-1)!}\lim_{z\to a}\frac{d^{n-1}}{dz^{n-1}}(z-a)^{n-1}f(z)$$

(ii) $f(z)=\dfrac{p(z)}{q(z)}$，$z=a$ が $q(z)$ の 1 位の零点，かつ $p(a)\neq 0$ となるとき，

$$\lim_{z\to a}(z-a)f(z) \;=\lim_{z\to a}\frac{p(z)}{\frac{q(z)-q(a)}{z-a}}=\frac{p(z)}{\lim\limits_{z\to a}\frac{q(z)-q(a)}{z-a}}$$

より

$$\operatorname*{Res}_{z=a}f(z)=\frac{p(a)}{q'(a)}$$

**[III] 無限遠点での留数** $z=\infty$ が孤立特異点になっているとき，留数定理（次問の解説を参照せよ）を鑑みて，$\infty$ での留数を次で定める：

$$\operatorname*{Res}_{z=\infty}f(z)=-\operatorname*{Res}_{\zeta=0}\frac{f(1/\zeta)}{\zeta^2}$$

($z=1/\zeta$ とする)

## 解 答

(1) $z=0$ は ㋐1 位の極だから,

$$\operatorname*{Res}_{z=\pi}\frac{\cos z}{e^{iz}+1}=\lim_{z\to\pi}(z-\pi)\frac{\cos z}{e^{iz}+1}$$

$$=\lim_{z\to\pi}\frac{\cos z}{㋑\, ie^{iz}}=-i \qquad \cdots (答)$$

㋐ $e^{iz}=e^{i\pi}\cdot e^{i(z-\pi)}$
$=(-1)(1+\frac{i(z-\pi)}{1!}+\cdots)$
$\therefore e^{iz}+1$
$=(z-\pi)\{1+\cdots\}.$

㋑ 解説 [II](ii).

(2) マクローリン展開 $\log(1+z)=z-\dfrac{z^2}{2}+\dfrac{z^3}{3}-\cdots$

より $\operatorname*{Res}_{z=0}\frac{\log(1+z)}{z^2}=1 \qquad \cdots (答)$

(3) $z=1$ は 1 位の極だから,

$$\operatorname*{Res}_{z=1}\frac{z^\alpha}{\sqrt{z}-1}=\lim_{z\to1}(z-1)\frac{z^\alpha}{\sqrt{z}-1}$$

$$=\lim_{z\to1}e^{\alpha\log z}(\sqrt{z}+1)=㋒\,2e^{2\pi n i\alpha}\quad (n \text{ は整数})$$

$\cdots$ (答)

㋒ $\log 1=2\pi ni$
($n$ は整数).
問 28 解説 [II] 参照.

(4) $z=1$ は 4 位の極だから

$$\operatorname*{Res}_{z=1}\left(\frac{z+1}{z-1}\right)^4=㋓\,\lim_{z\to1}\frac{1}{3!}\frac{d^3}{dz^3}\left\{(z-1)^4\left(\frac{z+1}{z-1}\right)^4\right\}$$

$$=\lim_{z\to1}\frac{1}{3!}\frac{d^3(z+1)^4}{dz^3}=8 \qquad \cdots (答)$$

㋓ 解説 [II].

(5) $z=1/\zeta$ とおくとき,

$$\operatorname*{Res}_{z=\infty}\frac{z}{z^2+1}=㋔\,-\operatorname*{Res}_{\zeta=0}\frac{1}{\zeta^2}\frac{1/\zeta}{(1/\zeta)^2+1}$$

$$=-\operatorname*{Res}_{\zeta=0}\frac{1}{\zeta(1+\zeta^2)}$$

$$=-\lim_{\zeta\to0}\frac{1}{1+\zeta^2}=-1 \qquad \cdots (答)$$

㋔ 解説 [III].

(6) ㋕指数関数のマクローリン展開より

$$ze^{\frac{1}{z}}=z+1+\frac{1}{2!z}+\frac{1}{3!}z^2+\cdots$$

だから $\operatorname*{Res}_{z=0}\ ze^{\frac{1}{z}}=\frac{1}{2!}=\frac{1}{2} \qquad \cdots (答)$

㋕
$e^z=1+z+\dfrac{z^2}{2!}+\cdots$

☞ 留数の計算には, 高階導関数, および, 基本的な関数のマクローリン展開を利用する.

**問題　62　留数定理 (2)**　基本

次の積分を求めよ．ただし $C$ は $|z|=3$ とする．

(1) $\displaystyle\int_C \frac{z}{z^2-z-2}dz$　　(2) $\displaystyle\int_C \frac{z\cos z}{(z-i)^2}dz$

(3) $\displaystyle\int_C \frac{z}{(z^2+1)(z^2+16)}dz$　　(4) $\displaystyle\int_C ze^{\frac{1}{z}}dz$

**解 説**　**[I]　留数定理**　留数定理について学ぶ．

**〈留数定理〉**　$C$ を単一閉曲線とする．関数 $f(z)$ が $C$ の内部にある有限個の特異点 $a_1, a_2, \ldots, a_n$ を除いて $C$ および $C$ の内部で正則であるとする．このとき次式が成り立つ：

$$\frac{1}{2\pi i}\int_C f(z)dz = \operatorname*{Res}_{z=a_1} f(z) + \operatorname*{Res}_{z=a_2} f(z) + \cdots + \operatorname*{Res}_{z=a_n} f(z)$$

（**証明**）下図のように，特異点 $a_1, a_2, \ldots, a_n$ を中心とする，互いに重ならないような十分小さい円周 $C_1, C_2, \ldots, C_n$ を $C$ の内部にとる．ここで関数 $f(z)$ は $C$ および $C_1, C_2, \ldots, C_n$ で囲まれた多重連結領域で正則だから，

$$\int_C f(z)dz = \int_{C_1} f(z)dz + \int_{C_2} f(z)dz + \cdots + \int_{C_n} f(z)dz.$$

各円周上の積分は留数により $\displaystyle\int_{C_j} f(z)dz = 2\pi i \operatorname*{Res}_{z=a_j} f(z)$ と表されるから，

$$\int_C f(z)dz = 2\pi i \operatorname*{Res}_{z=a_1} f(z) + 2\pi i \operatorname*{Res}_{z=a_2} f(z) + \cdots + 2\pi i \operatorname*{Res}_{z=a_n} f(z)$$

となる．

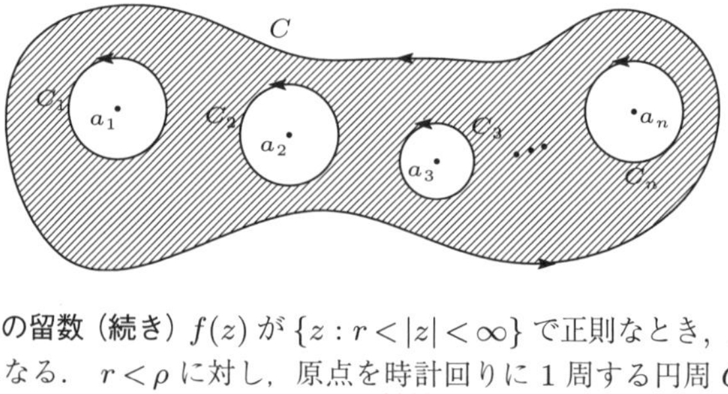


**[II]　無限遠点での留数（続き）**　$f(z)$ が $\{z : r<|z|<\infty\}$ で正則なとき，$z=\infty$ は $f(z)$ の孤立特異点になる．$r<\rho$ に対し，原点を時計回りに 1 周する円周 $C : |z|=\rho$ は，$\zeta=1/z$ とおけば $C' : |\zeta|=1/\rho$ は $\zeta=0$ を中心とする反時計回りの円周となり，

$$\int_C f(z)dz = \int_{C'} f(1/\zeta)\left(-\frac{1}{\zeta^2}\right)d\zeta$$

となる．したがって前問で定義した $z=\infty$ での留数を用いれば，同じ形の留数定理が成立する．

## 解答

(1) $f(z) = \dfrac{z}{z^2-z-2} = \dfrac{z}{(z+1)(z-2)}$ とおく．円 $C$ の内部の特異点は $z=-1, 2$ でいずれも 1 位の極である．

$$\operatorname*{Res}_{z=-1} f(z) = \left.\frac{z}{2z-1}\right|_{z=-1} = \frac{1}{3}, \quad ㋐$$

$$\operatorname*{Res}_{z=2} f(z) = \left.\frac{z}{2z-1}\right|_{z=2} = \frac{2}{3} \quad ㋐$$

㋐ 問題 61 解説 [II](ii) 参照.

だから，留数定理より

$$\int_C f(z)dz = 2\pi i\left\{\operatorname*{Res}_{z=-1} f(z) + \operatorname*{Res}_{z=2} f(z)\right\} = 2\pi i$$

…（答）

(2) $f(z) = \dfrac{z\cos z}{(z-i)^2}$ とおく．円 $C$ の内部にある特異点は $z=i$ で 2 位の極．

$$\begin{aligned}\operatorname*{Res}_{z=i} f(z) &= \lim_{z\to i}\frac{d}{dz}(z-i)^2 f(z)\\ &= \lim_{z\to i}\frac{d}{dz}(z\cos z)\\ &= \lim_{z\to i}(\cos z - z\sin z)\\ &= \cos i - i\sin i = e^{-i^2} = e. \quad ㋑\end{aligned}$$

㋑ $e^{i\theta} = \cos\theta + i\sin\theta$, $e^{-i\theta} = \cos\theta - i\sin\theta$, より $\cos i - i\sin i$ $e^{-i\cdot i} = e$.

留数定理より $\displaystyle\int_C f(z)dz = 2\pi e i$ …（答）

(3) $f(z) = \dfrac{z}{(z^2+1)(z^2+16)}$ ㋒ とおく．円 $C$ の内部にある特異点は $z=\pm i$ で 1 位の極．

㋒ $(z^2+1)(z^2+16)$ $= (z+1)(z-1)(z+4i)(z-4i)$ $z = \pm 4i$ は円 C の外部の点.

$$\begin{aligned}\operatorname*{Res}_{z=i} f(z) &= \lim_{z\to i}(z-i)f(z)\\ &= \lim_{z\to i}\frac{z}{(z+i)(z^2+16)} = \frac{1}{30},\end{aligned}$$

$$\begin{aligned}\operatorname*{Res}_{z=-i} f(z) &= \lim_{z\to i}(z+i)f(z)\\ &= \lim_{z\to i}\frac{z}{(z-i)(z^2+16)} = \frac{1}{30}.\end{aligned}$$

留数定理より $\displaystyle\int_C f(z)dz = 2\pi i\left(\tfrac{1}{30}+\tfrac{1}{30}\right) = \frac{2\pi}{15}i$ …（答）

(4) $f(z) = ze^{\frac{1}{z}}$ とおく．円 $C$ の内部にある特異点は $z=0$ のみ．前問より $\operatorname*{Res}_{z=0} f(z) = \frac{1}{2}$ だから，留数定理より $\displaystyle\int_C ze^{\frac{1}{z}}dz = 2\pi i\cdot\frac{1}{2} = \pi i$ …（答）

☞ 留数定理は工学系の応用数学でも利用される．留数関数によって，特異点を含む関数 $f(z)$ の複素積分が可能になった．

**問題 63　実積分への応用 (1)**　基本

次の定積分を留数定理を用いて求めよ．

(1)　$I=\displaystyle\int_0^{2\pi}\frac{1}{\sin^2\theta+3}d\theta$　　(2)　$I=\displaystyle\int_0^{2\pi}\cos^{2n}\theta d\theta$

**解説**　留数を用いて複素積分を求めることは学んだが，ここでは実関数の積分を複素積分に直して，留数定理を利用する方法を学ぶ．

〈タイプ 1〉　$I=\displaystyle\int_0^{2\pi}R(\cos\theta,\sin\theta)d\theta$

$f(X,Y)$ は次の 2 条件をみたすとする：

(a)　$R(X,Y)=\dfrac{p(X,Y)}{q(X,Y)}$ は 2 変数の有理式（$p(X,Y),q(X,Y)$ は 2 変数 $X,Y$ の多項式）．

(b)　次の関数 $f$ は単位円周 $|z|=1$ 上極を持たない：

$$f(z)=\frac{1}{iz}R\left(\frac{1}{2}\left(z+\frac{1}{z}\right),\ \frac{1}{2i}\left(z-\frac{1}{z}\right)\right).$$

このとき単位円（に反時計回りの向きをつけたもの）を $C$ とすると，

$$I=\int_0^{2\pi}R(\cos\theta,\sin\theta)d\theta=\int_C f(z)dz \qquad \cdots ①$$

実際，$z=e^{i\theta}$ とおくと

$$\cos\theta=\frac{1}{2}(e^{i\theta}+e^{-i\theta})=\frac{1}{2}(z+z^{-1})=\frac{1}{2}\left(z+\frac{1}{z}\right),$$

$$\sin\theta=\frac{1}{2i}(e^{i\theta}-e^{-i\theta})=\frac{1}{2i}(z-z^{-1})=\frac{1}{2i}\left(z-\frac{1}{z}\right),$$

$$dz=ie^{i\theta}d\theta=izd\theta,\qquad d\theta=\frac{1}{iz}dz$$

だから，これらを $I$ に代入すれば①の右辺を得る．$f$ は $z$ の有理関数だから，単位円で囲まれた領域内の極での留数を計算すれば，$sI$ が求められる．

**解答**

(1)　$C:|z|=1,\ z=e^{i\theta}\ (0\leq\theta\leq 2\pi)$ とおけば

$$I=\int_C \frac{1}{\underbrace{\left\{\frac{1}{2i}\left(z-\frac{1}{z}\right)\right\}^2+3}_{㋐}}\cdot\frac{1}{iz}dz$$
$$=-\frac{4}{i}\int_C \frac{z}{\underbrace{(z^2-1)^2-12z^2}_{㋑}}dz$$
$$=-\frac{4}{i}\int_C \frac{z}{(z^2+4z+1)(z^2-4z+1)}dz.$$

$f(z)=\dfrac{z}{(z^2+4z+1)(z^2-4z+1)}$ とおく．分母をさらに因数分解すると

$$分母=\{z-(-2+\sqrt{3})\}\{z-(-2-\sqrt{3})\}$$
$$\times\{z-(2+\sqrt{3})\}\{z-(2-\sqrt{3})\}$$

だから, 円 $C$ の内部にある ㋒ 特異点は $z=-2+\sqrt{3}$ と $z=2-\sqrt{3}$ で，いずれも 1 位の極である．

$$\underset{z=-2+\sqrt{3}}{\mathrm{Res}}\,f(z)=\lim_{z\to-2+\sqrt{3}}\{z-(-2+\sqrt{3})\}f(z)$$
$$=\frac{-2+\sqrt{3}}{2\sqrt{3}\cdot(-4)\cdot 2(-2+\sqrt{3})}=-\frac{\sqrt{3}}{48},$$

$$\underset{z=2-\sqrt{3}}{\mathrm{Res}}\,f(z)=\lim_{z\to 2-\sqrt{3}}\{z-(2-\sqrt{3})\}f(z)$$
$$=\frac{2-\sqrt{3}}{2(2-\sqrt{3})\cdot 4\cdot 2(-2\sqrt{3})}=-\frac{\sqrt{3}}{48},$$

留数定理より求める積分は

$$I=-\frac{4}{i}\cdot 2\pi i\left(-\frac{\sqrt{3}}{48}-\frac{\sqrt{3}}{48}\right)=\frac{\sqrt{3}}{3}\pi \qquad \cdots(答)$$

(2) $C:|z|=1$ とする．$z=e^{i\theta}\ \ (0\leq\theta\leq 2\pi)$ とおけば

$$I=\int_C \underbrace{\left(\frac{1}{2}\left(z+\frac{1}{z}\right)\right)^{2n}}_{㋓}\cdot\frac{1}{iz}dz$$
$$=\frac{1}{2^{2n}i}\sum_{k=0}^{2n}{}_{2n}C_k\underbrace{\int_C z^{2k-2n-1}dz}_{㋔}$$
$$=\frac{{}_{2n}C_n}{2^{2n}i}\cdot 2\pi i=2\pi\frac{1\cdot 2\cdot 3\cdot 4\cdots(2n-1)\cdot(2n)}{(2\cdot 4\cdots(2n))^2}$$
$$=2\pi\frac{1\cdot 3\cdot 5\cdots(2n-1)}{2\cdot 4\cdot 6\cdots(2n)} \qquad \cdots(答)$$

㋐ 被積分関数は

$$\frac{1}{i}\cdot\frac{1}{\left\{3-\frac{1}{4}\left(z-\frac{1}{z}\right)\right\}z}$$
$$=-\frac{4}{i}\frac{z}{(z^2-1)^2-12z^3}$$

㋑ 分母を変形すると

分母

$$=(z^2+1)^2-16z^2$$
$$=(z^2+1)^2-(4z)^2$$
$$=(z^2+1-4z)$$
$$\times(z^2+1-4z)$$

㋒

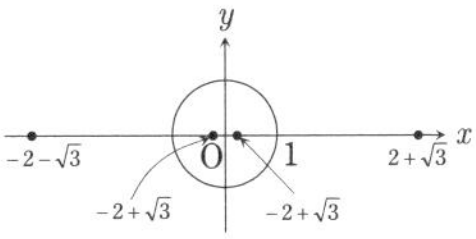


㋓ 2 項定理より

$$\left(z+\frac{1}{z}\right)^{2n}$$
$$=(z+z^{-1})^{2n}$$
$$=\sum_{k=0}^{2n}{}_{2n}C_k z^k\cdot\overline{z}^{(2n-k)}$$
$$=\sum_{k=0}^{2n}{}_{2n}C_k z^{(2k-2n)}.$$

㋔ $k=n$ 以外は 0.
（問題 27(1)(i)）

☞ 実関数の積分は，そのタイプによっては複素積分の直すと上手く解けるものがある．その際，留数定理を用いる．

**問題 64 実積分への応用 (2)** 基本

次の定積分を留数定理を用いて求めよ（$a, b, c$ は $b^2-4ac<0$ となる実数とする）.

(1) $I=\displaystyle\int_{-\infty}^{\infty}\frac{dx}{ax^2+bx+c}$　　　(2) $I=\displaystyle\int_{-\infty}^{\infty}\frac{1}{x^6+1}dx$

**解説** 留数を利用して実関数の無限積分 $\displaystyle\int_{-\infty}^{\infty}f(x)dx=\lim_{R\to\infty}\int_{-R}^{R}f(x)dx$（正確には“コーシーの主値”）を計算する.

一般に関数 $f(z)$ が

(a) 実軸上に特異点を持たない.
(b) $|z|\to\infty$ のとき $|z||f(z)|\to 0$.
(c) 上半平面上で有限個の孤立特異点 $a_1, a_2, \ldots, a_n$ を除いて正則.

という 3 条件をみたすとき，次が成り立つ：

$$\int_{-\infty}^{\infty}f(x)dx=2\pi i\sum_{k=1}^{n}\operatorname*{Res}_{z=a_k}f(z)$$

〈**タイプ 2**〉 有理関数 $f(z)=\dfrac{p(z)}{q(z)}$（$p(z), q(z)$ は多項式）の無限積分.

(a) 任意の実数 $x$ に対し $q(x)\neq 0$.
(b) ($q(x)$ の次数) $\geq$ ($p(x)$ の次数)+2
(c) 上半平面 $a_1, a_2, \ldots, a_n$ が $f(x)$ の特異点（自動的に極となる）の全体.

をみたせば，$f(z)$ は上の条件をみたす.

上の等式を導くには右図のように，原点を中心として，実軸に十分大きい直径 $R>0$ を持つ半円周 $C_1$ とその直径 $C_2$ を合わせた積分路 $C$ を考える．このとき

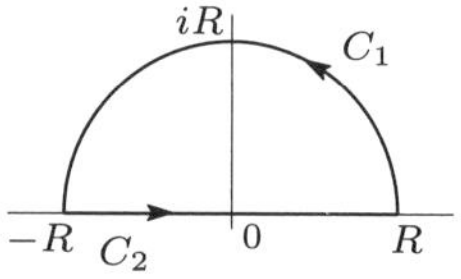


(1) 留数定理より $\displaystyle\int_C f(z)dz=2\pi i\sum_{k=1}^{n}\operatorname*{Res}_{z=a_k}f(z)$.

(2) $C_1$ を $z=Re^{i\theta}$ $(0\leq\theta\leq\pi)$ と表せば，仮定 (b) より

$$\left|\int_{C_1}f(z)dz\right|\leq\int_0^{\pi}|f(Re^{i\theta})Re^{i\theta}|d\theta\ \to 0\quad (R\to\infty).$$

(3) $\left|\displaystyle\int_{C_2}f(x)dx-\int_C f(z)dz\right|=\left|\displaystyle\int_{C_1}f(z)dz\right|$ より $R\to\infty$ とすれば上の等式が得ら

れる．

## 解答

(1) $f(z)=\dfrac{1}{az^2+bz+c}$ とおく．$f(z)$ は（分母の次数）＝（分子の次数 +2）であり，

$$\alpha=\frac{-b+i\sqrt{4ac-b^2}}{2a}\ (a>0),\ \frac{-b-i\sqrt{4ac-b^2}}{2a}\ (a<0)$$

とおけば，$f(z)$ は上半平面で $\alpha$ のみに 1 位の極を持つ有理関数だから，

$$I=2\pi i\,\operatorname*{Res}_{z=\alpha}f(z)=\frac{2\pi i}{\underset{ア}{a(\alpha-\overline{\alpha})}}.$$

㋐ $a, b, c$ が実数だから $az^2+bz+c=a(z-\alpha)(z-\overline{\alpha})$，したがって

$$\operatorname*{Res}_{z=\alpha}f(z)=\lim_{z\to\alpha}f(z-\alpha)f(z)=\lim_{z\to\alpha}\frac{1}{a(z-\overline{\alpha})}.$$

$a>0$ のとき $a(\alpha-\overline{\alpha})=i\sqrt{4ac-b^2}$，$a<0$ のとき $a(\alpha-\overline{\alpha})=-i\sqrt{4ac-b^2}$ だから，

$$I=\frac{2\pi}{\sqrt{4ac-b^2}}\ (a>0),\quad -\frac{2\pi}{\sqrt{4ac-b^2}}\ (a<0)\quad\cdots（答）$$

(2) $f(z)=\dfrac{1}{z^6+1}$ とおく．このとき

- 分母の次数 $(=6)$ は分子の次数 $+2$ より大きい．
- $z^6+1=0$ の解は$_{㋑}$ $z=e^{\frac{2k+1}{6}\pi i}$ $(k=0,1,\ldots,5)$ であり，上半平面にある $f(z)$ の特異点は $a_1=e^{\frac{\pi}{6}i}$，$a_2=e^{\frac{\pi}{2}i}$，$a_3=e^{\frac{5\pi}{6}i}$ の 3 個．いずれも 1 位の極になる．また実軸上に特異点はない．

㋑ 問題 11 解説．

となる．各特異点での留数

$$\operatorname*{Res}_{z=a_1}f(z)=\frac{1}{6e^{\frac{5\pi}{6}i}}=\frac{1}{6}e^{\frac{7\pi}{6}i},$$
$$\operatorname*{Res}_{z=a_2}f(z)=\frac{1}{6e^{\frac{5\pi}{2}i}}=-\frac{i}{6},$$
$$\operatorname*{Res}_{z=a_2}f(z)=\frac{1}{6e^{\frac{25\pi}{6}i}}=\frac{1}{6}e^{\frac{11\pi}{6}i}$$

と留数定理より

$$I=2\pi i\underset{ウ}{\left(\frac{1}{6}e^{\frac{7\pi}{6}i}-\frac{i}{6}+\frac{1}{6}e^{\frac{11\pi}{6}i}\right)}=\frac{2\pi}{3}\qquad\cdots（答）$$

㋒ $e^{-\frac{5}{6}\pi i}=-\dfrac{\sqrt{3}}{2}-\dfrac{1}{2}i$

$e^{-\frac{\pi}{2}i}=-i$

$e^{-\frac{\pi}{2}i}=\dfrac{\sqrt{3}}{2}-\dfrac{1}{2}i$

☞　実関数の異常積分の中には，複素積分に直すとうまく解けるタイプのものがある．本問はその代表的なものである．しっかり覚えること．

| 問題 | *65* | **実積分への応用 (3)** | 基本 |
|---|---|---|---|

$\xi \in \mathbb{R}$ とする．留数計算を用いて次を示せ．

$$\lim_{R\to\infty}\int_{-R}^{R}\frac{1}{2\pi i}\frac{e^{-i\xi x}}{x+i}dx=\begin{cases}-e^{-\xi} & (\xi>0)\\ 0 & (\xi<0)\end{cases}$$

**解 説**　〈タイプ 3〉　三角関数を含む無限積分（**フーリエ変換**）

(a)　実軸上に特異点を持たない．

(b)　十分大きい $|z|$ に対し $|z||f(z)|\leq M$ となる $M>0$ がとれる．

(c)　上半平面上で有限個の孤立特異点 $a_1, a_2, \ldots, a_n$ を除いて正則．

という 3 条件をみたすとき，次が成り立つ：

$$\int_{-\infty}^{\infty} f(x)\cos\lambda x dx = 2\pi i\sum_{k=1}^{n}\operatorname*{Res}_{z=a_k} f(z)e^{i\lambda z}\ \text{の実部},$$

$$\int_{-\infty}^{\infty} f(x)\sin\lambda x dx = 2\pi i\sum_{k=1}^{n}\operatorname*{Res}_{z=a_k} f(z)e^{i\lambda z}\ \text{の虚部}.$$

上の式を導くために，右図のような矩形状の積分路に沿った積分 $\int_C f(z)e^{i\lambda z}dz$ を考える．$a, b, c>0$ を十分大きくとれば，$f$ の特異点はすべて矩形の内部に属するので，留数定理により

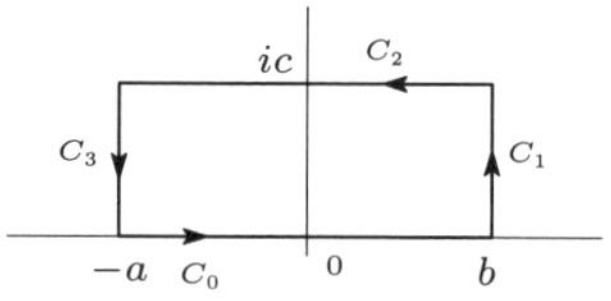


$C = C_0+C_1+C_2+C_3$

$$\int_C f(z)e^{i\lambda z}dz = 2\pi i\sum_{k=1}^{n}\operatorname*{Res}_{z=a_k} f(z)e^{i\lambda z}.$$

次に (b) より

$$\left|\int_{C_1} f(z)e^{i\lambda z}dz\right| \leq \int_0^c |f(b+it)|e^{-\lambda t}dt \leq \int_0^c \frac{M}{|b+it|}e^{-\lambda t}dt$$

$$\leq \frac{M}{b}\int_0^c e^{-\lambda t}dt = \frac{M}{b}\frac{1}{\lambda}(1-e^{-\lambda c}) < \frac{M}{b\lambda}$$

同様の議論により

$$\left|\int_{C_2} f(z)e^{i\lambda z}dz\right| \leq \frac{M}{c}(a+b), \qquad \left|\int_{C_3} f(z)e^{i\lambda z}dz\right| \leq \frac{M}{a\lambda}$$

となる．先に $c\to\infty$ とすれば $\int_{C_2} f(z)e^{i\lambda z}dz \to 0$ であり，その後に $a, b\to\infty$ とすれば，$\int_{C_1} f(z)e^{i\lambda z}dz$，$\int_{C_3} f(z)e^{i\lambda z}dz \to 0$ となる．これらとオイラーの公式より，上の公式を得る．

## 解答

$f(z)=\dfrac{1}{z+i}$ とおく． $|z|\geq 2$ ならば ㋐$\dfrac{|z|}{|z+i|}\leq\dfrac{|z|}{|z|-1}$ $=\dfrac{1}{1-\dfrac{1}{|z|}}\leq 2$，したがって $|f(z)|\leq\dfrac{2}{|z|}$ となる．

㋐ 三角不等式
$|z|\leq|z+i|+|-i|$
$\therefore\ |z|-1\leq|z+i|$.

$\xi>0$ のとき，$m,R>2$ に対し㋑右図のように積分路 $C$ をとるとき，留数定理より

$$\frac{1}{2\pi i}\int_C f(z)e^{-i\xi z}dz=\operatorname*{Res}_{z=-i}f(z)e^{-i\xi z}=e^{-\xi}.$$

㋑

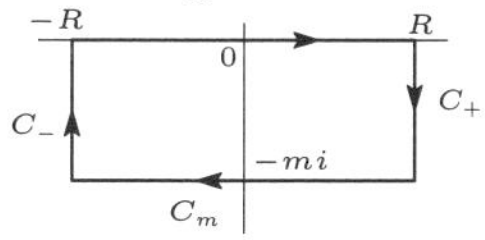


$C_+$ 上で

$$\left|\int_{C_+}f(z)\ e^{-i\xi z}dz\right|\leq\int_{-m}^{0}\text{㋒}|f(R+it)|e^{\xi t}dt$$
$$\leq\frac{2}{R}\int_{-m}^{0}e^{\xi t}dt\leq\ \frac{2}{R\xi}.$$

㋒ $|f(R+it)|$
$\leq\dfrac{2}{|R+it|}\leq\dfrac{2}{R}$.

同様の計算より $C_-$ および㋓$C_m$上で

$$\left|\int_{C_-}f(z)e^{-i\xi z}dz\right|\leq\ \frac{2}{R\xi},$$
$$\left|\int_{C_m}f(z)e^{-i\xi z}dz\right|\leq\ \text{㋔}\frac{4Re^{-m\xi}}{m}$$

㋓ $C_m:z=t-mi$.

㋔ $C_m$ 上の $z$ に対し $|m|\leq|z|$.

だから，$R,m\to\infty$ のとき，各項は 0 となる．

$$\therefore\ \ \tfrac{1}{2\pi i}\int_{-R}^{R}f(x)e^{-\xi x}dx=-\frac{1}{2\pi i}\int_{R}^{-R}f(x)e^{-\xi x}dx$$
$$=-e^{-\xi}+\int_{C_-+C_m+C_+}f(z)e^{-\xi z}dz\ \to\ -e^{-\xi}.$$

$\xi<0$ のとき，$m,R>2$ に対し㋕右図のように積分路 $C$ をとるとき，積分定理より $\int_C f(z)e^{-i\xi z}dz=0$． $C_\pm$ および $C_m$ 上で

㋕

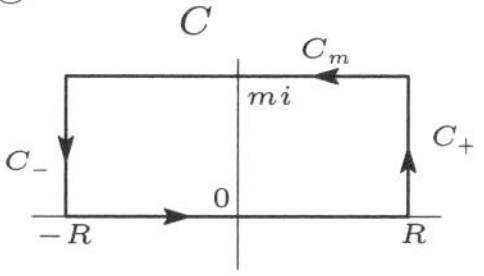


$$\left|\int_{C_\pm}f(z)e^{-i\xi z}dz\right|\leq\ \frac{2}{R|\xi|},$$
$$\left|\int_{C_m}f(z)e^{-i\xi z}dz\right|\leq\frac{4Re^{m\xi}}{m}$$

だから，$R,m\to\infty$ のとき，各項は 0 となる．

$$\therefore\ \ \frac{1}{2\pi i}\int_{-R}^{R}f(x)e^{-\xi x}dx$$
$$=-\int_{C_++C_m+C_-}f(z)e^{-\xi z}dz\ \to\ 0.$$

**問題 66 実積分への応用 (4)** 基本

$a$ を正の実数とする．複素関数 $f(z)=\dfrac{(\log z)^2}{(z+a)^2}$ と，下図 1 に示す閉回路 $C=C_{+}+C_R+C_{-}+C_r$ $(R>a>r>0)$ について考える．ただし $\log z$ は $C_+$ 上で主値をとるものとする．以下の問に答えよ．

(1)　留数定理を用いて線積分 $\displaystyle\oint_C f(z)dz$ を計算せよ．

(2)　積分 $\displaystyle\int_0^\infty \frac{\log x}{(x+a)^2}dx$ の値を計算せよ．

## 解 説　〈タイプ 4〉　多価関数を含む無限積分

有理関数 $f(x)=P(x)/Q(x)$（$P(x), Q(x)$ は実数係数多項式）について

(a)　正の実軸 $x\geq 0$ 上に特異点を持たない．
(b)　$Q(x)$ の次数は $(P(x)$ の次数 $+2)$ より大きい．
(c)　有限個の極 $a_1, a_2, \ldots, a_n$ を除いて正則．

という 3 条件をみたすとする．このとき

$$\int_0^\infty f(x)\log x dx=-\frac{1}{2}\mathrm{Re}\left(\sum_{k=1}^{n}\operatorname*{Res}_{z=a_k} f(z)(\log z)^2\right)\quad\cdots ①$$

上の積分を実行するために右図 1 の積分路を考える．$P, Q$ の次数に関する仮定より $r\to +0$, $R\to +\infty$ のとき

$$\int_{C_r} f(z)dz\to 0,\quad \int_{C_R} f(z)dz\to 0\quad\cdots ②$$

となる．また問題 46 の記号を使うと log は，$C_+$ で $\log x=\mathrm{Log}\, x$，$C_-$ 上で

$$\log x=\underset{\pi}{\log} x=\mathrm{Log}\, x+2\pi i$$

となる（次問の説明に続く）．

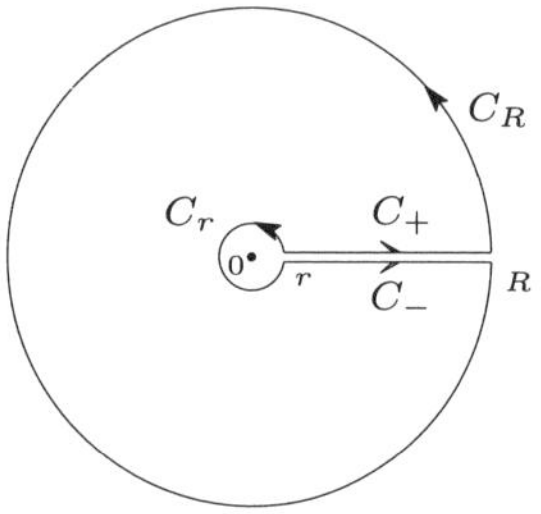


## 解 答

(1)　$z=-a$ は $f(z)$ の 2 位の極だから留数定理より

$$\begin{aligned}\oint_C f(z)dz &=2\pi i\operatorname*{Res}_{z=-a} f(z)\\ &=2\pi i\lim_{z\to -a}\frac{d}{dz}(z+a)^2 f(z)\end{aligned}$$

$$= 2\pi i \lim_{z \to -a} \underset{㋐}{2\frac{\log z}{z}} = \frac{4\pi^2}{a} - 4\pi i \frac{\log a}{a} \quad \cdots \text{(答)}$$

㋐ $\left((\log z)^2\right)' = \dfrac{2\log z}{z}$.

(2) 原点を中心とする半径 $R$ の円周上で $|\log z|^2 \leq$ ㋑$(\log R)^2 + 4\pi^2$. $2a < R$ となる $R$ について $\dfrac{1}{(R-a)^2} < \dfrac{4}{R^2}$ となるから

$$\left|\int_{C_R} \frac{(\log z)^2}{(z+a)^2} dz\right| \leq \underset{㋒}{\frac{2\pi R}{(R-a)^2}}((\log R)^2 + 4\pi^2)$$

$$\leq \frac{8\pi}{R}((\log R)^2 + 4\pi^2) \underset{R \to \infty}{\longrightarrow} 0.$$

㋑ $C_R$ 上で $z = Re^{i\theta}(0 \leq \theta < 2\pi)$ だから $\log z = \log R + i\theta$.

㋒ 三角不等式より $|z| \leq |z+a| + |-a|$, $|z| - a \leq |z+a|$.

$2r < a$ となる $r > 0$ について同様な議論を行えば，原点を中心とする半径 $r$ の円周上で

$$\left|\int_{C_r} \frac{(\log z)^2}{(z+a)^2} dz\right| \leq \frac{2\pi r}{(a-r)^2}((\log r)^2 + 4\pi^2)$$

$$\leq \frac{8\pi r}{a^2}((\log r)^2 + 4\pi^2) \underset{r \to +0}{\longrightarrow} 0$$

となる．$C_+$ 上で

$$\lim_{\substack{r \to +0 \\ R \to \infty}} \int_{C_+} f(z) dz = \int_0^\infty \frac{(\log x)^2}{(x+a)^2} dx.$$

一方，$C_-$ 上，$\log z$ は主値 $\log x$ の 0 を中心とする反時計回りの円周に沿った解析接続だから，特に実軸上で $\log z = \log x + 2\pi i$ となる事に注意すれば，

$$\lim_{\substack{r \to +0 \\ R \to \infty}} \int_{C_-} f(z) dz = -\int_0^\infty \frac{(\log x + 2\pi i)^2}{(x+a)^2} dx.$$

(1) の結果と以上の議論より $r \to 0+0$, $R \to \infty$ とすれば

$$\int_0^\infty \frac{(\log x)^2}{(x+a)^2} dx - \int_0^\infty \frac{(\log x + 2\pi i)^2}{(x+a)^2} dx$$

$$= 4\pi^2 \int_0^\infty \frac{dx}{(x+a)^2} - 4\pi i \int_0^\infty \frac{\log x}{(x+a)^2} dx$$

$$= \frac{4\pi^2}{a} - 4\pi i \frac{\log a}{a}.$$

虚部を比較すれば $\displaystyle\int_0^\infty \frac{\log x}{(x+a)^2} dx = \frac{\log a}{a}$ となる．$\cdots$ (答)

☞ 積分の計算において，関数の多値性は障害ではなく，有用なツールの 1 つとなる．次問も参照してください．

**問題 67 実積分への応用 (5)** 基本

$0<a<1$ とするとき，次の積分の値を求めよ．

$$\int_0^\infty \frac{x^{a-1}}{1+x}dx$$

**解 説** （前問の解説の続き） 前問の解説の図の $C_+, C_-$ 上の積分は

$$\left(\int_{C_+}+\int_{C_-}\right) f(z)(\log x)^2 dz = \int_r^R f(x)(\log x)^2 dx + \int_R^r f(x)(\log x + 2\pi i)^2 dx$$
$$= -4\pi i\int_r^R f(x)\log x dx - 4\pi^2\int_r^R f(x)dx$$

となる．両辺を $4\pi i$ で割り，前問の②と留数定理を使えば，

$$2\pi i\sum_{k=1}^{n}\operatorname*{Res}_{z=a_k} f(z)(\log z)^2 = -4\pi i\int_0^\infty f(x)\log x dx - 4\pi^2\int_0^\infty f(x)dx$$

となり，①を得る．

べき関数 $x^s = e^{s\log x}$ を含む無限積分も前問の積分路 $C$ 上の線積分を使って計算できる．

有理関数 $f(x)=P(x)/Q(x)$ （$P(x), Q(x)$ は実数係数多項式）について

(a) 正の実軸 $x \geq 0$ 上に特異点を持たない．
(b) $Q(x)$ の次数は（$P(x)$ の次数 $+2$）より大きい．
(c) 有限個の極 $a_1, a_2, \ldots, a_n$ を除いて正則．

という 3 条件をみたすとき，$0<s<1$ となる $s$ に対し次が成り立つ：

$$\int_0^\infty f(x)x^s dx = \frac{2\pi i}{1-e^{2\pi is}}\sum_{k=1}^{n}\operatorname*{Res}_{z=a_k} z^s f(z)$$

ここで $C_+$ 上で $x^s = \exp(s\mathrm{Log}\, x)$ とする．このとき $C_-$ 上では

$$x^s = \exp(s\underset{\pi}{\log} x) = \exp(s(\mathrm{Log}\, x + 2\pi i)) = e^{2\pi is}\exp(s\mathrm{Log}\, x)$$

となる事に注意する．

**解 答**

$f(z) = 1/z(z+1)$ とする．原点を中心とし，$0<r<1<R$ を半径とする円周を $C_r$, $C_R$ と記とき，問題 66 の解説の図のような積分路 $C$ に沿った積分を考える．

$$\frac{1}{2\pi i}\int_C z^a f(z)dz = \operatorname*{Res}_{z=1} z^a f(z)$$

$$= \lim_{z\to -1}\frac{z^a}{z} = -e^{\pi ia}.$$

$C_+$ 上での $z$ の偏角を 0 とするとき，$C_R$ に沿って原点を 1 周した後の $C_-$ 上での $z$ の偏角は $2\pi$ となるから，

$$\int_C z^a f(z)dz = \int_r^R \frac{x^{a-1}}{1+x}dx + \int_{C_R} z^a f(z)dz$$

$$\underbrace{-e^{2\pi ia}\int_r^R \frac{x^{a-1}}{1+x}dx}_{\text{㋐}} - \int_{C_\varepsilon} z^a f(z)dz$$

$$= (1-e^{2\pi ia})\int_r^R \frac{x^{a-1}}{1+x}dx$$

$$+\int_{C_R} z^a f(z)dz - \int_{C_\varepsilon} z^a f(z)dz.$$

㋐　$z\in C_-$ のとき
$\log z = \log|z| + 2\pi i$
だから
$z^a = e^{(a\log|z|+2\pi i)}$
$= e^{2\pi ia}e^{a\log x}$
$= e^{2\pi ia}x^a.$

$0<a<1$ より円周 $C_R$, $C_r$ 上でそれぞれ

$$\left|\int_{C_R} z^a f(z)dz\right| = \underbrace{\left|\int_0^{2\pi}\frac{R^a e^{ai\theta}}{Re^{i\theta}(1+Re^{i\theta})}Rie^{i\theta}d\theta\right|}_{\text{㋑}}$$

$$\le \underbrace{\int_0^{2\pi}\frac{R^a}{|1+Re^{i\theta}|}d\theta}_{\text{㋒}}$$

$$\le \frac{2\pi}{1-\dfrac{1}{R}}R^{a-1} \longrightarrow 0 \qquad (R\to\infty),$$

$$\left|\int_{C_\varepsilon} z^a f(z)dz\right| = \underbrace{\left|\int_0^{2\pi}\frac{r^a e^{ai\theta}}{re^{i\theta}(1+re^{i\theta})}rie^{i\theta}d\theta\right|}_{\text{㋓}}$$

$$\le \frac{2\pi}{1-r}r^a \longrightarrow 0 \qquad (r\to 0+0)$$

㋑　$C_R$ 上で
$z = Re^{i\theta}$,
$dz = Rie^{i\theta}$.

㋒
積分の三角不等式より
$|㋑| \le$
$\displaystyle\int_0^{2\pi}\left|\frac{R^a e^{ai\theta}}{Re^{i\theta}(1+Re^{i\theta})}Rie^{i\theta}\right|$
$d\theta$.

㋓　$C_r$ 上で
$z = re^{i\theta}$,
$dz = rie^{i\theta}d\theta$.

となるから，留数定理の結果と併せて

$$(1-e^{2\pi ia})\int_0^\infty \frac{x^{a-1}}{1+x}dx = -2\pi ie^{\pi ia}$$

$$\therefore\quad \int_0^\infty \frac{x^{a-1}}{1+x}dx = \frac{2\pi i}{e^{\pi ia}-e^{-\pi ia}} = \frac{\pi}{\sin\pi a} \qquad \cdots(答)$$

**問題 68　偏角の原理 (1)**　標準

関数 $f(z)$ は閉正方形 $K := \{z = x+iy \mid 0 \leq x \leq 1,\ 0 \leq y \leq 1\}$ の近傍で定義された有理型関数で，$K$ の境界上には極も零点もなく，条件

$$f(x+i) = f(x), \qquad f(1+iy) = f(iy) \qquad (0 \leq x \leq 1,\ 0 \leq y \leq 1)$$

をみたすとする．

(1)　$f(z)$ が $K$ の内部にただ 1 つの極を持つなら，その位数は 2 以上であることを証明せよ．

(2)　$f(z)$ が $K$ の内部にただ 1 つの零点を持つなら，その位数は 2 以上であることを証明せよ．

**解説**　**偏角の原理**　$a$ が $f(z)$ が $n$ 位の零点ならば $f(z) = (z-a)^n g(z)$　$(g(a) \neq 0)$ と表される．このとき

$$\frac{f'(z)}{f(z)} = \frac{n(z-a)^{n-1}g(z)+(z-a)^n g'(z)}{(z-a)^n g(z)} = \frac{n}{z-a}+\frac{g'(z)}{g(z)}$$

となる．$a$ を中心とする十分小さい円 $C$ をとれば $\dfrac{g'(z)}{g(z)}$ は正則となり，コーシーの積分定理より

$$\int_C \frac{f'(z)}{f(z)}dz = \int_C \frac{n}{z-a}dz+\int_C \frac{g'(z)}{g(z)}dz = n \cdot 2\pi i$$

となる．$a$ が $n$ 位の極のとき，$f(z) = \dfrac{g(z)}{(z-a)^n}$　$(g(a) \neq 0)$ と表して上と同様の議論を施せば $\displaystyle\int_C \frac{f'(z)}{f(z)}dz = -n \cdot 2\pi i$ となる．この考察と留数定理（問題 62）の証明の議論を合わせて次の定理を得る：

**偏角の原理**　$f(z)$ を領域 $D$ 上の定数ではない有理型関数，$C$ を $D$ 内の単一閉曲線とする．$C$ の内部が $D$ に含まれ，$C$ 上に $f(z)$ の零点も極もないとし，

$N$ : $C$ の内部に含まれる零点の個数
　　(= 零点の位数の和)，
$P$ : $C$ の内部に含まれる極の個数
　　(= 零点の位数の和)

とすれば，次が成り立つ：

$$\frac{1}{2\pi i}\int_C \frac{f'(z)}{f(z)}dz = N-P \qquad \cdots ①$$

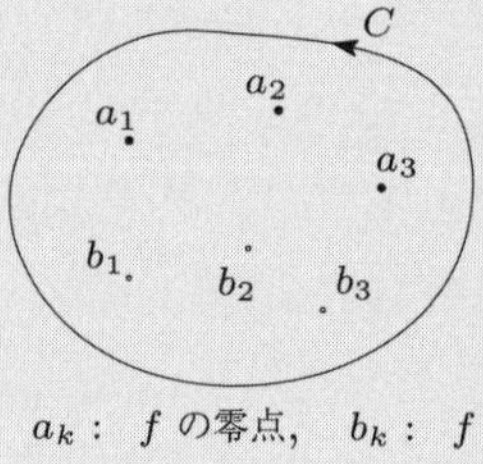


$a_k$ : $f$ の零点，　$b_k$ : $f$ の極

$C : z = z(t)$，$w = f(z(t))$ のとき，$\displaystyle\int_\Gamma \frac{dw}{w} = \int_a^b \frac{f'(z(t))dz}{f(z(t))} = \int_C \frac{f'(z)}{f(z)}dz$ となる．

したがって①の左辺の積分は曲線 $\Gamma : w = f(z(t))$ が原点を何回周回しているかを表すことになる．

## 解 答

(1)　$w = 1+i$ とおく．$K$ の内部の点 $p$ でただ一つの極を持つとし，留数を $a$ とする．留数定理と仮定より

$$
\begin{aligned}
2\pi i a &= \int_{\partial K} f(z)dz \\
&= \int_{\overrightarrow{01}} f(z)dz + \int_{\overrightarrow{1w}} f(z)dz \\
&\quad + \int_{\overrightarrow{wi}} f(z)dz + \int_{\overrightarrow{i0}} f(z)dz \\
&= \int_0^1 f(x)dx + \int_0^1 f(1+iy)idy \\
&\quad + \int_0^1 f(1-x+i)(-dx) + \int_0^1 f((1-y)i)(-i)dy \\
&= \int_0^1 f(x+i)dx + i\int_0^1 f(iy)dy \\
&\quad - \underbrace{\int_0^1 f(u+i)du}_{㋐} - \underbrace{i\int_0^1 f(vi)dv}_{㋑} = 0.
\end{aligned}
$$

㋐　$u = 1-x$ とおく．

㋑　$v = 1-y$ とおく．

$z = p$ が 1 位の極だとすると $f(z) = \dfrac{a}{z-p} + g(z)$（$g$ は $K$ の近傍で正則）と表されるが，$a = 0$ より $f(z)$ は $K$ で正則となり仮定に反する．したがって $p$ は 2 位以上の極である．

(2)　仮定と $f' = f_x$ ㋒ である事より

㋒　$f = u+iv$ のとき $f_x = u_x + iv_x$（$x$ に関する偏微分）．

$$
\begin{aligned}
f'(x+i) &= \lim_{h\to 0} \frac{f(x+h+i) - f(x+i)}{h} \\
&= \lim_{h\to 0} \frac{f(x+h) - f(x)}{h} = f'(x).
\end{aligned}
$$

同様に $f'(1+iy) = f'(iy)$ となるから $f'/f$ は再び $f$ と同じ条件を満たす $K$ の近傍に於ける有理型関数となる．$f$ の零点と極の (重複を込めた) 個数をそれぞれ $N,P$ とすれば，偏角の原理と (1) と同様の計算により

$$
N - P = \int_{\partial K} \frac{f'(z)}{f(z)} dz = 0.
$$

従って $N = P$ となる．$f(z)$ が $K$ の内部に唯一つの零点を持つとき，仮にその零点の位数が 1 だとすると $P = 1$，即ち $f$ は $K$ の内部に唯一つの位数 1 の極がある事になるが，これは (1) の主張に反する．

**問題 69　偏角の原理 (2)　標準**

(1) 次の関数 $f$ に対して，積分　$J=\dfrac{1}{2\pi i}\displaystyle\int_{|z|=3}\dfrac{f'(z)}{f(z)}dz$　の値を求めよ．

(i)　$\dfrac{(z+6)^3z^4e^{iz}}{(z+5)^6(z+2)^4(z-1)^{10}}$　　(ii)　$\dfrac{e^{3\pi z}-1}{e^{4\pi z}+1}$

(2) 次の多項式の付記の領域に於ける零点の個数を求めよ．

(i)　$z^4+z^3+z^2+1$　$(|z|<2)$　　(ii)　$z^4-6z+3$　$(1<|z|<2)$

**解説**　(1) は偏角の原理を，(2) は以下で説明する“ルーシェの定理”をつかう．

**ルーシェの定理**　偏角の原理を正則関数に適用すれば次が成立する：

**ルーシェの定理**　$f(z),g(z)$ は領域 $D$ 上の正則関数とし，$D$ 内の単一閉曲線 $C$ の内部は $D$ に含まれるとする．$C$ 上で $|f(z)|>|g(z)|$ のとき，次が成立する：

$C$ の内部の $f(z)+g(z)$ の零点の個数 $=$ $C$ の内部の $f(z)$ の零点の個数

ここで零点の個数は零点の位数の和を表す．

（証明）　仮定より $C$ 上で $|f(z)|>0$，$|f(z)+g(z)|\geq|f(z)|-|g(z)|>0$ となり，特に $f,f+g$ は $C$ 上で $0$ にならない．次に $h(z)=1+\dfrac{g(z)}{f(z)}$ とおく．$f(z)+g(z)=f(z)h(z)$ であり，

$$
\begin{aligned}
\frac{f'(z)+g'(z)}{f(z)+g(z)}&=\frac{d\log(f(z)+g(z))}{dz}\\
&=\frac{d(\log f(z)}{dz}+\frac{d\log h(z))}{dz}=\frac{f'(z)}{f(z)}+\frac{h'(z)}{h(z)}
\end{aligned}
$$

となる．今，曲線 $C$ の $h$ による像となる曲線 $\Gamma: w=h(C)$ について，$|h(z)-1|=\left|\dfrac{g(z)}{f(z)}\right|<1$，すなわち $\Gamma$ は $1$ を中心とする単位円内にあるから，コーシーの積分定理より $\displaystyle\int_C\frac{h'(z)}{h(z)}dz=\int_\Gamma\frac{dw}{w}=0$ となる．よって

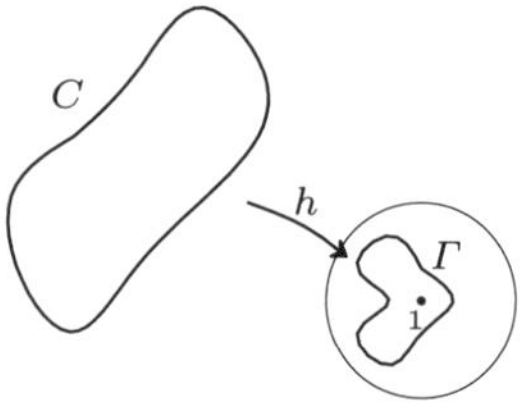


$$
\int_C\frac{f'(z)+g'(z)}{f(z)+g(z)}dz=\int_C\frac{f'(z)}{f(z)}dz+\int_C\frac{h'(z)}{h(z)}dz=\int_C\frac{f'(z)}{f(z)}dz.
$$

したがって，偏角の原理より $f(z)$ と $f(z)+g(z)$ の零点の個数が一致することになる．

## 解答

(1) (i) $|z|<3$ に含まれる $f$ の零点は $z=0$ (4 位), 極は $z=1$ (10 位), $z=-2$ (4 位) だから, 偏角の原理より $J=4-(10+4)=-10$ $\cdots$ (答)

(ii) $z=x+iy$ とするとき,

$e^{3\pi z}=e^{3\pi x}(\cos 3\pi y+i\sin 3\pi y)$ だから, 領域 $|z|<3$ 内で

$$
\begin{aligned}
& e^{3\pi z-1}-1=0 \\
\Leftrightarrow\ & \underset{㋐}{\underline{\sin 3\pi y=0 \text{ かつ } e^{3\pi x}\cos 3\pi y=1}} \\
\Leftrightarrow\ & z=\frac{2m}{3}i \quad (m=0,\pm 1,\ldots,\pm 4).
\end{aligned}
$$

それぞれ $e^{3\pi z-1}-1$ の 1 位の零点である. 一方, $e^{4\pi z}=e^{4\pi x}(\cos 4\pi y+i\sin 4\pi y)$ だから, 領域 $|z|<3$ 内で

$$
\begin{aligned}
& e^{4\pi z-1}+1=0 \\
\Leftrightarrow\ & \underset{㋑}{\underline{\sin 4\pi y=0 \text{ かつ } e^{4\pi x}\cos 4\pi y=-1}} \\
\Leftrightarrow\ & z=\frac{2m+1}{4}i \quad (m=0,\pm 1,\ldots,\pm 5,-6).
\end{aligned}
$$

それぞれ $e^{4\pi z-1}+1$ の 1 位の零点である. したがって偏角の原理より $J=9-12=-3$ $\cdots$ (答)

(2) (i) $|z^4-1|\geq 2^4-1=15$, $|z^3+z^2+2|\leq 2^3+2^2+2=14$ より $|z^4-1|>|z^3+z^2+2|$. ルーシェの定理より $|z|<2$ における $z^4+z^3+z^2+1$ と $z^4-1$ の零点の個数は一致する. $z^4-1=(z-1)(z+1)(z-i)(z+i)$ より $|z|<2$ における $z^4+z^3+z^2+1$ の零点の個数は 4 である. $\cdots$ (答)

(ii) 円周 $|z|=1$ 上で $|z^4+3|\leq 1^4+3=4<|-6z|$ となるから, ルーシェの定理より $z^4-6z+3$ は領域 $|z|<1$ で零点を 1 個持つ. 再び $|z|=1$ 上で

$|z^4-6z+3|\geq|6z|-|z^4+3|\geq 6|z|-|z|^4-3=2>0$ だから $|z|=1$ 上の零点は無い.

次に $|z|=2$ だとすると $|-6z+3|\leq 6|z|+3\leq 15<16=|z^4|$ だからルーシェの定理より $z^4-6z+3$ は領域 $|z|<2$ で零点を 4 個持つ.

したがって領域 $1<|z|<2$ で $z^4-6z+3$ は 3 個の零点を持つ. $\cdots$ (答)

㋐ 前者より
$3\pi y=m\pi$
$(m=0,\ \pm 1,\ \pm 2,\ldots)$.
$\cos 3\pi y=\cos m\pi$
$=(-1)^m$
と $e^x>0$ より $x=0$
および
$m=0,\ \pm 2,\ \pm 4,\ldots$
したがって, $z=\dfrac{2m}{3}i$.

㋑ 前者より
$4\pi y=m\pi$
$(m=0,\ \pm 1,\ \pm 2,\ldots)$.
$\cos 4\pi y=\cos m\pi$
$=(-1)^m$
と $e^x>0$ より $x=0$
および
$m=0,\ \pm 1,\ \pm 3,\ldots$

**問題 70 ラプラス変換** 標準

数直線上の区間 $[0,\infty)$ で定義された関数 $f$ に対して，$F(s)$ を次で決める：

$$F(s)=\int_0^\infty f(t)e^{-st}dt.$$

(1) $f$ は $[0,\infty)$ の任意の有限部分区間で積分可能，かつ $|f(t)|\le Me^{\lambda t}$ となる正数 $M>0$ と実定数 $\lambda$ が存在するとき，$F$ は領域 $\{\mathrm{Re}\,s>\lambda\}$ で広義一様絶対収束することを示せ.

(2) (1) の関数 $f$ が微分可能，かつ導関数が連続なとき，次が成り立つことを示せ.

$$\int_0^\infty f'(t)e^{-st}dt=sF(s)-f(0).$$

(3) $F$ は領域 $\{\mathrm{Re}\,s>\lambda\}$ で正則であって，導関数は次で与えられることを示せ.

$$F'(s)=-\int_0^\infty tf(t)e^{-st}dt.$$

(4) $\displaystyle\int_0^\infty \sin t\,e^{-st}dt=\frac{1}{s^2+1}$ であることを既知として，次の $f(t)$ に対する $F(s)$ を求めよ.

(i) $f(t)=\cos t$ (ii) $f(t)=t^2\sin t$

**解説** **ラプラス変換** 0 以上の実数 $t$ について定義された関数 $f$ に対し積分

$$\mathcal{L}[f](s)=\int_0^\infty f(t)e^{-st}dt$$

により定義される $s$ の関数 $\mathcal{L}[f](s)$ を $f$ の**ラプラス変換**という．制御工学や電気回路などに現れる線形システム等，数学に限らず，工学でも頻繁に利用される（応用例などについては, 例えば『弱点克服 大学生のフーリエ解析』を参照せよ）．問題 (3) に見るように，$\mathcal{L}[f](s)$ は収束する範囲の内部で，複素数 $s$ の関数として正則となる.

**解答**

(1) $|f(t)e^{-st}|\le Me^{-(\mathrm{Re}\,s-\lambda)t}$ であって，$\mathrm{Re}\,s>\lambda$ のとき，

$$\int_0^\infty e^{-(\mathrm{Re}\,s-\lambda)t}dt=\frac{1}{\mathrm{Re}\,s-\lambda}<\infty$$

となるから，㋐ $F(s)$ は広義一様絶対収束する.

(2) 任意の $0<R<\infty$ をとる．部分積分より

㋐ 有限区間上の積分 $F_R(s)=\int_0^R f(t)e^{-st}dt$ と $R\to\infty$ のときの極限 $F(s)$ について，各 $s$ の周辺で収束する速さが一様なとき，$F_R$ は $F$ に“広義一様収束する”という.

$$\int_0^R f'(t)e^{-st}dt$$
$$=f(R)e^{-sR}-f(0)-\int_0^R f(t)(-se^{-st})dt.$$

$f$ に対する仮定より

$$|f(R)e^{-sR}| \leq Me^{\lambda R}e^{-\mathrm{Re}\,sR} = Me^{(\lambda-\mathrm{Re}\,s)R}$$

だから $\displaystyle\lim_{R\to\infty} f(R)e^{-sR}=0$．よって

$$\int_0^\infty f'(t)e^{-st}dt$$
$$=\lim_{R\to\infty} f(R)e^{-sR}-f(0)+s\int_0^\infty f(t)e^{-st}dt$$
$$=sF(s)-f(0).$$

(3) $G(s)=-\displaystyle\int_0^\infty tf(t)e^{-st}dt$ とおけば，任意の $\delta>0$ に対し $\delta t \leq \displaystyle\sum_{n=0}^{\infty}\frac{(\delta t)^n}{n!}=e^{\delta t}$ より $|tf(t)| \leq Mte^{\lambda t} \leq \dfrac{M}{\delta}e^{(\lambda+\delta)t}$ だから，領域 $\{\mathrm{Re}\,s>\lambda+\delta\}$ で広義一様収束する．$\delta$ は任意だから，$G(s)$ は領域 $\{\mathrm{Re}\,s>\lambda\}$ で広義一様収束する．この領域内の点 $s, s_0$ について

$$\int_{s_0}^s G(s)ds=-\int_{s_0}^s\left(\int_0^\infty tf(t)e^{-st}dt\right)ds$$
$$=\int_0^\infty f(t)\int_{s_0}^s(-t)e^{-st}dsdt$$
$$=\int_0^\infty f(t)(e^{-st}-e^{-s_0t})dt=F(s)-F(s_0).$$

$$\therefore\quad F'(s)=G(s)=-\int_0^\infty tf(t)e^{-st}dt.$$

(4) (i) $\cos t=(\sin t)'$ と (2) より

$$\int_0^\infty \cos te^{-st}dt=s\cdot\frac{1}{s^2+1}-\sin(0)=\frac{s}{s^2+1}.$$

(ii) (3) より

$$\int_0^\infty t\sin te^{-st}dt=-\left(\frac{1}{s^2+1}\right)'=\frac{2s}{(s^2+1)^2},$$
$$\int_0^\infty t^2\sin te^{-st}dt=-\frac{d}{ds}\int_0^\infty t\sin te^{-st}dt$$
$$=-\left(\frac{2s}{(s^2+1)^2}\right)'=\frac{6s^2-2}{(s^2+1)^3}$$

…（答）

| 問題 | 71 | ブロムウィッチ積分 | 標準 |
|---|---|---|---|

関数 $F(s)=\dfrac{s+4}{s(s^2+4s+8)}$ の逆ラプラス変換を次の指示に従って求めよ．

(1) 部分分数展開を用いて求めよ．ただし次の事実は既知とする：

(a) $\mathcal{L}[f(t)](s)=F(s)$ のとき，$\mathcal{L}[e^{at}f(t)](s)=F(s-a)$.

(b) $\mathcal{L}[1](s)=\dfrac{1}{s}$，$\mathcal{L}[\cos at](s)=\dfrac{s}{s^2+a^2}$ となる．

(2) $F(s)$ の留数を用いて $F(s)$ の逆ラプラス変換を求めよ．

**解説** **[I] 逆ラプラス変換** 複素数 $s$ の関数 $F(s)$ が与えられたとき，$\mathcal{L}[f](s)=F(s)$（前問参照）となる $t\geq 0$ 上の関数 $f(t)$ を $F$ の**逆ラプラス変換**という．$F(s)$ に対する $f(t)$ が複数存在する場合は物理的な条件などを課すことで一つに定める．$s$ の関数が具体的に与えられるとき，通常，その逆ラプラス変換は変換表と変換規則を使って求める．

**[II] ブロムウィッチ積分** 複素数 $s$ の関数 $F(s)$ が与えられるとき，その逆ラプラス変換 $f(t)$ は次の複素積分で求めることができる：

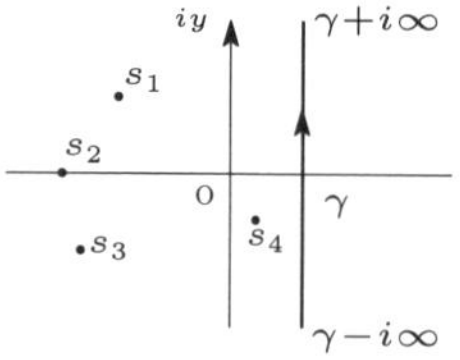


$$f(t)=\frac{1}{2\pi i}\int_{\gamma-i\infty}^{\gamma+i\infty}F(s)e^{st}ds$$

ここで $\gamma$ は $F(s)$ が領域 $\{\mathrm{Re}\,s\geq\gamma\}$ で正則となるような実数とする．

$F(s)$ の孤立特異点が有限個 $s_1,\dots,s_n$ で，右図のような閉曲線 $C$ で囲まれた領域内にあるとき，次の周回積分でラプラス逆変換 $f(t)$ を求めることができる：

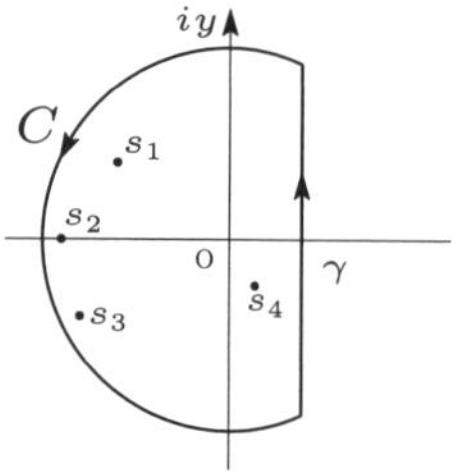


$$f(t)=\frac{1}{2\pi i}\oint_C F(s)e^{st}ds=\sum_{k=1}^{n}\operatorname*{Res}_{s=s_k}F(s)e^{st}$$

実際，半径を限りなく大きくすると，下のジョルダンの補助定理によって円周部分の積分が 0 に近づくので，その極限はブロムウィッチ積分となる．

**[III] ジョルダンの補助定理** 半径を無限に大きくして円上の積分を消去するために，次の補助定理が利用できる：

**ジョルダンの補助定理**　$F(s)$ について $t>0$ かつ

$\displaystyle\lim_{|s|\to\infty} F(s) = 0$ ならば 次が成立する：

$$\lim_{R\to\infty}\int_C F(s)e^{st}ds = 0.$$

ここで $C$ は右図の半円を表す.

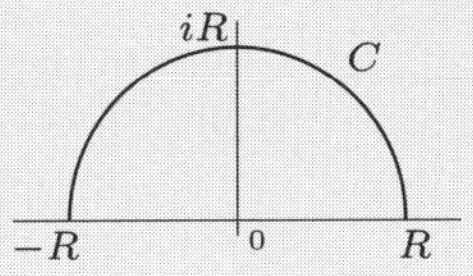


例えば有理関数 $F(s) = \dfrac{P(s)}{Q(s)}$ の分母の多項式の次数が分子の多項式の次数より真に大きいならば $\displaystyle\lim_{|s|\to\infty} F(s) = 0$ となる.

## 解答

(1) $F(s) = \dfrac{A}{s} + \dfrac{Bs+C}{s^2+4s+8}$ （$A$, $B$, $C$ は定数）とすると,

$$F(s) = \frac{A(s^2+4s+8)}{s(s^2+4s+8)} + \frac{s(Bs+C)}{s(s^2+4s+8)}$$
$$= \frac{(A+B)s^2+(4A+C)s+8A}{s(s^2+4s+8)}$$

より $A+B = 0$, $4A+C = 1$, $8A = 4$. したがって $A = \dfrac{1}{2}$, $B = -\dfrac{1}{2}$, $C = -1$.

$$\mathcal{L}[f(t)](s) = F(s) = \frac{\frac{1}{2}}{s} + \frac{-\frac{1}{2}s-1}{s^2+4s+8}$$
$$= \frac{1}{2}\frac{1}{s} - \frac{1}{2}\frac{s+2}{(s+2)^2+2^2}$$
$$= \frac{1}{2}\mathcal{L}[1](s) - \frac{1}{2}\mathcal{L}[e^{-2t}\cos 2t](s)$$
$$= \mathcal{L}\left[\frac{1}{2} - \frac{1}{2}e^{-2t}\cos 2t\right](s)$$

したがって $f(t) = \dfrac{1}{2} - \dfrac{1}{2}e^{-2t}\cos 2t$ …（答）

(2) $F(s)$ の孤立特異点は㋐ $s = 0, -2 \pm 2i$ のみで，すべて 1 位の極となる. $\displaystyle\operatorname*{Res}_{s=0} F(s)e^{st} = \frac{1}{2}$ であり,

$$\operatorname*{Res}_{s=-2\pm 2i} F(s)e^{st} = \lim_{s\to -2\pm 2i} \frac{s+4}{s(s-(-2\mp 2i))}e^{st}$$
$$= -\frac{1}{4}e^{(-2\pm 2i)t}$$

だから,

$$f(t) = \frac{1}{2} - \frac{1}{4}e^{(-2+2i)t} - \frac{1}{4}e^{(-2-2i)t} = \frac{1}{2} - \frac{1}{2}e^{-2t}\cos 2t$$

…（答）

㋐ $s^2+4s+8 = (s+2-2i)(s+2+2i)$

## 練習問題 解答は 205 ページから 05

1 複素数 $z$ の複素数値関数 $f(z) = \dfrac{z}{1+z^2}$ について，次の問に答えよ．

(1) $f(z)$ のマクローリン展開を求めよ．

(2) $f(z)$ の $\{z \in \mathbb{C} : 0 < |z-i| < 2\}$ におけるローラン展開を求めよ．

(3) $i$ を中心とし，半径 1 の円を正の向きに一周する曲線 $C$ に沿っての $f(z)$ の積分を求めよ．

2 次の問に答えよ．

(1) 複素積分 $\displaystyle\int_C \frac{e^{2iz}}{z^2+1}dz$ の値を求めよ．ただし，$C$ は図のような複素平面上を反時計回りに一周する半円形の閉じた経路とする．

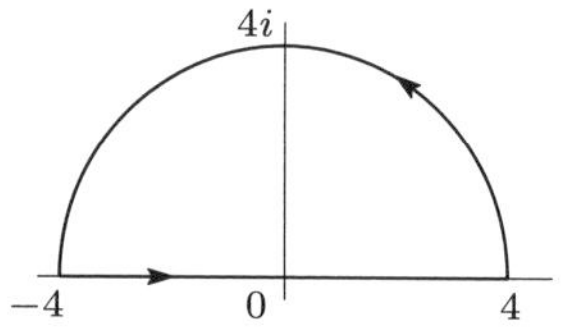


(2) 実数の積分 $\displaystyle\int_0^\infty \frac{\cos 2x}{x^2+1}dx$ の値を求めよ．

3 $z$ を複素数とする．複素平面上の経路 $C$ に沿う積分 $\displaystyle\int_C \frac{e^{az}}{1+e^z}dz \quad (0<a<1)$ について次の問に答えよ．

(1) 積分路 $C$ を 4 点 $-R,\ R,\ R+2\pi i,\ -R+2\pi i \ (R>0)$ を頂点とする長方形にとるとき，$C$ で囲まれる領域内にある特異点，およびその点における留数を求めよ．

(2) $\displaystyle\int_{-\infty}^\infty \frac{e^{ax}}{1+e^x}dx \quad (0<a<1)$ を求めよ．

4 次の定積分の値を求めよ．

(1) $\displaystyle\int_0^{2\pi} \frac{\sin^2\theta}{1-2a\cos\theta+a^2}d\theta \quad (0<a<1)$

(2) $\displaystyle\int_0^\pi \frac{d\theta}{1-2a\cos\theta+a^2} \quad (0<a<1)$

5　$f$ を領域 $D$ 上の正則関数とし，$\omega \in \mathbb{C}$，$z_0 \in D$ とする．$z_0$ が $f(z)-\omega$ の $k$ 位の零点，すなわち $z_0$ の周辺で $f(z)-\omega = (z-z_0)^k g(z)$，$g(z_0) \neq 0$ となる正則関数 $g(z)$ がとれるとき，$|w-\omega| < \rho$ となる任意の $w$ について $f(z) = w$，$|z-z_0| < \delta$ となる $z$ が必ず $k$ 個あるような正数 $\delta, \rho$ がとれることを示せ．

6　定数ではない正則関数は開集合を開集合に移し，領域を領域に移す（領域保存の法則）．

7　$z$ 平面の Jordan 曲線 $C : z = z(t)$　$(t_0 \leq t \leq t_1)$ の上とその内部 $D$ で正則な関数 $w = f(z)$ による $C$ の像 $\mathit{\Gamma} : w = f(z(t))$　$(t_0 \leq t \leq t_1)$ が $w$ 平面の Jordan 曲線になるとき，$f$ によって $D$ は $\mathit{\Gamma}$ の内部 $\mathit{\Delta}$ に一対一に移される事を示せ（ダルブーの定理）．

# *Chapter* 6

# 発展的な話題

**問題 72 解析接続 (1)** 標準

(1) 単位円盤 $U_1(0)$ 上で定義された正則関数 $f(z)=\sum_{k=0}^{\infty}\frac{(-1)^k}{2k+1}z^{2k+1}$ は領域 $D=\mathbb{C}-\{iy\in\mathbb{C}:\pm y\geq 1\}$ 上に解析接続されることを示せ.

(2) $U_1(0)$ 上の正則関数 $f(z)=\sum_{n=1}^{\infty}\frac{z^n}{n}$ と $U_1(2)$ 上の正則関数 $g(z)=i\pi+\sum_{n=1}^{\infty}\frac{(-1)^n}{n}(z-2)^n$ は共通の解析接続を持つことを示せ.

**解説** **解析接続** $f(z)$ を領域 $D$ で定義された正則関数とする. $D\subsetneq D_1$ となる領域 $D_1$ とその上の正則関数 $f_1(z)$ で $f_1(z)=f(z)$ $(z\in D)$ となるとき, $f_1$ を $f$ の領域 $D_1$ への**解析接続**といい, このとき $f$ は $D_1$ 上に解析接続されるという. 一致の定理から $f$ に対し $f_1$ は一意に決まる.

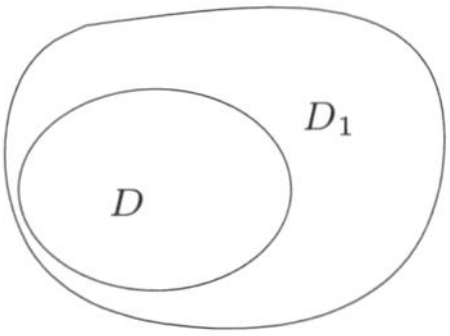


**例** 等比級数 $f(z)=\sum_{n=0}^{\infty}z^n$ は原点を中心とする単位円 $D$ 上で正則関数を定義する (発散するので級数の形では $D$ の外部で関数にならない). その和, $f_1(z)=\frac{1}{1-z}$ は領域 $D_1=\{z\in\mathbb{C}:z\neq 1\}$ 上の正則関数であり, 特に $D$ 上 $f_1(z)=f(z)$ となるから, $f(z)$ は $D_1$ 上に解析接続される.

領域 $D_0, D_1$ 上で定義された正則関数 $f_0, f_1$ が $D_0\cap D_1$ の点 $a$ を含む領域 $\Delta$ で一致するとき, $f_0$ と $f_1$ は $a$ において同値だといい, これを $f_0\sim f_1$ $(a)$ と書く. またこのとき $f_1$ を $f_0$ の**直接接続**という.

一方, 領域 $D_0, D_n$ 上で定義された正則関数 $f_0, f_n$ に対し,

$$f_0\sim f_1\ (a_1),\ f_1\sim f_2\ (a_2),\ \ldots,\ f_{n-1}\sim f_n\ (a_n)$$

となる $D_k$ 上の正則関数 $f_k$ $(k=1,\ldots,n-1)$ があるとき, $f_n$ を $f_0$ の**間接接続**という. このとき

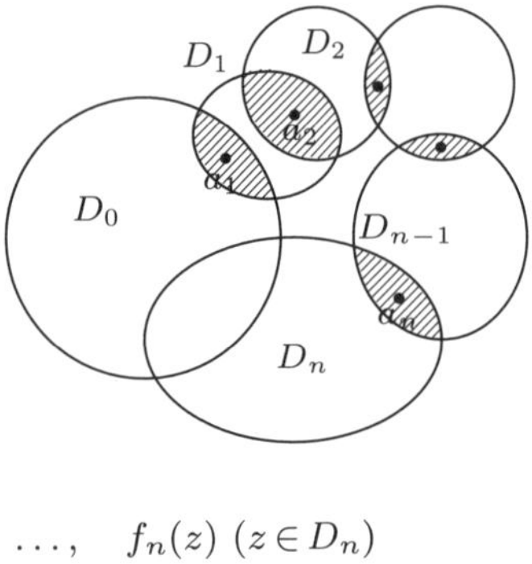


$$f(z)=\ f_0(z)\ (z\in D_0),\quad f_1(z)\ (z\in D_1),\quad \ldots,\quad f_n(z)\ (z\in D_n)$$

により定義される領域 $D_0\cup D_1\cup\cdots\cup D_n$ 上の関数 $f(z)$ を（ワイエルシュトラスの意味の）**解析関数**という（“解析的”（問題 24）と似ているが, 別の概念）. このようにして構成された $f$ は一般に多価関数となる（上の $D_0, D_n$ のように重なっても関数が一致しない場合がある）. $f$ に対し各 $f_k$ を $f$ の**分枝**という.

**例**　各 $n\pi$（$n$ は整数）を中心とする対数関数の分枝（問題 46 の解説の記号参照）は，領域 $\{re^{it} : r>0,\ (n-1)\pi<t<n\pi\}$ で $\underset{(n-1)\pi}{\log}\, z = \underset{n\pi}{\log}\, z$ となるから $\underset{n\pi}{\log}\, z$ は $\underset{(n-1)\pi}{\log}\, z$ の直接接続である．

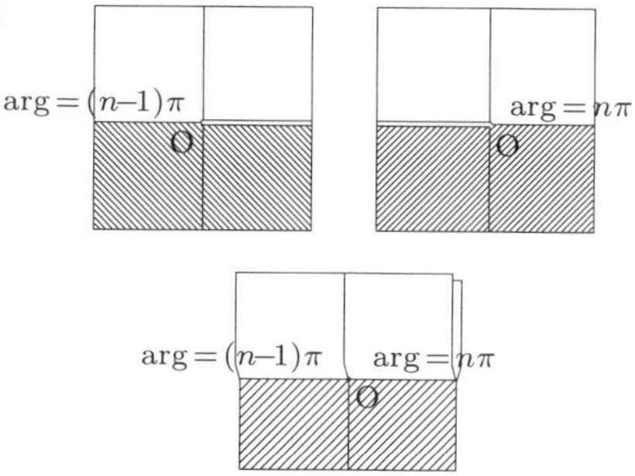


上のように接続していけば，対数関数の任意の分枝は主値 $\mathrm{Log}\, z$（$z=0$ を中心とする分枝）の関節接続であり，これらにより構成される解析関数は問題 28 で与えた多価関数 $\log z$ に他ならない．

## 解答

(1)　$U_1(0)$ 上で $f'(z) = \sum_{k=0}^{\infty} (-1)^k z^{2k} = \dfrac{1}{1+z^2}$ となる．

㋐$D$ は原点 0 について星状，したがって単連結な領域だから，$\dfrac{1}{1+z^2}$ は $D$ 上で原始関数 $F(z)$ を持ち，これは 0 と $z$ をつなぐ経路上の積分 ㋑$F(z) = \displaystyle\int_0^z \frac{d\zeta}{1+\zeta^2}$ で与えられる．

㋐ 問題 36 解説参照.

㋑ 問題 36 解説参照.

$U_1(0)$ 上で $F'(z) = f'(z)$，かつ $F(0) = f(0) = 0$ なので，$F(z) = f(z)$ が成立．したがって $f(z)$ は $D$ 上に解析接続される．

(2)　$f'(z) = \sum_{n=1}^{\infty} z^{n-1} = \dfrac{1}{1-z}$，$g'(z) = \sum_{n=1}^{\infty} (-1)^n (z-2)^{n-1} = \dfrac{1}{1-z}$ だから，$f, g$ はそれぞれ

$$F(z) = f(0) + \int_0^z \frac{d\zeta}{1-\zeta} = \int_0^z \frac{d\zeta}{1-\zeta},$$

$$G(z) = g(2) + \left(\int_2^0 + \int_0^z\right) \frac{d\zeta}{1-\zeta}$$

の分枝となる．後者右辺の 2 から 0 への積分は ㋒1 を中心とする半径 1 の上半円周を反時計回りの経路をとる．

㋒

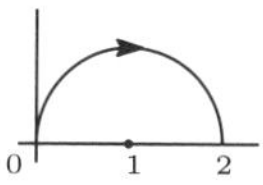


$$\int_2^0 \frac{d\zeta}{1-\zeta} = \int_0^\pi \frac{i\pi e^{i\pi t}}{1-(1+e^{i\pi t})} dt = -i\pi.$$

$g(2) = \pi i$ と合わせて $G(z) = \pi i + (-\pi i) + F(z) = F(z)$ となるから，$f(z)$，$g(z)$ は共に関数 $F(z)$ の分枝である．

**問題 73　解析接続 (2)**　標準

領域 $D$ は円盤 $U_1$ の内部にあり，境界 $\partial D$ と $U_1$ の境界 $C_1$ ($=$ 円周) の共通部分 $\partial D \cap C_1$ が $C_1$ 内の円弧 $I$ を含むとする．$D$ 上正則な関数 $f$ が $I$ まで連続に拡張され，かつ，或る円周 $C_2$ が存在して $f(z) \in C_2 \ \ (z \in I)$ であるとする．このとき

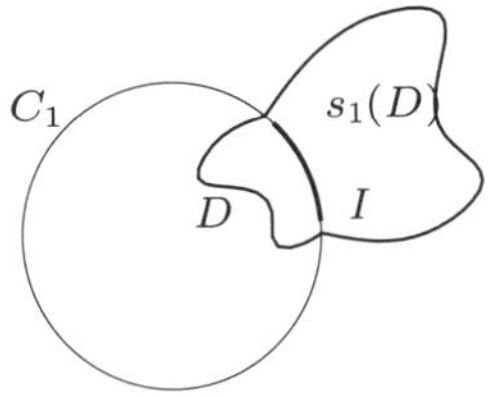


$$F(z) = \begin{cases} f(z) & (z \in D \cup I) \\ s_2(f(s_1(z))) & (z \in s_1(D)) \end{cases}$$

は $D \cup I \cup s_1(D)$ 上で正則となる．

※　ここで $s_i$ は円周 $C_i$ に関する鏡映とする．またシュワルツの鏡像の原理は既知とする（下の解説参照）．

**解説**　**[I] 鏡像の原理**　連続関数などと違って，正則関数の定義域は自由に延長できない．例えばべき級数 $f(z) = \sum_{n=0}^{\infty} z^{2^n}$ は単位円盤 $U_1(0)$ 上の正則関数となるが，$U_1(0)$ を真に含む領域へ解析接続することはできない．実際，任意の正整数 $p, q$ に対し

$$f(re^{\frac{q\pi i}{2^p}}) = \sum_{n=0}^{p-1} r^{2^n} e^{\frac{q\pi i}{2^{p-n}}} + \sum_{n=p}^{\infty} r^{2^n} \ \to \infty \qquad (r \to 1-0)$$

となり，$z = e^{\frac{q\pi i}{2^p}}$ は特異点になる．このような点は円周 $|z| = 1$ のどのような小さい円弧をとっても必ず含まれることから，$f(z)$ は $U_1(0)$ より大きい領域に接続されない．しかし条件が整うとより大きな領域に自動的に接続されることがある：

**シュワルツの鏡像の原理**　実軸上の開区間 $I$ を境界の一部として含む領域 $D$ 上で正則，かつ $D \cup I$ 上連続となる関数 $f$ が $I$ 上で実数値をとるとき，

$$F(z) = \begin{cases} f(z) & (z \in D \cup I) \\ \overline{f(\overline{z})} & (z \in \overline{D}) \end{cases}$$

とすれば，$F(z)$ は $D \cup I \cup \overline{D}$ 上で正則であり，したがって $f$ の解析接続となる．

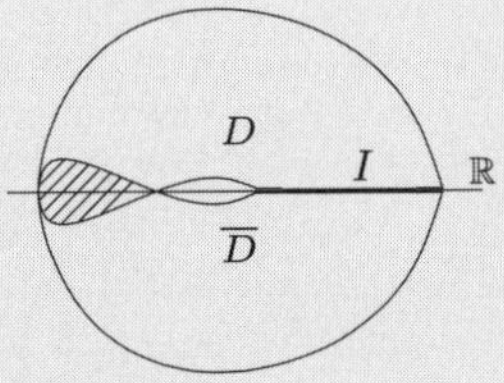


（注意）　上に構成した $F(z)$ は一般に多価関数となる (例えば上の図で斜線部で $D$ での値と $\overline{D}$ での値が異なる場合に多価性が現れる)．

**[II] 円に関する鏡映**　一次分数変換によって直線を（広義の）円と考えると，一般の円に関しても実軸に関する対称移動，複素共役の類似の変換が考えられる．すなわち，

$C$ を $a$ を中心とする半径 $R$ の円とするとき，$z$ に対し $(z-a)\overline{(z^*-q)} = R^2$ となる点 $z^*$ を $z$ の $C$ に関する**鏡像点**という（第 4 章演習問題 4 参照）．また $z$ を $z^*$ に移す写像を円 $C$ に関する**鏡映**という．

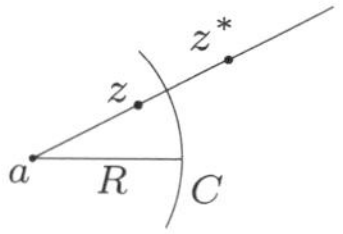


## 解答

$C_1$ の反時計回りに位置する 3 点 $a, b, c$ をとるとき，㋐ $g_1(a) = 0,\ g_1(b) = 0,\ g_1(c) = \infty$ となる一次分数変換 $g_1$，が存在し，$C_1$ の内部 $U_1$ は上半平面 $\mathbb{H}$ に移る．同様に $C_1$ を実軸に，$C_2$ の内部を上半平面に移すような一次分数変換 $g_2$ をとる．ここで

$$\widetilde{f} = g_2 \circ f \circ g_1^{-1}$$

とすれば，$\widetilde{f}$ は $g_1(D)$ 上で正則，$g_1(D \cup I)$ 上で連続となる．$g_1(I)$ は実軸上の区間になり，仮定より

$$\widetilde{f}(g_1(I)) \ = \ g_2(f(I)) \ \subset \ \mathbb{R}$$

となるから，シュワルツの鏡像の原理より

$$\widetilde{F}(z) = \begin{cases} \widetilde{f}(z) & (z \in g_1(D)) \\ \overline{\widetilde{f}(\overline{z})} & (z \in \overline{g_1(D)}) \end{cases}$$

とすれば，$\widetilde{F}$ は $g_1(D) \cup g_1(I) \cup \overline{g_1(D)}$ 上で正則となる．

複素共役は実軸に関する鏡映であり，円 (直線を含む) に関する鏡映は ㋑ 一次分数変換により再び円に関する鏡映に移る，から，

$$\overline{g_1(z)} = g_1(s_1(z)), \qquad \overline{g_2(z)} = g_2(s_2(z)),$$
$$g_1^{-1}(\overline{z}) = s_1(g_1^{-1}(z)) \quad (z \in g_1(D))).$$

ゆえに $s_1(z) \in s_1(D)$ に対して

$$\begin{aligned} g_2^{-1} \circ \widetilde{F} \circ g_1(s_1(z)) &= ㋒\ g_2^{-1}(\overline{\widetilde{f}(\overline{g_1(z)})}) \\ &= s_2(g_2^{-1}(\widetilde{f}(\overline{g_1(z)}))) \\ &= s_2(f(s_1(z)))) = F(z). \end{aligned}$$

同様に $z \in D$ のときも $g_2^{-1}\widetilde{F}g_1(z) = F(z)$ となる．$g_2^{-1}\widetilde{F}g_1$ は正則だから，$F$ も正則である．

㋐ 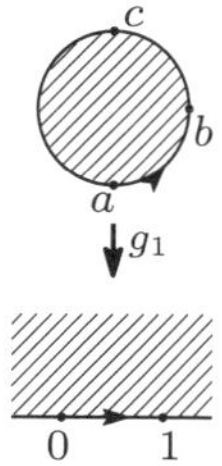


㋑ 第 4 章演習問題 4 を参照.

㋒ $z = g_2^{-1}(w)$ のとき $\overline{w} = g_2(s_2(g_2^{-1}(w)))$, $g_2^{-1}(\overline{w}) = s_2(g_2^{-1}(w))$.

**問題　74　等角写像 (1)**　標準

$n$ を自然数，$a, b$ を実定数とする．曲線 $\{\mathrm{Re}\, z^n = a\}$ と $\{\mathrm{Im}\, z^n = b\}$ は原点以外の交点で直交することを確かめよ．

**解 説**　**[I] 等角写像**　複素 $z$ 平面から $w$ 平面への写像 $w = f(z)$ について，$z_0$ を始点とする任意の 2 曲線 $c_1, c_2$ のなす角と $w_0 = f(z_0)$ を始点とする対応する 2 曲線 $f(c_1), f_(c_2)$ のなす角が（配置も含めて）一致するとき，$f$ は $z_0$ で**等角**だといい，各点で等角なとき，$f$ を**等角写像**という．

**例**　(i)　平行移動は明らかに等角写像である．
(ii)　0 ではない $a$ の掛け算 $z \mapsto az$ は回転 + 拡大（問題 51,53 解説参照）を与えるから，

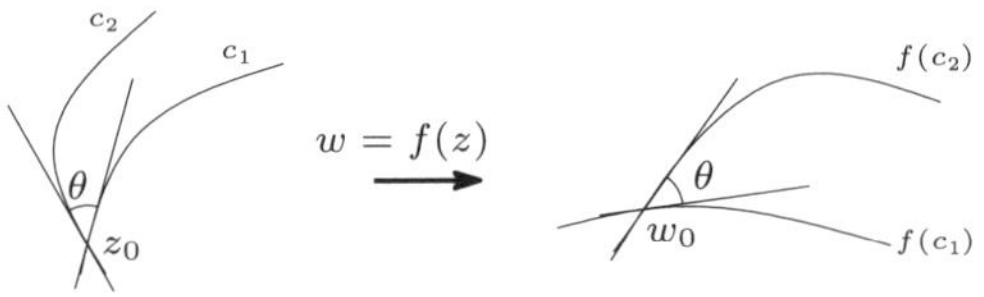


0 を始点とする 2 曲線の成す角は写像後も変わらない．
(iii)　$f$ は $z_0$ で等角，$g$ は $f(z_0)$ で等角だとすると，その合成 $g \circ f$ は $z_0$ で等角となる．

$f(z)$ が $z = z_0$ で複素微分可能だとすると，$z_0$ の近くで
$f(z) = f(a) + f'(a)(z-a) + \varepsilon(z)$　と一次式で近似される（$\varepsilon(z)$ の影響は小さい）から，

**定理**　関数 $f$ が $z_0$ で複素微分可能，かつ $f'(z_0) \neq 0$ ならば，$f$ は $z_0$ で等角となる．

**[II] 複素ポテンシャル**　2 次元非圧縮性の渦なし完全流体は正則関数によって記述される（詳細は○○参照）．流体の各点での速度ベクトル $\vec{v} = (u, v)$ に対し，

(a)　渦なしという条件から $\Phi_x = u$，$\Phi_y = v$ となる関数 $\Phi$ がとれる．これを**速度ポテンシャル**という．
(b)　非圧縮性という条件から $u_x + v_y = 0$，したがって $\Phi_{xx} + \Phi_{yy} = 0$，すなわち，$\Phi$ は調和関数となる．
(c)　$\Phi$ に共役な調和関数 $\Psi$ をとる．$\Psi$ を**流れ関数**という．コーシー=リーマンの関係式より $\Phi_x = \Psi_y = u$，$\Phi_y = -\Psi_x = v$．とくに $\Phi_x\Psi_x + \Phi_y\Psi_y = 0$ となる．
(d)　正則関数 $f = \Phi + i\Psi$ を**複素ポテンシャル**という．

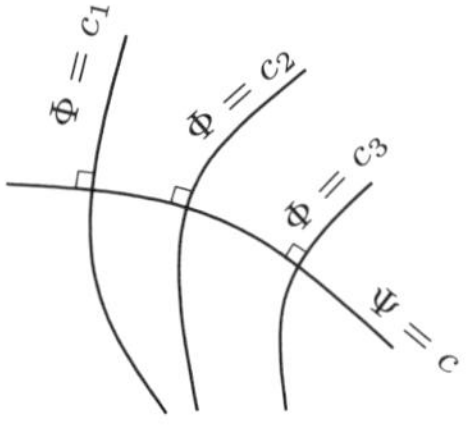


複素ポテンシャル $f = \Phi + i\Psi$ が与えられるとき，

$$\Phi(x, y) = \text{const.}, \qquad \Psi(x, y) = \text{const.}$$

により定まる曲線をそれぞれ**等ポテンシャル線**, **流線**という．流線上での微分より

$$\Psi_x dx + \Psi_y dy \;=\; (-v)dx + udy = 0$$

となり，流線の接線ベクトルはベクトル $(-v, u)$ に直交する．流体の速度ベクトル $\overrightarrow{v}$ も $(-v, u)$ に直交するから，流線は流体の速度ベクトルに沿った“流れ”になっている．一方，

$$\Phi_x dx + \Phi_y dy \ = \ udx + vdy = 0$$

より，等ポテンシャル線の接ベクトルは速度ベクトル $\overrightarrow{v}$ に直交するから，当ポテンシャル線は流線と直交することになる．

## 解答

$z = re^{i\theta}$ とするとき，$z^n = r^n e^{in\theta}$ の実部 $u$，虚部 $v$ はそれぞれ

$$u = \mathrm{Re}\, z^n = r^n \cos n\theta, \quad v = \mathrm{Im}\, z^n = r^n \sin n\theta$$

となる．一般に $x = r\cos\theta$，$y = r\sin\theta$ のとき，

$$\partial_r = \cos\theta\partial_x + \sin\theta\partial_y, \qquad \frac{1}{r}\partial_\theta = -\sin\theta\partial_x + \cos\theta\partial_y$$

ここで $\partial_x$ は $\frac{\partial}{\partial x}$ を表す．他も同様．これを逆に解けば

$$\partial_x = \cos\theta\partial_r - \frac{\sin\theta}{r}\partial_\theta, \qquad \partial_y = \sin\theta\partial_r + \frac{\cos\theta}{r}\partial_\theta.$$

これらを用いて $u, v$ の偏微分を計算すると

$$\begin{aligned} u_x &= \cos\theta \cdot nr^{n-1}\cos n\theta - \frac{\sin\theta}{r} r^n(-n\sin n\theta) \\ &= nr^{n-1}(\cos\theta\cos n\theta + \sin\theta\sin n\theta) \\ &= nr^{n-1}\cos(n-1)\theta. \end{aligned}$$

同様の計算より

$$\begin{aligned} u_y &= -nr^{n-1}\sin(n-1)\theta, \\ v_x &= nr^{n-1}\sin(n-1)\theta, \\ v_y &= nr^{n-1}\cos(n-1)\theta \end{aligned}$$

となる．㋐ $(u_x, u_y)$，$(v_x, v_y)$ はそれぞれ曲線 $\{\mathrm{Re}\, z^n = a\}$，$\{\mathrm{Im}\, z^n = b\}$ の各点における法線ベクトルであり，

$$\begin{aligned} &u_x v_x + u_y v_y \\ =& nr^{n-1}\cos(n-1)\theta \cdot nr^{n-1}\sin(n-1)\theta \\ &+ (-nr^{n-1}\sin(n-1)\theta) \cdot nr^{n-1}\cos(n-1)\theta \ = \ 0 \end{aligned}$$

だから，この 2 曲線は交点で直交していることが確かめられた．

㋐ $\mathrm{Re}\, z^n = a$
$\Leftrightarrow \ u = a$
$u_x d_x + u_y d_y = 0$

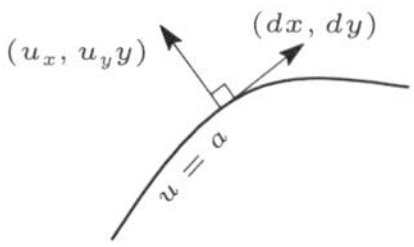

**問題　75　等角写像 (2)　標準**

$w = f(z) = z + \dfrac{1}{z}$ とおく.

(1)　原点を中心とする半径 $r > 1$ の円の $f(z)$ による像を求めよ.

(2)　原点を始点とする半直線 $(a+i)z + (a-i)\overline{z} = 0$　$(a > 0,\ \ \mathrm{Re}\, z > 0)$ の $f(z)$ による像を求めよ.

(3)　$\mathrm{Im}\, f(z) = 0$ となる $z$ の軌跡を求めよ.

**解説**　**ジューコフスキー関数**

$$f(z) = z + \frac{a^2}{z} \qquad (a > 0)$$

を**ジューコフスキー関数**という. $f'(z) = \dfrac{z^2 - a^2}{z^2}$ より $z = a, -a$ 以外の点で等角である. 簡単な式だが, 応用範囲は広い. 例えば問題の円, 半直線の他に, 原点以外の点を中心とする円の像（及び周辺の流れ）の像は航空機の翼設計等に応用される.

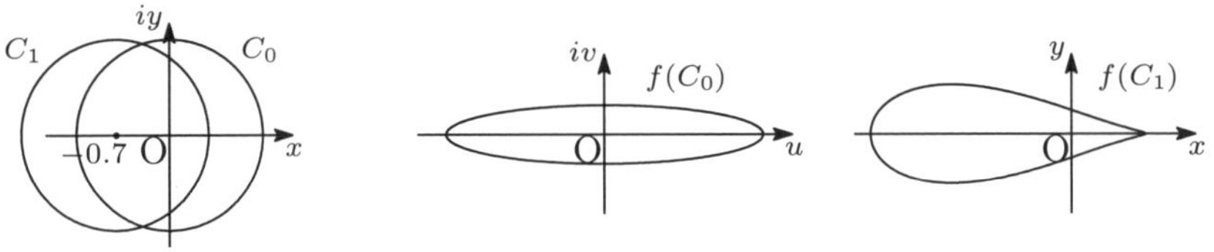


（中心が原点から左にズレると, 像は翼の形状になる）

一方, 実数 $c$ に対し $\mathrm{Im}\, f(z) = c$ となる $z$ 全体は半径 $a$ の円を過る定常流の流線が得られる（下図及び問題 (3)）.

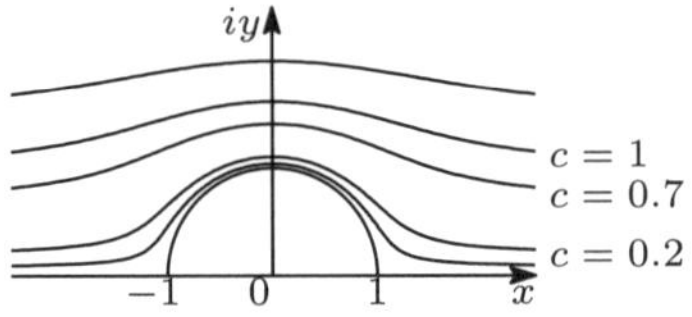


（図は $a = 1$ の場合. 0 に近い $c$ 程, 単位円の近くで流れている）

また $e^{iz}$, $e^z$ と合成すれば余弦関数 cos, 双曲余弦関数 cosh（の定数倍）を得る（問題 21 参照）.

## 解答

(1) $z = re^{i\theta}$ $(0 \leq \theta \leq 2\pi)$ とすると,

$$f(re^{i\theta}) = re^{i\theta} + \frac{1}{r}e^{-i\theta}$$

$$= \left(r + \frac{1}{r}\right)\cos\theta + i\left(r - \frac{1}{r}\right)\sin\theta.$$

$f(z) = u + iv$ とすると

$$\frac{u^2}{(r+\frac{1}{r})^2} + \frac{v^2}{(r-\frac{1}{r})^2} = \cos^2\theta + \sin^2\theta = 1$$

より, $f$ による円の像は㋐楕円となる.　　　…（答）

㋐ $\dfrac{u^2}{a^2} + \dfrac{v^2}{b^2} = 1$

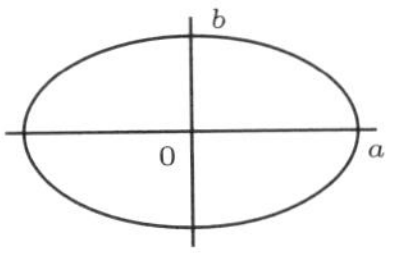


(2) ㋑$(a+i)z + (a-i)\overline{z} = 0$ は原点を通る傾き $a$ の直線を表す. $\arg a = \theta$ $(0 < \theta < \frac{\pi}{2})$ とすれば, この半直線上の点は $z = re^{i\theta}$ $(r > 0)$ と表される. $f(z) = u + iv$ と置けば, (1) と同様の計算より

$$\frac{u^2}{4\cos^2\theta} - \frac{v^2}{4\sin^2\theta} = \frac{(r+\frac{1}{r})^2}{4} - \frac{(r-\frac{1}{r})^2}{4} = 1.$$

また $u = \left(r + \dfrac{1}{r}\right)\cos\theta > 0$ に注意すれば, $f$ による半直線の像は㋒双曲線の半平面 $\mathrm{Re}\, z > 0$ 内にある部分となる.

…（答）

㋑ $(a+i)z + (a-i)\overline{z}$
$= (a+i)(x+iy) +$
$(a-i)(x-iy)$
$= 2ax - 2y$

㋒ $\dfrac{u^2}{a^2} - \dfrac{v^2}{b^2} = 1$

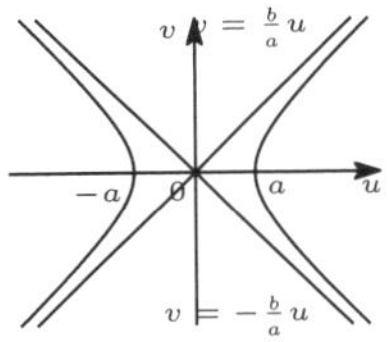


(3) $z = x + iy$ のとき, $f(z) = x + iy + \dfrac{x - iy}{x^2 + y^2}$ より

$$\mathrm{Im}\, f(z) = y - \frac{y}{x^2+y^2} = y\frac{x^2+y^2-1}{x^2+y^2}.$$ したがって

$$\mathrm{Im}\, f(z) = 0 \Leftrightarrow y = 0 \text{ または } x^2 + y^2 = 1$$
（ただし $z \neq 0$）

…（答）

(1) (2)

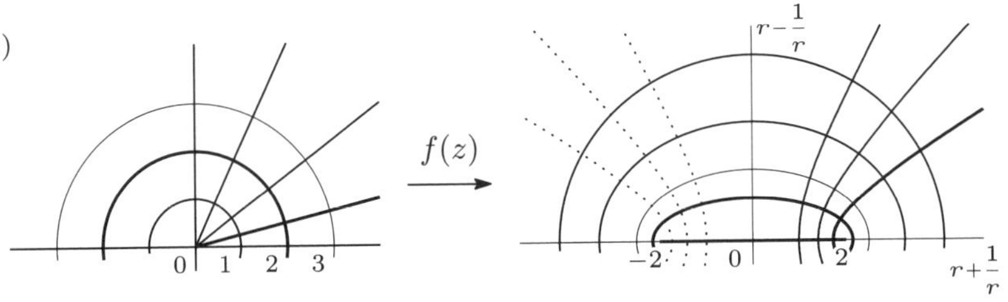

**問題 76　等角写像 (3)**　標準

$0<k<1,\ k'=\sqrt{1-k^2}$ とする．$k$ に対し

$$K(k)=\int_0^1\frac{d\zeta}{\sqrt{(1-\zeta^2)(1-k^2\zeta^2)}},\quad K=K(k),\ K'=(k')$$

とおくとき，

$$f(z)=\int_0^z\frac{d\zeta}{\sqrt{(1-\zeta^2)(1-k^2\zeta^2)}}$$

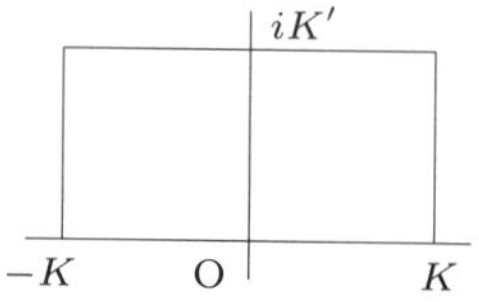


は上半平面を右図の長方形 $K$ に 1 対 1 に移し，実軸上の点 $-\frac{1}{k},-1,0,1,\frac{1}{k},\infty$ をそれぞれ $-K+iK',-K,0,K,K+iK',iK'$ に移す等角写像となることを示せ．

**解説**　**シュワルツ・クリストッフェルの公式**　複素平面上に多角形 $P$ が与えられたとき，上半平面を $P$ に移すような関数は次で与えられる：

**定理（シュワルツ・クリストッフェルの公式）**

$n$ 角形 $P$ の頂点を $A_j\ (j=1,2,\ldots,n)$，$A_j$ における内角を $\pi\alpha_j\quad(0<\alpha_j<2)$ とする．上半平面 $\mathbb{H}=\{z\in\mathbb{C}:\mathrm{Im}\,z>0\}$ を $P$ の内部に 1 対 1 等角に写像する関数を $f$ とし，$a_j$ を $f(a_j)=A_j$ となる実軸上の点が $a_j\neq\infty\quad(j=1,\cdots,n-1)$，$a_n=\infty$ となるとき，

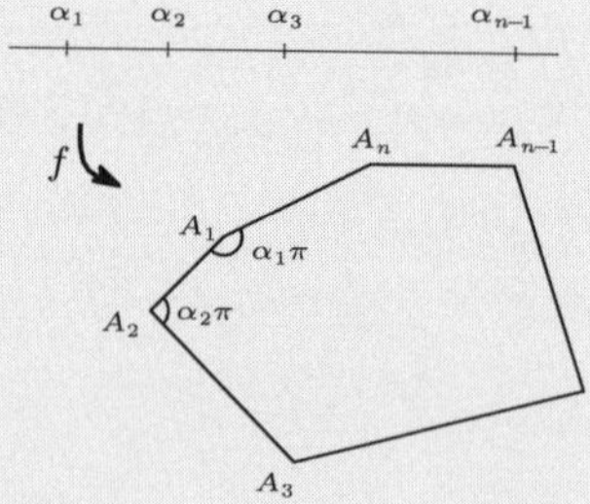


$$f(z)=c\int^z\prod_{j=1}^{n-1}(\zeta-a_j)^{\alpha_j-1}d\zeta+c'$$

積分は $\{z\in\mathbb{C}:\mathrm{Im}\,z\geq 0\}$ における不定積分を表し，$c,c'$ は定数．特に $c\neq 0$ とする．

被積分関数の各因子 $(\zeta-a_j)^{\alpha_j-1}$ は，実軸上，
$x-a_j>0$ のとき実数となる分枝をとると，
$x-a_j<0$ のとき

$$(\zeta-a_j)^{\alpha_j-1}=|\zeta-a_j|^{\alpha_j-1}e^{(\alpha_j-1)\pi i}$$

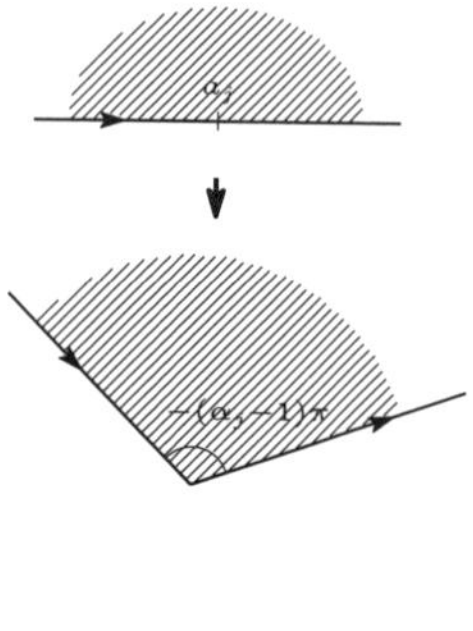


となり，右に向かって $a_j$ を通過するとき，偏角は $-(\alpha_j-1)\pi$ だけ増加する．

## 解答

シュワルツ・クリストッフェルの公式より上半平面を長方形に移す関数は

$$f(z) = c\int_0^z \left(\zeta+\tfrac{1}{k}\right)^{-\frac{1}{2}}(\zeta+1)^{-\frac{1}{2}} \times (\zeta-1)^{-\frac{1}{2}}\left(\zeta-\tfrac{1}{k}\right)^{-\frac{1}{2}}d\zeta + c'$$

$$= kc\int_0^z \frac{d\zeta}{\sqrt{(1-\zeta^2)(1-k^2\zeta^2)}} + c' \quad (c, c' \text{ は定数})$$

により与えられる．$f(0)=0$ より $c'=0$．
$f(1)=K=kcK$ より $c=\frac{1}{k}$ となる．

$f(\frac{1}{k})$ を計算する．$\zeta\in(1,\frac{1}{k})$ のとき，$1-\zeta<0$ となるから，

$$f(\tfrac{1}{k})-f(1) = \int_1^{\frac{1}{k}} \frac{d\zeta}{\sqrt{(1-\zeta^2)(1-k^2\zeta^2)}}$$

$$= i\int_1^{\frac{1}{k}} \frac{d\zeta}{\sqrt{(\zeta^2-1)(1-k^2\zeta^2)}}.$$

ここで $\zeta = \frac{1}{\sqrt{1-k'^2t^2}}$ と置換すると

$$\int_1^{\frac{1}{k}} \frac{d\zeta}{\sqrt{(\zeta^2-1)(1-k^2\zeta^2)}}$$

$$= \int_1^{\frac{\sqrt{x^2-1}}{k'x}} \frac{dt}{\sqrt{(1-t^2)(1-k'^2t^2)}} = K'.$$

したがって $f(\frac{1}{k}) = K+iK'$ となる．

次に $f(\infty)$ を計算する．$\zeta\in(\frac{1}{k},+\infty)$ のとき，$1-\zeta<0$，$1-k\zeta<0$ となるから，$x\in(\frac{1}{k},+\infty)$ に対し

$$f(x)-f(\tfrac{1}{k}) = \int_{\frac{1}{k}}^x \frac{d\zeta}{\sqrt{(1-\zeta^2)(1-k^2\zeta^2)}}$$

$$= -\int_{\frac{1}{k}}^x \frac{d\zeta}{\sqrt{(\zeta^2-1)(k^2\zeta^2-1)}}.$$

ここで $\zeta = \frac{1}{kt}$ と置換すると

$$-\int_{\frac{1}{k}}^x \frac{d\zeta}{\sqrt{(\zeta^2-1)(k^2\zeta^2-1)}}$$

$$= -\int_{\frac{1}{kx}}^1 \frac{dt}{\sqrt{(1-t^2)(1-k^2t^2)}} \to -K \quad (x\to+\infty).$$

したがって $f(+\infty) = iK'$ となる．

区間 $(-\frac{1}{k},-1)$，$(-\infty,-\frac{1}{k})$ でも同様の議論を行えば，$f(z)$ が上半平面を長方形 $K$ に移していることがわかる．

**問題 77　無理関数のリーマン面**　標準

(1)　関数 $w = z^n$ ($n$ は正整数) によって領域

$$D_k = \{z \in \mathbb{C} : z \neq 0,\ \tfrac{2\pi(k-1)}{n} < \arg z < \tfrac{2\pi k}{n}\} \quad (k = 1, 2, \ldots, n)$$

は $w$ 平面より 0 以上の実軸を除いた領域 $E$ に 1 対 1 等角に写像されることを示せ.

(2)　$w = z^{1/n}$ のリーマン面を構成せよ.

**解説**　**リーマン面**　問題28の定義にしたがえば，$z$ の平方根 $z^{1/2}$ は $w = \sqrt{|z|}e^{i\frac{\theta}{2}} = \sqrt{z}$, $\sqrt{|z|}e^{i(\frac{\theta}{2}+\pi)} = -\sqrt{z}$ という 2 つの値をとる 2 価関数である．これを 1 価関数と考えるために，問題 46 では全体の一部分である分枝をとったが，これとは別に定義域を拡張する**リーマン面**の方法がある.

**例**　$f(z) = z^2$ により $z$ の偏角は 2 倍になる (問題 20 参照) から，$\mathrm{Im}\, z \geq 0$ $(0 \leq \arg z \leq \pi)$ の部分の像と $\mathrm{Im}\, z \leq 0$ $(\pi \leq \arg z \leq 2\pi)$ の像は重なってしまう.

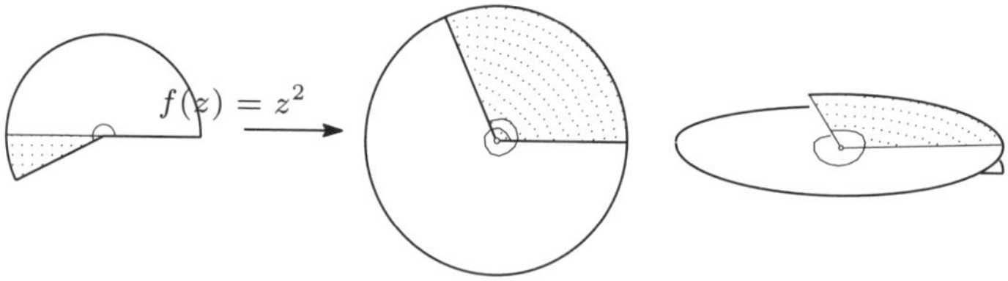


そこで $w$ 平面 $W_1, W_2$ を 2 枚用意し，$\mathrm{Im}\, z \geq 0$ の像を $W_1$，$\mathrm{Im}\, z \leq 0$ の像を $W_2$ とする．$W_1, W_2$ の実軸の正の部分をカットし，$W_1$ の第 4 象限と $W_2$ の第 1 象限，$W_2$ の第 4 象限と $W_1$ の第 1 象限が繋がるようにカットした部分を貼り合わせる (下の模式図参照)．$W_1$ 上では $\sqrt{z}$，$W_2$ 上では $-\sqrt{z}$ とすれば $z^{1/2}$ は貼り合わせた図形上で 1 価関数となる．ただしこの張り合わせは 3 次元の空間内では実現する事は出来ず，4 次元などで実現される.

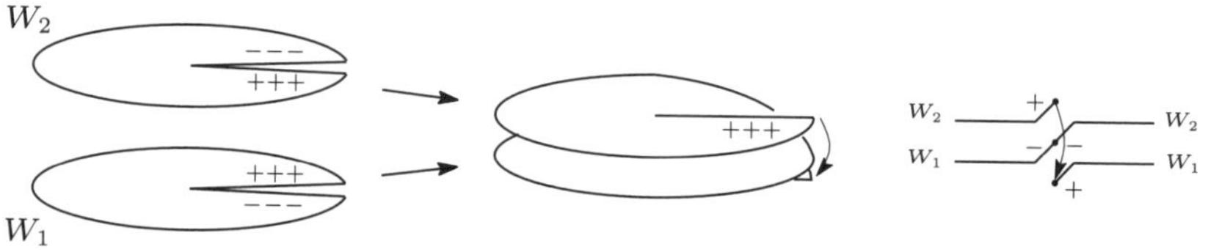


一般に多価性を持つ関数を 1 価にするために，定義域を拡げて出来る図形を**多価関数のリーマン面**という.

## 解答

(1)　$w=f(z)$ とする.

等角性：　$f'(z)=nz^{n-1}$ より $z\neq 0$ ならば $f(z)$ は等角.

全射：　$w=Re^{i\Theta}$ $(R>0,\ 0<\Theta<2\pi)$ に対し

$$r=R^{1/n},\qquad \theta=\frac{\Theta}{n}+\frac{2\pi(k-1)}{n},\qquad z=re^{i\theta}$$

とすれば $\frac{2\pi(k-1)}{n}<\theta<\frac{2\pi k}{n}$ より $z\in D_k$ であり,

$f(z)=r^n e^{in\theta}=Re^{i\Theta}=w$ となる.

単射：　$z_j=r_je^{i\theta_j}\in D_k$ $(j=1,2)$ について,

$f(z_1)=f(z_2)$ だとすると

$$r_1^n=r_2^n,\qquad n\theta_1-n\theta_2\in 2\pi\mathbb{Z}.$$

絶対値については $r_1=r_2$. 偏角についてともに

$2\pi(k-1)<n\theta_j<2\pi k$ だから, $n\theta_1=n\theta_2$, $\theta_1=\theta_2$.

よって $z_1=z_2$ となる.

よって $f$ により㋐$D_k$ は $E$ に 1 対 1 等角に移される.

㋐

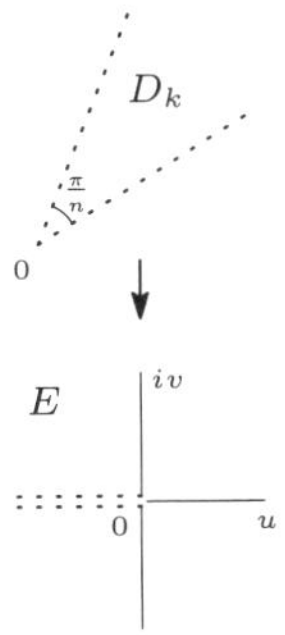


(2)　構成の概略のみ記す. 実軸正の部分に沿ってカットした複素平面を $n$ 枚 $W_1,W_2,\ldots,W_n$ 用意し,

- $i=1,2,\ldots,n-1$ に対し, $W_i$ の第 4 象限に $W_{i+1}$ の第 1 象限が繋がるようにカットした部分を貼り合わせる.
- $W_n$ の第 4 象限に $W_1$ の第 1 象限が続くようにカットした部分を貼り合わせる.

以上のようにしてできた面が $z^{1/n}$ のリーマン面である.

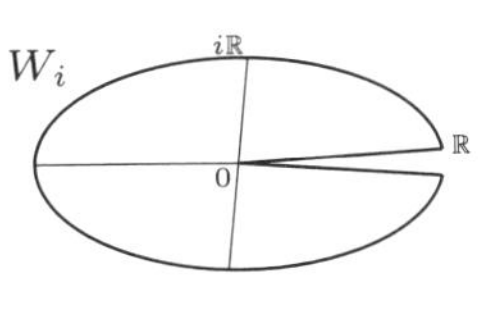


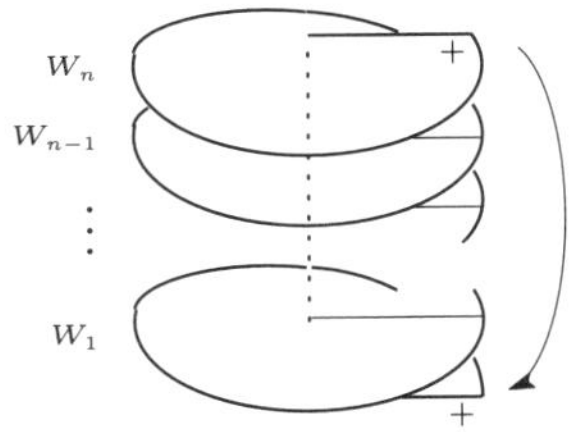


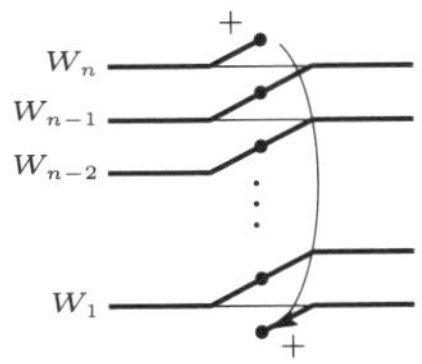

**問題 78 ガンマ関数 (1)** 標準

$\mathrm{Re}\,z>0$ となる複素数 $z$ に対し

$$\Gamma(z) := \int_0^\infty t^{z-1}e^{-t}dt$$

とするとき，以下の問に答えよ．

(1) $\mathrm{Re}\,z>0$ で $\Gamma(z+1)=z\Gamma(z)$ となることを示せ．
(2) $\Gamma(z)$ は複素平面全体に有理型関数として解析接続されることを示せ．
(3) $\Gamma(z)$ の各極における留数を求めよ．

**解説** **ガンマ関数**

$$\Gamma(z) := \int_0^\infty t^{z-1}e^{-t}dt \qquad (\mathrm{Re}\,z>0)$$

を**ガンマ関数**という．問題 40 (2) より右辺の広義積分は広義一様絶対収束するので，領域 $\{\mathrm{Re}\,s>0\}$ で正則関数となる．問題 (2) の**ガンマ関数の関数等式**

$$\Gamma(z+1)=z\Gamma(z)$$

と $z=1$ での値

$$\Gamma(1)=\int_0^\infty e^{-t}dt=1$$

を合わせると，自然数 $n$ に対し

$$\Gamma(n+1)=n\Gamma(n)=n(n-1)\Gamma(n-1)=\cdots=n(n-1)\cdots2\cdot1\Gamma(1)$$

すなわち $\Gamma(n+1)=n!$ が成り立つ．このことから $\Gamma(z)$ は "複素数 $z$ の階乗" と解釈できる．

**解答**

(1) $\mathrm{Re}\,z>0$ のとき，

$$|t^ze^{-t}|=t^{\mathrm{Re}\,z}e^{-t}\to\begin{cases}0\cdot1=0 & (t\to0+0)\\ 0 & (t\to\infty)\end{cases}$$

だから，部分積分により

$$\Gamma(z+1)=\int_0^\infty t^ze^{-t}dt$$
$$=\left[-t^ze^{-t}\right]_0^\infty+\int_0^\infty zt^{z-1}e^{-t}dt=z\int_0^\infty t^{z-1}e^{-t}dt.$$

したがって $\Gamma(z+1)=z\Gamma(z)$ となる．

(2) (1) の等式を繰り返し使えば，$\mathrm{Re}\,z > 0$ に対し

$$\begin{aligned}\Gamma(z+n) &= (z+n-1)\Gamma(z+n-1)\\ &= (z+n-1)(z+n-2)\Gamma(z+n-2)\\ &\quad\cdots\\ &= (z+n-1)(z+n-2)\quad\cdots z\Gamma(z)\end{aligned}$$

$$\therefore\quad \Gamma(z) = \frac{\Gamma(z+n)}{z(z+1)\cdots(z+n-1)} \qquad \cdots\quad ①$$

①の右辺は $\mathrm{Re}\,z > -n$ となる $z$ に対して定義される．また

$$\begin{aligned}\Gamma(z) &= \frac{\Gamma(z+n)}{z(z+1)\cdots(z+n-1)}\\ &= \frac{\frac{\Gamma(z+n+1)}{z+n}}{z(z+1)\cdots(z+n-1)}\\ &= \frac{\Gamma(z+n+1)}{z(z+1)\cdots(z+n-1)(z+n)} = \cdots\end{aligned}$$

となるから，$z$ に対して右辺は $\mathrm{Re}\,z > -n$ となる $n$ のとり方に依らず一定値となる．そこで $\Gamma(z)$ を $\mathrm{Re}\,z > -n$ となる正整数 $n$ を一つとり，①の右辺で定義すれば，$\Gamma(z)$ は複素平面上の有理型関数に解析接続されたことになる．

(3) ①の形より，$\Gamma(z)$ は $z = -n$ $(n = 0, 1, \ldots)$ を㋐高々 1 位の極にもつ．

㋐ $\mathrm{Re}\,z > -n$ での分子は正則だから，$z = -1, -2, \ldots$ は高々 1 位の極となる．

(a) $x \to 0+0$ のとき $\Gamma(x) \to \infty$ となるから，$\Gamma(z)$ は $z = 0$ で正則ではない．

(b) ①の右辺の分子と (a) より $\Gamma(z+n)$ は $z = -n$ で正則ではない．

したがって $z = -n$ は 1 位の極となる．②より

$$\begin{aligned}\operatorname*{Res}_{z=-n} \Gamma(z) &= \lim_{z\to -n} (z+n)\Gamma(z)\\ &= \frac{\Gamma(1)}{(-n)(-n-1)\cdots(-1)} = (-1)^n \frac{1}{n!}.\end{aligned}$$

**問題 79 ガンマ関数 (2)** 標準

(1) 次の“相反公式”が成り立つ事を示せ.

$$\Gamma(z)\Gamma(1-z)=\frac{\pi}{\sin \pi z}$$

(2) $\Gamma(\frac{1}{2})$ を求めよ.

(3) $\Gamma(z)$ は零点を持たないことを示せ.

**解説** **[I] 相補公式** 問題 (1) の等式

$$\Gamma(z)\Gamma(1-z)=\frac{\pi}{\sin \pi z}$$

をガンマ関数の**相補公式**という. これは次のような状況証拠（証明ではない）に裏打ちされる：

(a) 問題 73 で見たように, $\Gamma(z)$ は 0 以下の各整数を 1 位の極, $\Gamma(1-z)$ は 1 以上の各整数を 1 位の極とするから, $\Gamma(z)\Gamma(1-z)$ は各整数を 1 位の極とする関数となり, 右辺の孤立特異点での状況と一致している.

(b) $f(z)=\Gamma(z)\Gamma(1-z)$ とおくとき, ガンマ関数の関数等式より

$$f(z+1)=\Gamma(z+1)\Gamma(1-(z+1))=z\Gamma(z)\cdot\frac{\Gamma(-z+1)}{(-z)}=-f(z)$$

となり, 右辺の周期性（の半分）と一致している.

$\Gamma(z)$ は波動を 2 極に分けるような関数となっている.

**[II] ガンマ関数の別定義** 問題 73 ではガンマ関数を積分により定義したが, 無限乗積により定義する方法がある：

（ワイエルシュトラス） $$\frac{1}{\Gamma(z)}=ze^{\gamma z}\prod_{n=1}^{\infty}\left(1+\frac{z}{n}\right)e^{-z/n}.$$

ここで $\gamma$ は“オイラーの定数” $\gamma=\lim_{N\to\infty}\left(\sum_{n=1}^{N}\frac{1}{n}-\log N\right)$ を表す.

（ガウス） $$\Gamma(z)=\lim_{n\to\infty}\frac{n!n^z}{z(z+1)\cdots(z+n)}.$$

（オイラー） $$\Gamma(z)=\frac{1}{z}\prod_{n=1}^{\infty}\left[\left(1+\frac{1}{n}\right)^z\Big/\left(1+\frac{z}{n}\right)\right].$$

## 解答

(1) $0<x<1$ のとき

$$\begin{aligned}
&\Gamma(x)\Gamma(1-x)\\
&\quad=\left(\int_0^\infty s^{x-1}e^{-s}ds\right)\left(\int_0^\infty t^{-x}e^{-t}dt\right)\\
&\quad=\int_0^\infty\left(\int_0^\infty (tu)^{x-1}e^{-tu}tdu\right)t^{-x}e^{-t}dt \qquad (s=tu)\\
&\quad=\int_0^\infty u^{x-1}\left(\int_0^\infty e^{-t(u+1)}dt\right)du=\int_0^\infty \frac{u^{x-1}}{u+1}du.
\end{aligned}$$

問題 67 より右辺は $\pi\operatorname{cosec}\pi x$ となる．さらに一致の定理より複素平面全体で $\Gamma(z)\Gamma(1-z)=\pi\operatorname{cosec}\pi z$ となる．

（別解）ワイエルシュトラスの表示を使うと

$$\begin{aligned}
&\frac{1}{\Gamma(z)\Gamma(1-z)}=\frac{1}{-z\Gamma(z)\Gamma(-z)}\\
&=\frac{1}{-z}\cdot ze^{\gamma z}\prod_{n=1}^\infty\left(1+\frac{z}{n}\right)e^{-z/n}\cdot(-z)e^{\gamma(-z)}\prod_{n=1}^\infty\left(1+\frac{-z}{n}\right)e^{z/n}=z\prod_{n=1}^\infty\left(1-\frac{z^2}{n^2}\right)
\end{aligned}$$

正弦関数の因数分解（問題 60）より $\Gamma(z)\Gamma(1-z)=\pi\operatorname{cosec}\pi z$ となる．

(2) 相補公式で $z=\frac{1}{2}$ とすれば

$$\Gamma(\tfrac{1}{2})\Gamma(1-\tfrac{1}{2})=\Gamma(\tfrac{1}{2})^2=\frac{\pi}{\sin\frac{\pi}{2}}=\pi.$$

$(0,\infty)$ で $t^{-1/2}e^{-t}>0$ だから $\Gamma(\frac{1}{2})>0$，したがって $\Gamma(\frac{1}{2})=\sqrt{\pi}$.

(3) $\Gamma(z)=0$ だとすると，$0=\Gamma(z)=(z-1)\Gamma(z-1)$. $\Gamma(1)=1$ より $\Gamma(z-1)=0$．これを繰り返せば $\Gamma(z-k)=0\ \ (k=0,1,2,\ldots)$ となる．相補公式より

$$\Gamma(1-z)=\frac{\pi}{\Gamma(z)\sin\pi z}.$$

左辺は $\mathrm{Re}\,z<0$ で正則となるが，右辺はこの範囲に孤立特異点（$=\Gamma(1-z)$ の零点）が現れ，矛盾する．

**問題 80 ポアソン積分** 標準

(1) $u$ が $|z|<R$ で調和，$|z|\leqq R$ で連続ならば，次の等式が成立することを示せ．

$$u(re^{i\theta})=\frac{1}{2\pi}\int_0^{2\pi}u(Re^{i\phi})\frac{R^2-r^2}{R^2-2Rr\cos(\phi-\theta)+r^2}d\phi \qquad (0\leq r<R).$$

(2) 次の積分の値を求めよ．

$$\int_0^{2\pi}\frac{R\cos\phi}{R^2+2Rr\cos\phi+r^2}d\phi \qquad (0\leq r<R)$$

**解 説** 領域 $D$ の境界 $C$ 上で与えられた関数 $f(x)$ に対し，$u(x)=f(x)$ $(x\in C)$ となる $D$ 上の調和関数 $u(z)$ を求める問題を**ラプラス方程式に対する境界値問題**という．原点中心の円盤 $D=U_R(0)$ の場合，$C$ 上連続な関数 $f(\phi)$ $(0\leq\phi\leq 2\pi)$ に対し

$$u(re^{i\theta})=\frac{1}{2\pi}\int_0^{2\pi}f(\phi)\frac{R^2-r^2}{R^2-2Rr\cos(\phi-\theta)+r^2}d\phi \qquad (0\leq r<R)$$

が境界値問題の解を与える．この積分を $f$ の**ポアソン積分**といい，

$$\frac{R^2-r^2}{R^2-2Rr\cos(\phi-\theta)+r^2}=\frac{|\zeta|^2-|z|^2}{|\zeta-z|^2}=\mathrm{Re}\,\frac{\zeta+z}{\zeta-z}$$

$\left(\zeta=Re^{i\phi},\ z=re^{i\theta},\ \cos(\phi-\theta)=\dfrac{e^{i(\phi-\theta)}+e^{-i(\phi-\theta)}}{2}\right)$ を**ポアソン核**という．特に $\dfrac{\zeta-z}{\zeta+z}=1+\dfrac{2z}{\zeta-z}=1+2\displaystyle\sum_{n=1}^{\infty}\left(\frac{r}{R}\right)^n e^{in(\theta-\phi)}$ となるから，これをポアソン積分に代入して整理すれば，$u(re^{i\theta})$ は

$$u(re^{i\theta})=\frac{a_0}{2}+\sum_{n=1}^{\infty}\left(\frac{r}{R}\right)^n(a_n cos n\theta+b_n\sin n\theta),$$
$$a_n=\frac{1}{\pi}\int_0^{2\pi}f(\phi)\cos n\phi\,d\phi, \qquad b_n=\frac{1}{\pi}\int_0^{2\pi}f(\phi)\sin n\phi\,d\phi$$

と三角関数の級数として表される．これを $u(re^{i\theta})$ の**フーリエ級数展開**という．なお，(2) の類似の計算問題については第 5 章の演習問題○○を参照．

**解 答**

(i) $v$ を $u$ に共役な $|z|<R$ 上の調和関数とし，$f(z)=u(z)+iv(z)$ と置けば，$f$ は $|z|<R$ で正則な関数となる．$0<\rho<R$ となる $\rho$ を固定すればコーシーの積分表示より

$$f(z) = \frac{1}{2\pi i}\int_{|\zeta|=\rho}\frac{f(\zeta)}{\zeta - z}d\zeta \qquad (|z|<\rho)$$

となる．$|z|<\rho$ となる $z = re^{i\theta}$ の ㋐円 $|z| = \rho$ に関する鏡像は $z^* = \rho^2 e^{i\theta}/r$，$1<|\rho/r|$ より $\rho<|z^*|$ となるから，$\zeta$ の関数として $f(\zeta)/(\zeta - z^*)$ は $|z| = \rho$ の内部で正則．Cauchy の積分定理より $\displaystyle\int_{|\zeta|=\rho}\frac{f(\zeta)}{\zeta - z^*}d\zeta = 0$ だから，

㋐

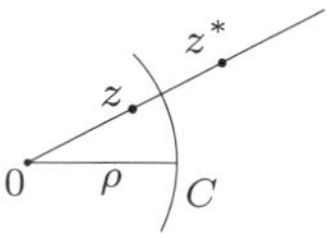


$$\therefore \qquad f(z) = \frac{1}{2\pi i}\left\{\int_{|\zeta|=\rho}\frac{f(\zeta)}{\zeta - z}d\zeta - \int_{|\zeta|=\rho}\frac{f(\zeta)}{\zeta - z^*}d\zeta\right\}$$

㋑

$$= \frac{1}{2\pi i}\int_{|\zeta|=\rho} f(\zeta)\left\{\frac{1}{\zeta - z} - \frac{1}{\zeta - z^*}\right\}d\zeta.$$

$\zeta = \rho e^{i\phi}$ $(0 \leq \phi \leq 2\pi)$ と置くと $d\zeta = i\rho e^{i\phi}d\phi$ より

$$\left\{\frac{1}{\zeta - z} - \frac{1}{\zeta - z^*}\right\}d\zeta = \frac{z - z^*}{(\zeta - z)(\zeta - z^*)}d\zeta$$

$$= \frac{re^{i\theta} - (\rho^2 e^{i\theta})/r}{(\rho e^{i\phi} - re^{i\theta})(\rho e^{i\phi} - \rho^2 e^{i\theta}/r)} i\rho e^{i\phi}d\phi$$

$$= i\frac{\rho^2 - r^2}{(\rho - re^{i(\theta - \phi)})(\rho - re^{-i(\theta - \phi)})}d\phi$$

$$= i\frac{\rho^2 - r^2}{\rho^2 - 2\rho r\cos(\theta - \phi) + r^2}d\phi.$$

これを上の式に代入し，両辺の実部を比較すれば

$$u(\rho e^{i\theta}) = \frac{1}{2\pi}\int_0^{2\pi} u(\rho e^{i\theta})\frac{\rho^2 - r^2}{\rho^2 - 2\rho r\cos(\theta - \phi) + r^2}d\phi$$

$(r<\rho<R)$．$u$ は $|z| \leq R$ で連続だから，$\rho \to R-0$ とすれば問題の等式を得る．

(ii) $u(z) = \mathrm{Re}\, z$ とする．このとき $u(Re^{i\theta}) = R\cos\theta$，$u(re^{i\theta}) = r\cos\theta$ より

$$\int_0^{2\pi}\frac{R\cos\phi}{R^2 - 2Rr\cos(\phi - \theta) + r^2}d\phi = \frac{2\pi}{R^2 - r^2}r\cos\theta.$$

$\theta = -\pi$ とすれば

$$\int_0^{2\pi}\frac{R\cos\phi}{R^2 + 2Rr\cos\phi + r^2}d\phi = -\frac{2\pi r}{R^2 - r^2}.$$

# 練習問題解答

**Chapter 1**（p. 28〜p. 31）

$\boxed{1}$　$z=a+ib\ \ (a, b\in\mathbb{R})$ とおくと

$$z^2=(a+ib)^2=a^2-b^2+2iab$$
$$=8+6i$$

$$\therefore\ PD\begin{cases} a^2-b^2=8 & \cdots ① \\ 2ab=6 & \cdots ② \end{cases}$$

①×3−②×4 より　$3a^2-3b^2-8ab=0$

$$(3a+b)(3a-b)=0$$
$$\therefore\quad b=-3a,\quad a=3b.$$

$b=-3a$ のとき，②は $a^2=-1$ となり不適.

$a=3b$ のとき，②は $6b^2=6$，$b=\pm1$.

したがって $z=\pm(3+i)$.

$z=3+i$ のとき

$$z^3-16z^2-\frac{100}{z}=z\cdot z^2-16z^2-\frac{100}{z}$$
$$=(3+i)(8+6i)-16(8+6i)-\frac{100}{3+i}$$
$$=18+26i-128-96i-10(3-i)$$
$$=-140-66i.$$

$z=-(3+i)$ のとき

$$z^3-16z^2-\frac{100}{z}$$
$$=-(3+i)(8+6i)-16(8+6i)+\frac{100}{3+i}$$
$$=-18-26i-128-96i+10(3-i)$$
$$=-116-152i$$

$\therefore$　与式 $=-140-66i,\ -116-152i.$

(1)

$\boxed{2}$　(1)　$(aI+bJ)+(cI+dJ)$

$$=\begin{bmatrix} a & -b \\ b & a \end{bmatrix}+\begin{bmatrix} c & -d \\ d & c \end{bmatrix}$$
$$=\begin{bmatrix} a+c & -(b+d) \\ b+d & a+c \end{bmatrix}$$
$$=(a+c)I+(b+d)J.$$

(2)　$\begin{bmatrix} a & -b \\ b & a \end{bmatrix}\begin{bmatrix} c & -d \\ d & c \end{bmatrix}$

$=\begin{bmatrix} ac-bd & -ad-bc \\ bc+ad & bd+ac \end{bmatrix}$ より

$$(aI+bJ)(cI+dJ)$$
$$=(ac-bd)I+(ad+bc)J.$$

(3)　$\det(aI+bJ)=a^2+b^2$ より $a, b$ が同時に 0 でなければ $aI+bJ$ は正則であり，

$$(aI+bJ)^{-1}=\frac{1}{\det(aI+bJ)}\begin{bmatrix} a & b \\ -b & a \end{bmatrix}$$
$$=\frac{1}{a^2+b^2}(aI-bJ).$$

(4)　$(aI+bJ)\begin{bmatrix} c \\ d \end{bmatrix}=\begin{bmatrix} a & -b \\ b & a \end{bmatrix}\begin{bmatrix} c \\ d \end{bmatrix}$

$=\begin{bmatrix} ac-bd \\ bc+ad \end{bmatrix}$ だから

$$f\left((aI+bJ)\begin{bmatrix} c \\ d \end{bmatrix}\right)$$
$$=(ac-bd)+i(bc+ad)$$
$$=(a+ib)(c+id).$$

※　和，積が設定されている複素数全体の集合を“複素数体”という．この問題は複素数体が行列の世界の中で実現できることを示している．(4) では複素数の積が行列の積に対応していることを示している．

$\boxed{3}$　$\alpha=(1+i)^n+(1-i)^n$,

$\beta=(1+i)^n-(1-i)^n$ とおくと

$$\overline{\alpha}=\overline{(1+i)^n+(1-i)^n}$$
$$=(\overline{1+i})^n+(\overline{1-i})^n$$
$$=(1-i)^n+(1+i)^n=\alpha,$$

$$\overline{\beta}=\overline{(1+i)^n-(1-i)^n}$$
$$=(\overline{1+i})^n-(\overline{1-i})^n$$
$$=(1-i)^n-(1+i)^n=-\beta.$$

よって，$\alpha$ は実数，$\beta$ は純虚数である．

4　$|z_1| = 1$ のとき，

$$|z_1|^2 = z_1\overline{z_1} = 1 \qquad \therefore \quad \overline{z_1} = \frac{1}{z_1}.$$

同様にして $|z_2| = |z_3| = 1$ のとき，

$$\overline{z_2} = \frac{1}{z_2}, \quad \overline{z_3} = \frac{1}{z_3}.$$

$z = \dfrac{z_1z_2+z_2z_3+z_3z_1}{z_1+z_2+z_3}$ とおくと

$$\overline{z} = \overline{\left(\frac{z_1z_2+z_2z_3+z_3z_1}{z_1+z_2+z_3}\right)}$$

$$= \frac{\overline{z_1z_2}+\overline{z_2z_3}+\overline{z_3z_1}}{\overline{z_1}+\overline{z_2}+\overline{z_3}}$$

$$= \frac{\frac{1}{z_1}\cdot\frac{1}{z_2}+\frac{1}{z_2}\cdot\frac{1}{z_3}+\frac{1}{z_3}\cdot\frac{1}{z_1}}{\frac{1}{z_1}+\frac{1}{z_2}+\frac{1}{z_3}}.$$

分子・分母に $z_1z_2z_3$ を掛けて

$$\overline{z} = \frac{z_1+z_2+z_3}{z_1z_2+z_2z_3+z_3z_1} = \frac{1}{z}$$

$\therefore \quad z\overline{z} = 1$　すなわち $|z|^1 = 1$

よって　与式 $= |z| = 1.$　　(2)

5　$|z_1| = |z_2| = |z_3| = |z_4| = r\ (>0)$ とおくと，4点 $z_1, z_2, z_3, z_4$ は原点 O を中心とする半径 $r$ の円周上にある．また $z_1+z_2+z_3+z_4 = 0$ のとき

$$\frac{z_1+z_2}{2} = -\frac{z_3+z_4}{2} \qquad ①$$

が成り立つ．

(i)　①の値が0に等しいとき：
$z_2 = -z_1$，$z_4 = -z_3$ だから，点 $z_1$ と $z_2$，点 $z_3$ と $z_4$ はそれぞれ原点 $O$ に関して対称の位置にある．したがって線分 $z_1z_2$ と線分 $z_3z_4$ はこの円の異なる直径であり，

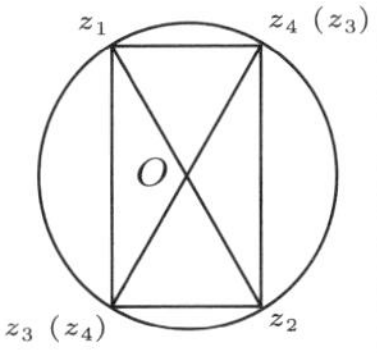


四辺形 $z_1z_3z_2z_4$ または四辺形 $z_1z_4z_2z_3$ は長方形である．

(ii)　①の値が0に等しくないとき：
線分 $z_1z_2$ と線分 $z_3z_4$ の中点は原点 $O$ に関して対象の位置にあるから，線分 $z_1z_2$ と線分 $z_3z_4$ は $O$ から等距離にあり，円の弦 $z_1z_2$ と $z_3z_4$ は長さが等しく，かつ

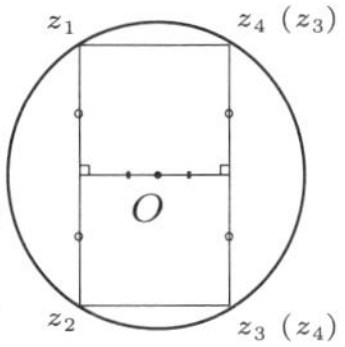


平行である．したがって，このときは四辺形 $z_1z_2z_3z_4$ または四辺形 $z_1z_2z_4z_3$ は長方形である．

以上から，いずれの場合も $z_1, z_2, z_3, z_4$ は1つの長方形の頂点である．

6　(1)　(与式の左辺)

$$=\{\cos(A+B)+i\sin(A+B)\}$$
$$\times(\cos C+i\sin C)$$
$$=\{\cos(A+B+C)$$
$$+i\sin(A+B+C)\}$$
$$=(\text{与式の右辺})$$

よって，示された．

(2)　(1) の等式において，$A = B = C = \theta$ として

$$(\cos\theta+i\sin\theta)^3$$
$$= \cos 3\theta+i\sin 3\theta \quad \cdots ①$$

ここで $z_1 = \cos\alpha+i\sin\alpha$，$z_2 = \cos\beta+i\sin\beta$，$z_3 = \cos\gamma+i\sin\gamma$ とおくと，条件から

$$z_1+z_2+z_3$$
$$= \cos\alpha+\cos\beta+\cos\gamma$$
$$+i(\sin\alpha+\sin\beta+\sin\gamma)$$
$$=0$$

したがって $z_3 = -(z_1+z_2)$ だから

$$z_1^3+z_2^3+z_3^3$$

$$=z_1^3+z_2^3-(z_1+z_2)^3$$
$$=-3z_1z_2(z_1+z_2)$$
$$=-3z_1z_2(-z_3)=3z_1z_2z_3.$$

左辺は①，右辺は (1) を用いて

$$(\text{左辺})=(\cos\alpha+i\sin\alpha)^3+(\cos\beta+i\sin\beta)^3+(\cos\gamma+i\sin\gamma)^3$$
$$=\cos 3\alpha+\cos 3\beta+\cos 3\gamma+i(\sin 3\alpha+\sin 3\beta+\sin 3\gamma),$$

$$(\text{右辺})=3\{\cos(\alpha+\beta+\gamma)+i\sin(\alpha+\beta+\gamma)\}.$$

両辺の実部，虚部をそれぞれ比べて

$$\cos 3\alpha+\cos 3\beta+\cos 3\gamma=3\cos(\alpha+\beta+\gamma)$$
$$\sin 3\alpha+\sin 3\beta+\sin 3\gamma=3\sin(\alpha+\beta+\gamma)$$

7 (1) $z_1=\frac{1+\sqrt{3}i}{2}=\cos\frac{\pi}{3}+i\sin\frac{\pi}{3}$, $|z_1|=1$. $\left|\frac{z_{n+1}}{z_n}\right|=1$ から $|z_{n+1}|=|z_n|$

$\therefore\quad |z_n|=|z_{n-1}|=\cdots=|z_1|=1$

また $\arg\frac{z_{n+1}}{z_n}=\arg z_{n+1}-\arg z_n=\frac{\pi}{6}n$ $\cdots$ ①

$\therefore\ \arg z_2=\arg z_1+\frac{\pi}{6}=\frac{\pi}{3}+\frac{\pi}{6}=\frac{\pi}{2}$

したがって

$$z_2=\cos\frac{\pi}{2}+i\sin\frac{\pi}{2}=i.$$

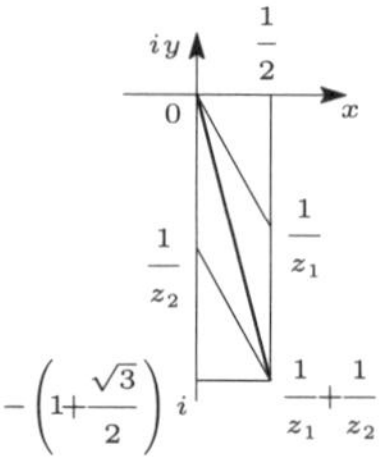


よって

$$\frac{1}{z_1}+\frac{1}{z_2}=\frac{1-\sqrt{3}i}{2}+\frac{1}{i}$$
$$=\frac{1}{2}-\left(1+\frac{\sqrt{3}}{2}\right)i.$$

求める点は上図のようになる．

(2) $n\geq 2$ のとき，①から

$$\arg z_n=\arg z_1+\sum_{k=1}^{n-1}\frac{\pi k}{6}$$
$$=\arg z_1+\frac{\pi}{6}\cdot\frac{n(n-1)}{2}$$
$$=\frac{\pi}{12}(n^2-n+4).$$

これは $n=1$ のときも成り立つ．

(3) $z_n=1$ となるのは

$$\arg z_n=2\pi k\qquad (k\text{ は自然数})$$

のときだから，

$$\frac{\pi}{12}(n^2-n+4)=2\pi k\qquad ②$$

をみたす最小の自然数 $n$ を求めればよい．②から，$n^2-n+4=24k$ (24 の倍数) だから，求める $n$ は $n=5$

8 (1) $z^4-2z^3\cos\theta+2z^2-2z\cos\theta+1=0$ $\cdots$ ①

は $z=0$ を解としないので，両辺を $z^2$ で割って

$$z^2-2z\cos\theta+2-\frac{2}{z}\cos\theta+\frac{1}{z^2}=0$$
$$\left(z^2+\frac{1}{z^2}\right)-2\left(z+\frac{1}{z}\right)\cos\theta+2=0\qquad\cdots②$$

$z+\frac{1}{z}=t$ とおくと

$$z^2+\frac{1}{z^2}=\left(z+\frac{1}{z}\right)^2-2=t^2-2$$

②は $t^2-2t\cos\theta=0$, $t=0, 2\cos\theta$.

$$\text{よって}\quad z+\frac{1}{z}=0,\ 2\cos\theta.$$

(2) (i) $z+\dfrac{1}{z}=2\cos\theta$ のとき；

$$z^2-2z\cos\theta+1=0$$

$$\begin{aligned} z &= \cos\theta\pm\sqrt{\cos^2\theta-1} \\ &= \cos\theta\pm\sqrt{-\sin^2\theta} \\ &= \cos\theta\pm i\sin\theta. \end{aligned}$$

$\therefore\quad z=\cos(\pm\theta)+i\sin(\pm\theta).\quad\cdots$③

したがって，ド・モアブルの定理から

$$\begin{aligned} z^n &= \cos(\pm n\theta)+i\sin(\pm n\theta) \\ &= \cos n\theta\pm i\sin n\theta. \end{aligned}$$

$$\begin{aligned} \frac{1}{z^n} &= \frac{1}{\cos n\theta\pm i\sin n\theta} \\ &= \cos n\theta\mp i\sin n\theta. \end{aligned}$$

$\therefore\quad z^n+\dfrac{1}{z^n}=2\cos n\theta.$

(③以降は複号同順)

(ii) $z+\dfrac{1}{z}=0$ のとき，(i) で $\theta=\dfrac{\pi}{2}$ のときと考えて

$$\begin{aligned} z^n+\frac{1}{z^n} &= 2\cos\left(\frac{\pi}{2}n\right) \\ &= \begin{cases} 2 & (n=4m\ \text{のとき}) \\ -2 & (n=4m-2\ \text{のとき}) \\ 0 & (n=2m-1\ \text{のとき}) \end{cases} \end{aligned}$$

よって求める値は

与式

$$= \begin{cases} 2\cos n\theta,\ 2 & (n=4m\ \text{のとき}) \\ 2\cos n\theta,\ -2 & (n=4m-2\ \text{のとき}) \\ 2\cos n\theta,\ 0 & (n=2m-1\ \text{のとき}) \end{cases}$$

($m$ は整数)

**9** (1) $\alpha=\dfrac{\sqrt{3}+i}{2}=\cos\dfrac{\pi}{6}+i\sin\dfrac{\pi}{6}.$

ド・モアブルの定理から

$\alpha^{12}=\cos 2\pi+i\sin 2\pi=1.\quad\therefore\ \alpha\in A.$

(2) $x^4=1$ のとき，

$(x-1)(x+1)(x^2-1)=0.$

$\therefore\ x=1,\ -1,\ \pm i,\quad C=\{\pm 1,\pm i\}.$

(3) $\omega=\dfrac{-1+\sqrt{3}i}{2}=\cos\dfrac{2\pi}{3}+i\sin\dfrac{2\pi}{3}.$

$\omega=\cos 2\pi+i\sin 2\pi=1\quad\therefore\ \omega\in B.$

さらに

$$\begin{aligned} \frac{\alpha}{\omega} &= \cos\left(\frac{\pi}{6}-\frac{2\pi}{3}\right)+i\sin\left(\frac{\pi}{6}-\frac{2\pi}{3}\right) \\ &= \cos\left(-\frac{\pi}{2}\right)+i\sin\left(-\frac{\pi}{2}\right), \end{aligned}$$

$\therefore\ \left(\dfrac{\alpha}{\omega}\right)^4=\cos(-2\pi)+i\sin(-2\pi)=1.$

よって $\dfrac{\alpha}{\omega}\in C.$

(4) $\alpha\in A$ とすると $\alpha^{12}=1$ だから

$\alpha=\alpha\cdot\alpha^{12}=\alpha^{13}=\alpha^4\cdot\alpha^9.\quad\cdots$①

ここに $(\alpha^4)^3=\alpha^{12}=1$ から $\alpha^4\in B,$

$(\alpha^9)^4=(\alpha^{12})^3=1$ から $\alpha^9\in C.$

よって①から $A$ の要素 $\alpha$ は $B$ の要素と $C$ の要素の積である．

**10** (1) $z_1-z_2$

$$=-\frac{1}{2}-\frac{\sqrt{3}}{2}i=\cos\frac{4\pi}{3}+i\sin\frac{4\pi}{3},$$

$z_3-z_2$

$$=-\frac{\sqrt{3}}{2}-\frac{1}{2}i=\cos\frac{7\pi}{6}+i\sin\frac{7\pi}{6}.$$

よって

$$\begin{aligned} \angle P_1P_2P_3 &= \arg\left(\frac{z_3-z_2}{z_1-z_2}\right) \\ &= \arg(z_3-z_2)-\arg(z_1-z_2) \\ &= \frac{7\pi}{6}-\frac{4\pi}{3}+2n\pi=-\frac{\pi}{6}+2n\pi. \end{aligned}$$

0 以上 $\pi$ 以下の角として考えると

$\angle P_1P_2P_3=\dfrac{11\pi}{6}\qquad\cdots\cdots$ (答)

(2) $|z_1-z_2|=|z_3-z_2|=1$ だから，(1) により $\overrightarrow{P_2P_1}$ を点 $P_2$ のまわりに

$-\dfrac{\pi}{6}$ 回転すると $\overrightarrow{\mathrm{P_2P_3}}$ に重なる．よって $\triangle \mathrm{P_1P_2P_3}=\dfrac{1}{2}\cdot 1\cdot 1\cdot \sin\dfrac{\pi}{6}=\dfrac{1}{4}$.

(3)

$$\alpha=\frac{4}{3}\left(\frac{1}{2}+\frac{\sqrt{3}}{2}i\right)=\frac{4}{3}\left(\cos\frac{\pi}{3}+i\sin\frac{\pi}{3}\right)$$

したがって $\triangle \mathrm{Q_1Q_2Q_3}$ は $\triangle \mathrm{P_1P_2P_3}$ を原点のまわりに $\dfrac{\pi}{3}$ 回転し，原点を中心として相似比 $\dfrac{4}{3}$ の相似変換 (拡大) で得られる．よって求める面積は

$$\triangle \mathrm{Q_1Q_2Q_3}=\triangle \mathrm{P_1P_2P_3}\cdot\left(\frac{4}{3}\right)^2=\frac{4}{9}.$$

**11** (1) $n$ に関する帰納法による．$n=1$ のときは自明．$n$ までの成立を仮定する．$b_n=x+iy\ (x,y\in\mathbb{R})$ とすると

$$b_{n+1}=1+\frac{1}{b_n}=\frac{1+x}{x^2+y^2}-\frac{y}{x^2+y^2}i$$

より $\mathrm{Im}\,b_{n+1}\neq 0$ である．

(2) $C$ の方程式を $z\overline{z}-\overline{p}z-p\overline{z}+c=0$ $(p\in\mathbb{C},\ c\in\mathbb{R})$ と置く．$C$ が $b_1=i$, $b_2=1-i$, $b_3=\dfrac{3+i}{2}$ を通ることより

$$1-\overline{p}i+pi+c=0 \quad\cdots ①$$

$$2-\overline{p}(1-i)-p(1+i)+c=0 \quad\cdots ②$$

$$\frac{5}{2}-\overline{p}\frac{3+i}{2}-p\frac{3-i}{2}+c=0 \quad\cdots ③$$

が成立．①より $i(p-\overline{p})=-c-1$．これと②より $p+\overline{p}=2c+3$．更に③より

$$5-3(p+\overline{p})+i(p-\overline{p})+2c=0,$$

$$-3(2c+3)+(-c-1)+2c+5=0$$

より $c=-1$．また $p+\overline{p}=1$, $p-\overline{p}=0$ より $p=\overline{p}=\dfrac{1}{2}$.

$$z\overline{z}-\frac{z}{2}z-\frac{\overline{z}}{2}-1=0,\qquad \left|z-\frac{1}{2}\right|^2=\frac{5}{4}$$

より $C$ の中心, 半径はそれぞれ $\dfrac{1}{2}$, $\dfrac{\sqrt{5}}{2}$ となる．

(3) $n$ に関する帰納法による．$n=1$ の時は自明．$n\geq 1$ に $b_n$ が $C$ 上にあるとする．このとき $b_{n+1}=1+\dfrac{1}{b_n}$ より

$$\begin{aligned}
&b_{n+1}\overline{b_{n+1}}-\frac{1}{2}(b_{n+1}+\overline{b_{n+1}})-1\\
&=1+\frac{1}{b_n}+\frac{1}{\overline{b_n}}+\frac{1}{b_n\overline{b_n}}\\
&\quad-\frac{1}{2}\left(2+\frac{1}{b_n}+\frac{1}{\overline{b_n}}\right)-1\\
&=-\frac{1}{b_n\overline{b_n}}\left(-1-\frac{1}{2}\left(b_n+\overline{b_n}\right)+b_n\overline{b_n}\right).
\end{aligned}$$

帰納法の仮定より $|b_n|^2-\frac{1}{2}(\overline{b_n}+b_n)-1=0$ だから, $|b_{n+1}|^2-\frac{1}{2}(b_{n+1}+\overline{b_{n+1}})-1=0$．したがって $b_{n+1}$ も $C$ 上にあり，故に任意の $n$ に対し $b_n$ は $C$ 上にあることが示された．

**12** (1) $k=1$ のとき，①の両辺を 2 乗して整理すると

$$(\overline{q}-\overline{p})z+(q-p)\overline{z}+p\overline{p}-q\overline{q}=0.$$

$$\begin{aligned}
&2p\overline{p}-2q\overline{q}\\
&=-q\overline{q}-p\overline{q}+q\overline{p}+p\overline{p}\\
&\qquad-q\overline{q}+p\overline{q}-q\overline{p}+p\overline{p}\\
&=-(p+q)(\overline{q}-\overline{p})-(\overline{q}+\overline{p})(q-p).
\end{aligned}$$

$$\begin{aligned}
\therefore\quad &\overline{(q-p)}z+(q-p)\overline{z}+p\overline{p}-q\overline{q}\\
&=\overline{(q-p)}\left(z-\frac{p+q}{2}\right)\\
&\qquad+(q-p)\overline{\left(z-\frac{p+q}{2}\right)}=0
\end{aligned}$$

$\mathrm{Re}(q-p)\overline{\left(z-\frac{p+q}{2}\right)}=0$ だから，$z$ が $C$ 上にあることと $z-\dfrac{p+q}{2}$ と $\overrightarrow{pq}$ が直交する事は同値となる．したがって $C$ は線分 $pq$ の垂直 2 等分線となる．

(2) $k \neq 1$ のとき，①の両辺を 2 乗して整理すると

$$z\overline{z}-\overline{p}z-p\overline{z}+p\overline{p}$$
$$=k^2(z\overline{z}-\overline{q}z-q\overline{z}+q\overline{q}),$$

$$z\overline{z}-\overline{\frac{p-k^2q}{1-k^2}}z$$
$$-\frac{p-k^2q}{1-k^2}\overline{z}+\frac{p\overline{p}-k^2q\overline{q}}{1-k^2}=0,$$

$$\left|z-\frac{p-k^2q}{1-k^2}\right|^2$$
$$=\frac{(p-k^2q)\overline{(p-k^2q)}}{(1-k^2)^2}-\frac{p\overline{p}-k^2q\overline{q}}{1-k^2}$$
$$=\frac{k^2|p-q|^2}{(1-k^2)^2}$$

より $C$ は $\dfrac{p-k^2q}{1-k^2}$ を中心とし，$\dfrac{k|p-q|}{|1-k^2|}$ を半径とする円周となる．

(3) $C$ が $\alpha$ を中心とする半径 $r$ の円のとき，$C$ が囲む領域内の中心以外の点 $p$ をとり，$q=\alpha+\frac{r^2}{\overline{p}-\overline{\alpha}}$ とおく．

$$\frac{p-\alpha}{q-\alpha}=\frac{p-\alpha}{\frac{r^2}{\overline{p}-\overline{\alpha}}}=\frac{(p-\alpha)(\overline{p}-\overline{\alpha})}{r^2}$$

は正数となる．$k=\sqrt{\frac{p-\alpha}{q-\alpha}}$ とおく．仮に $k=1$ だとすると $q=p$, $|p-\alpha|^2=r^2$ となるが，これは $p$ が領域内の点であることに反し，ゆえに $k \neq 1$ となる．さらに

$$\alpha=\frac{p-k^2q}{1-k^2},$$
$$r^2=(q-\alpha)(\overline{p}-\overline{\alpha})=\frac{k^2|p-q|^2}{(1-k^2)^2},$$
$$r=\frac{k|p-q|}{|1-k^2|}$$

となり，(2) より $C$ は $|z-p|=k|z-q|$ で与えられるアポロニウスの円と一致することが分かる．

次に $C$ は $z_0$ を通り，$\alpha\ (\neq 0)$ を法線ベクトルとする直線だとする． $C$ の方程式は $\overline{\alpha}z+\alpha\overline{z}+c=0$ $(c=-(\overline{\alpha}z_0+\alpha\overline{z_0})\in\mathbb{R})$ により与えられる．ここで $p=z_0+\alpha$, $q=z_0-\alpha$ とすると $z\in\mathbb{C}$ について

$$|z-p|^2=|z-q|^2$$
$$\Leftrightarrow -\overline{p}z-p\overline{z}+|p|^2$$
$$=-\overline{q}z-q\overline{z}+|q|^2$$
$$\Leftrightarrow (\overline{p}-\overline{q})z+(p-q)\overline{z}$$
$$+|q|^2-|p|^2=0$$
$$\Leftrightarrow 2\overline{\alpha}z+2\alpha\overline{z}+2c=0$$

より $C$ はアポロニウスの円

$$|z-p|=|z-q|$$

により与えられる．

13 (1) $\gamma=\alpha+\beta$ とおくと，点 $\gamma$ は $\beta$ を $\overrightarrow{\mathrm{O}\alpha}$ だけ平行移動した点だから，$\beta$ が単位円周上を動くとき，点 $\gamma$ は点 $\alpha$ を中心とする半径 1 の円周上を動く．

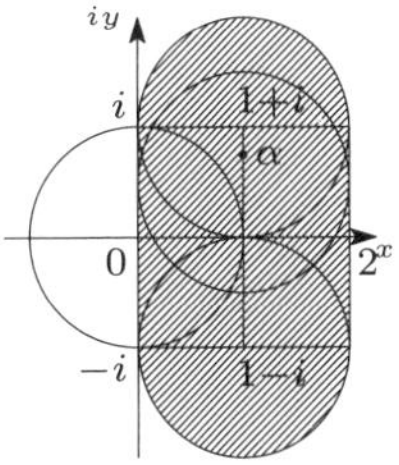


よって求める面積は

$$2\cdot 2+\pi\cdot 1^2=\pi+4.$$

(2) $\delta=\alpha\beta$ とおくと

$$|\delta|=|\alpha||\beta|=|\alpha|\cdot 1=|\alpha|$$

$1\leq|\alpha|\leq\sqrt{2}$ だから，$1\leq|\delta|\leq\sqrt{2}$. よって点 $\delta$ の動く範囲は原点を中心とし，半径が $1,\sqrt{2}$ の同心円の間の円環領域，およびその周だから，その面積は

$$\pi\cdot(\sqrt{2})^2-\pi\cdot 1^2=\pi.$$

(3) $\alpha=1+ti$ $(-1\leq t\leq 1)$ とおけるので

$$\alpha^2=(1+ti)^2=1-t^2+2it.$$

$\alpha^2=x+iy$ とおくと

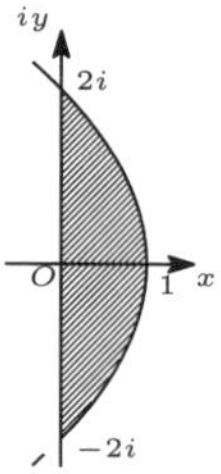


$$\begin{cases} x=1-t^2 \\ y=2t \end{cases}$$

$$\therefore\quad y^2=4(1-x)$$

ただし $-2\leq y\leq 2$. よって求める面積は

$$\int_{-2}^{2}\left(1-\frac{y^2}{4}\right)dy=\frac{1}{2}\int_{0}^{2}(4-y^2)dy=\frac{8}{3}.$$

14 与えられた平面を複素平面と考えて，$n$ 回目の移動によって移った点 P の位置を $\mathrm{P}_n(z_n)$ とする.

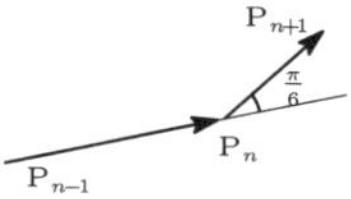


$\overrightarrow{\mathrm{P}_n\mathrm{P}_{n+1}}$ は $\frac{1}{2}\overrightarrow{\mathrm{P}_{n-1}\mathrm{P}_n}$ を $\frac{\pi}{6}$ 回転したものだから，$z_0=0$ および

$$\alpha=\frac{1}{2}\left(\cos\frac{\pi}{6}+i\sin\frac{\pi}{6}\right)=\frac{\sqrt{3}+i}{4}$$

とおくと，$z_{n+1}-z_n=\alpha(z_n-z_{n-1})$,

$$\therefore\quad z_n-z_{n-1}=(z_0-z_0)\alpha^{n-1}=\alpha^{n-1}$$

$(\because\ z_0=0,\ z_1=1)$.

これより $n\geq 1$ のとき,

$$z_n=z_0\sum_{k=1}^{n}(z_k-z_{k-1})$$

$$=\sum_{k=1}^{n}\alpha^{k-1}=\frac{1-\alpha^n}{1-\alpha}$$

($n=0$ のときも成り立つ).

$|\alpha|=\frac{1}{2}<1$ だから

$$\lim_{n\to\infty}\left|z_n-\frac{1}{1-\alpha}\right|=\lim_{n\to\infty}\frac{|\alpha|^n}{|1-\alpha|}=0$$

$$\therefore\ \lim_{n\to\infty}z_n=\frac{1}{1-\alpha}=\frac{4}{4-\sqrt{3}-i}$$

$$=\frac{4-\sqrt{3}+i}{5-2\sqrt{3}}$$

$$=\frac{14+3\sqrt{3}}{13}+\frac{5+2\sqrt{3}}{13}i.$$

よって点 P の極限の位置は

$$\left(\frac{14+3\sqrt{3}}{13},\frac{5+2\sqrt{3}}{13}\right).$$

**Chapter 2** (p. 66〜p. 67)

[1]　(1) $\displaystyle\lim_{z\to 2i}\frac{z-2i}{z^3+8i}$

$$=\lim_{z\to 2i}\frac{z-2i}{(z-2i)(z^2+2iz-4)}$$

$$=\lim_{z\to 2i}\frac{1}{z^2+2iz-4}=-\frac{1}{12}.$$

(2) 複素平面上の直線 $y=mx$ に沿って，変数 $z=x+iy$ が $0$ に近づくとする．このとき $f(z)=\dfrac{\overline{z}}{z}$ の値は

$$f(z)=\frac{x-iy}{x+iy}=\frac{x-imx}{x+imx}=\frac{1-im}{1+im}$$

$$\therefore\ \lim_{z\to 0}f(z)=\frac{1-im}{1+im}.$$

この極限値は直線の傾き $m$ の値に応じて変化するので，一定の値に定まらない．よって $\displaystyle\lim_{z\to 0}f(z)$ は存在しない．

[2]　仮に $c$ のどのような近傍をとっても，その近傍の中に $f(z)=0$ となる $z$ が含まれるとする． 特に正の整数 $n$ に対し，半径 $1/n$ の円盤 $U_{1/n}(c)$ 内に $f(z_n)=0$ となる $z_n$ がとれる．$|z_n-c|<1/n$ だから $\displaystyle\lim_{n\to\infty}z_n=c$.　$f$ が $c$ において連続であることと $f(z_n)=0$ とから

$$f(c)=\lim_{n\to\infty}f(z_n)=\lim_{n\to\infty}0=0$$

となるが，これは仮定に反する．

[3]　$\arg w=\arg\dfrac{1}{\overline{z}}=\arg 1-\arg\overline{z}$

$$=-\arg\overline{z}=-(-\arg z)$$

$$=\arg z.$$

したがって点 $w$ は原点と $z$ を通る直線 $l$ 上にある．特に，$l$ が $\alpha$ を通るとき，

$$\arg z=\arg\alpha=\frac{\pi}{3}.$$

また，$w=z$ から $z\overline{z}=1$，$|z|^2=1$. ゆえに $|z|=1$.

$$\therefore\quad z=\cos\frac{\pi}{3}+i\sin\frac{\pi}{3}=\frac{1}{2}+\frac{\sqrt{3}}{2}i.$$

[4]　$z=x+iy$, $w=u+iv$ とおくと $u=x^2-y^2$, $v=2xy$.

$C_1: z=x\ \ (0\le x\le 1)$,
$C_2: z=1-x+ix\ \ (0\le x\le 1)$,
$C_3: z=iy\ \ (0\le y\le 1)$,

とすれば $C=C_1+C_2+C_3$. 各曲線の $w=z^2$ による像は

$C_1$ のとき，$F_1$: $u=x^2$, $v=0$.
$C_2$ のとき, $u=(1-x)^2-x^2=1-2x$, $v=(1-x)x$.　前者より $x=\dfrac{1-u}{2}$, $1-x=\frac{1+u}{2}$ だから,

$$F_2:\ v=2\frac{1+u}{2}\frac{1-u}{2}=\frac{1-u^2}{2}$$

$C_3$ のとき，$F_3$: $u=-y^2$, $v=0$.

したがって $C_1, C_3$ の像 $F_1, F_3$ は実軸上の線分であり，$C_2$ の像 $F_2$ は上に凸な放物線の一部．$C$ の像は以下の図のようになる：

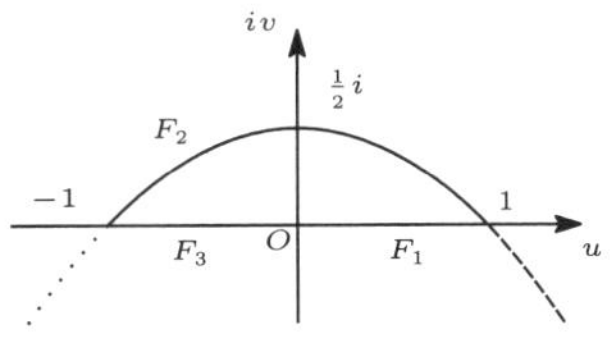


[5]　$z$ は $|z-(1+i)|=1$　$\cdots$ ① をみたす．$w=\dfrac{1-iz}{1+iz}$ のとき，

$$w(1+iz)=1-iz,\quad (w+1)iz=1-w$$

$$\therefore\quad z=\frac{1-w}{(w+1)i}=\frac{w-1}{w+1}i$$

$$= \left(1-\frac{2}{w+1}\right)i.$$

これを①に代入して

$$\left|1+i\frac{2}{w+1}\right|$$

$$=\left|\frac{w+1+2i}{w+1}\right|$$

$$=1,$$

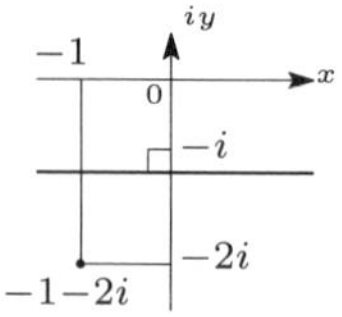


$$\therefore\ |w-(-1-2i)|. = |w-(-1)|$$

よって，点 $w$ のえがく図形は 2 点 $-1-2i$ と $-1$ を結ぶ線分の垂直二等分線，すなわち点 $-i$ を通り実軸に平行な直線を描く．

**6** (1) $z = 1+2it$ のとき，$z' = 2i$. したがって

$$\int_C z dz = \int_0^3 (1+2it)\cdot 2idt$$

$$= \int_0^3 (2i-4t)dt$$

$$= \Big[2it-2t^2\Big]_0^3 = -18+6i.$$

(2) $z = 2t+it^2$ のとき，$z' = 2+2it$. したがって

$$\int_C \overline{z} dz = \int_0^1 (2t-it^2)(2+2it)dt$$

$$=2\int_0^1 (2t+t^3+it^2)dt$$

$$=2\left[t^2+\frac{t^4}{4}+\frac{i}{3}t^3\right]_0^1 = \frac{5}{2}+\frac{2}{3}i.$$

(2) $|z| = 2$ のとき $z = 2e^{i\theta}$ $(0\leq\theta\leq 2\pi)$ とおける． $z' = 2ie^{i\theta}$. したがって

$$\int_C \frac{1}{z}dz = \int_0^{2\pi}\frac{1}{2e^{i\theta}}\cdot 2ie^{i\theta}d\theta$$

$$=i\int_0^{2\pi}d\theta = 2\pi i.$$

**7** $f(z) = \mathrm{Im}\, f(z)$ となることから，

(1) 積分路 $C_1 : z = t+it$ $(0\leq t\leq 1)$, $z' = 1+i$，したがって

$$\int_{C_1} f(z)dz = \int_0^1 t\cdot(1+i)dt$$

$$=(1+i)\left[\frac{t^2}{2}\right]_0^1 = \frac{1+i}{2}.$$

(2) 積分路 $C_2 : z = t$ $(0\leq t\leq 1)$，また $C_3 : z = 1+it$ $(0\leq t\leq 1)$. したがって

$$\int_{C_2+C_3} f(z)dz = \int_{C_2} f(z)dz + \int_{C_3} f(z)dz$$

$$=\int_0^1 0\cdot 1dt + \int_0^1 t\cdot idt$$

$$=i\left[\frac{t^2}{2}\right]_0^1 = \frac{i}{2}.$$

**8** (1) $e^{-2+\frac{\pi}{3}i} = e^{-2}\cdot e^{\frac{\pi}{3}i}$

$$= e^{-2}\left(\cos\frac{\pi}{3}+i\sin\frac{\pi}{3}\right)$$

$$= \frac{1}{2e^2}\left(1+\sqrt{3}\right).$$

(2) $\alpha = \dfrac{\pi}{6}+2i$ とおくと

$$i\alpha = -2+\frac{\pi}{6}i, \quad -i\alpha = 2-\frac{\pi}{6}i$$

$$\therefore\quad e^{i\alpha} = e^{-2+\frac{\pi}{6}i}$$

$$= e^{-2}\left(\cos\frac{\pi}{6}+i\sin\frac{\pi}{6}\right)$$

$$= \frac{1}{2e^2}(\sqrt{3}+i).$$

$$e^{-i\alpha} = e^{2-\frac{\pi}{6}i}$$

$$= e^2\left\{\cos\left(-\frac{\pi}{6}\right)+i\sin\left(-\frac{\pi}{6}\right)\right\}$$

$$= \frac{e^2}{2}(\sqrt{3}-i).$$

よって $\sin\left(\dfrac{\pi}{6}\right) = \sin\alpha = \dfrac{e^{i\alpha}-e^{-i\alpha}}{2i}$

$$= \frac{1}{2e^2}\cdot\frac{\sqrt{3}+i}{2i} - \frac{e^2}{2}\cdot\frac{\sqrt{3}-i}{2i}$$

$$= \frac{1}{4}\left\{e^2+\frac{1}{e^2}+\sqrt{3}\left(e^2-\frac{1}{e^2}\right)\right\}.$$

（別解）

$$\begin{aligned}&\sin\left(\frac{\pi}{6}+2i\right)\\ &=\sin\frac{\pi}{6}\cos 2i+\cos\frac{\pi}{6}\sin 2i\\ &=\frac{1}{2}\cosh 2+\frac{\sqrt{3}}{2}i\sinh 2\end{aligned}$$

(3)　$e^{\pi i}=-1$ と
公式 $\log e^z = z+2n\pi i$ により

$$\begin{aligned}\log(-1) &=\pi i+2n\pi i\\ &=(2n+1)\pi i \quad (n \text{ は整数}).\end{aligned}$$

(4)　公式 $\log e^z = z+2n\pi i$ により

$$\log e^{2+5i} = 2+5i+2n\pi i \quad (n \text{ は整数}).$$

9　$0<r<1$ となる $r$ を固定する．任意の $|z|\leq r$ に対し

$$\begin{aligned}|f(z)-1| &\leq \frac{2|z|^n}{|1+z^n|}\\ &\leq \frac{2r^n}{1-r^n} \ \to\ 0 \ \ (n\to\infty)\end{aligned}$$

となり，したがって $f_n(z)$ は定数関数 1 に広義一様収束する．
次に $R>1$ となる $R$ を固定する．任意の $|z|\geq R$ に対し

$$\begin{aligned}|f(z)+1| &\leq \frac{2}{|1+z^n|}\\ &\leq \frac{2}{R^n-1} \ \to\ 0 \ \ (n\to\infty)\end{aligned}$$

となり，したがって $f_n(z)$ は定数関数 $-1$ に広義一様収束する．

## Chapter 3（p. 110〜p. 112）

1　$z = x+iy$, $\Delta z = \Delta x+i\Delta y$ とする．

(1)　$w=f(z)=3x+iy$,

$$\begin{aligned}\frac{\Delta w}{\Delta z} &= \frac{f(z+\Delta z)-f(z)}{\Delta z}\\ &= \frac{3(x+\Delta x)+i(y+\Delta y)-(3x+iy)}{\Delta x+i\Delta y}\\ &= \frac{3\Delta x+i\Delta y}{\Delta x+i\Delta y}.\end{aligned}$$

ここで点 $z+\Delta z$ が実軸に平行な直線に沿って点 $z$ に近づくとき，$\Delta y=0$ だから

$$\frac{\Delta w}{\Delta z}=\frac{3\Delta x}{\Delta x}\to 3\ (\Delta x\to 0,\ \Delta y=0).$$

また，点 $z+\Delta z$ が虚軸に平行な直線に沿って点 $z$ に近づくとき，$\Delta x=0$ だから

$$\frac{\Delta w}{\Delta z}=\frac{i\Delta y}{i\Delta y}\to 1\ (\Delta x=0,\ \Delta y\to 0).$$

したがって $\displaystyle\lim_{\Delta z\to 0}\frac{\Delta w}{\Delta z}$ は一定の値に定まらないので，$w=3x+iy$ は微分可能ではない．

(2)　$w=f(z)=\mathrm{Re}\,z$,

$$\begin{aligned}\frac{\Delta w}{\Delta z} &= \frac{f(z+\Delta z)-f(z)}{\Delta z}\\ &= \frac{(x+\Delta x)-x}{\Delta x+i\Delta y}=\frac{\Delta x}{\Delta x+i\Delta y}\end{aligned}$$

(1) と同様にして

$$\frac{\Delta w}{\Delta z}=\frac{\Delta x}{\Delta x}\to 1\ (\Delta x\to 0,\ \Delta y=0).$$
$$\frac{\Delta w}{\Delta z}=\frac{0}{i\Delta y}\to 0\ (\Delta x=0,\ \Delta y\to 0).$$

したがって $\displaystyle\lim_{\Delta z\to 0}\frac{\Delta w}{\Delta z}$ は一定の値に定まらないので，$w=\mathrm{Re}\,z$ は微分可能ではない．

[2] (1) $w=f(z)$ が正則関数だとすると，実部，虚部はコーシー＝リーマンの関係式を満たすから，

$$\begin{aligned}(x+ay)_x &= (2x+by)_y,\\ (x+ay)_y &= -(2x+by)_x.\end{aligned}$$

したがって $1=b$, $a=-2$ である．

(2) $w=f(z)$ が正則関数だとすると，実部，虚部はコーシー＝リーマンの関係式を満たすから，

$$\begin{aligned}(ax^3+bxy^2)_x &= (6x^2y+cy^3)_y,\\ (ax^3+bxy^2)_y &= -(6x^2y+cy^3)_x.\end{aligned}$$

$$\begin{aligned}&3ax^2+by^2 = 6x^2+3cy^2,\\ &2bxy = -12xy.\end{aligned}$$

したがって $a=2$, $b=-6$, $c=-2$ である．

[3] $u,v$ をそれぞれ $f(z)$ の実部，虚部とすると，

$$\begin{aligned}\frac{\partial f}{\partial \overline{z}} &= \frac{1}{2}\left(\frac{\partial(u+iv)}{\partial x} + i\,\frac{\partial(u+iv)}{\partial y}\right)\\ &= \frac{1}{2}(u_x+iv_x+iu_y-v_y).\end{aligned}$$

$\dfrac{\partial f}{\partial \overline{z}}=0$ ならば $u_x=v_y$, $u_y=-v_x$. したがって $u,v$ がコーシー＝リーマンの関係式をみたすので，$f$ は複素微分可能である． 逆に複素微分可能ならば，コーシー＝リーマンの関係式より $\dfrac{\partial f}{\partial \overline{z}}=0$ となる．

[4] 前問より $\overline{z}$ に関する微分が 0，すなわち，$\overline{z}$ を変数として含まなければ微分可能である．

(1) $x=(z+\overline{z})/2$, $y=(z-\overline{z})/2$ を代入する．

$$\begin{aligned}w =& 2((z+\overline{z})/2)^2\\ &+2i((z+\overline{z})/2)((z-\overline{z})/2i)\\ =&\frac{1}{2}(z^2+2z\overline{z}+\overline{z}^2+z^2-\overline{z}^2)\\ =&z^2+z\overline{z}.\end{aligned}$$

$\overline{z}$ を含むので微分可能ではない．

(2)

$$\begin{aligned}w =& x^3+3ix^2y-3xy^2-iy^3\\ &+x+iy\\ =&(x+iy)^3+(x+iy)\\ =&z^3+z.\end{aligned}$$

$\overline{z}$ を含まないので微分可能である．

[5] $x=r\cos\theta$, $y=r\sin\theta$ とする．2 変数関数の合成関数の微分の公式より

$$\begin{aligned}u_r &= \frac{\partial x}{\partial r}u_x+\frac{\partial y}{\partial r}u_y\\ &= \cos\theta u_x+\sin\theta u_y,\\ u_\theta &= \frac{\partial x}{\partial \theta}u_x+\frac{\partial y}{\partial \theta}u_y\\ &= -r\sin\theta u_x+r\cos\theta u_y.\end{aligned}$$

$u_x, u_y$ について解けば

$$\left.\begin{aligned}u_x &= \cos\theta u_r-\frac{1}{r}\sin\theta u_\theta,\\ u_y &= \sin\theta u_r+\frac{1}{r}\cos\theta u_\theta\end{aligned}\right\}\cdots①$$

となる． $v$ についても同様． これらとコーシー＝リーマンの関係式

$$u_x=v_y,\quad u_y=-v_x$$

より

$$\begin{aligned}&u_r\cos\theta-\frac{u_\theta}{r}\sin\theta\\ &\qquad= v_r\sin\theta+\frac{v_\theta}{r}\cos\theta,\\ &u_r\sin\theta+\frac{u_\theta}{r}\cos\theta\\ &\qquad= -v_r\cos\theta+\frac{v_\theta}{r}\sin\theta,\end{aligned}$$

$$\left(u_r-\frac{v_\theta}{r}\right)\cos\theta-\left(v_r+\frac{u_\theta}{r}\right)\sin\theta=0$$
$$\left(u_r-\frac{v_\theta}{r}\right)\sin\theta+\left(v_r+\frac{u_\theta}{r}\right)\cos\theta=0.$$

任意の $\theta$ について成立するから，

$$u_r=\frac{v_\theta}{r},\quad v_r=-\frac{u_\theta}{r}$$

が成り立つ．逆にこの関係が成り立つとき，$u, v$ に対する①とこの関係式よりコーシー＝リーマンの関係式が導かれる．

6　(1) $u_x=-e^{-x}(x\cos y+ay\sin y)+e^{-x}\cos y$
$$=e^{-x}(x\cos y+ay\sin y+\cos y),$$
$$u_{xx}=e^{-x}(x\cos y+ay\sin y-2\cos y),$$
$$u_y=e^{-x}(-x\sin y+a\sin y+ay\cos y),$$
$$u_{yy}=e^{-x}(-x\cos y+2a\cos y-ay\sin y).$$

したがって

$$u_{xx}+u_{yy}=(2a-2)e^{-x}\cos y.$$

$u$ は調和関数だから，$u_{xx}+u_{yy}=0$. したがって $a=1$.

(2) (1) から $u=e^{-x}(x\cos y+y\sin y)$. $f(z)=u+iv$ の虚部 $v$ はコーシー＝リーマンの関係式から

$$\begin{aligned}v_y&=u_x\\&=e^{-x}(-x\cos y-y\sin y+\cos y)\end{aligned}$$

したがって

$$\begin{aligned}v&=\int e^{-x}(-x\cos y-y\sin y+\cos y)dy\\&\quad+\varphi(x)\\&=e^{-x}(-x\sin y-y\cos y)+\varphi(x).\end{aligned}$$

このとき

$$\begin{aligned}v_x&=-e^{-x}(-x\sin y-y\cos y+\cos y)\\&\quad e^{-x}(-x\sin y)+\varphi'(x)\\&=e^{-x}(x\sin y-y\cos y-\sin y)\\&\quad+\varphi'(x).\end{aligned}$$

$v_x=-u_y=e^{-x}(x\sin y-\sin y-y\cos y)$ と比べて $\varphi'(x)=0$, $\varphi(x)=C$（＝定数）．したがって $v$ は

$$v=e^{-x}(-x\sin y+y\cos y)+C.$$

条件から $v(0,0)=0$ だから $C=0$.

$$\therefore\ v=e^{-x}(-x\sin y+y\cos y).$$

7　$u$ の各偏微分は次のとおり：

$$u_x=\frac{-x^2+(y-1)^2}{\{x^2+(y-1)^2\}^2},$$
$$u_{xx}=\frac{2x^3-6x(y-1)^2}{\{x^2+(y-1)^2\}^3},$$
$$u_y=\frac{-2x(y-1)}{\{x^2+(y-1)^2\}^2},$$
$$u_{yy}=\frac{-2x^3+6x(y-1)^2}{\{x^2+(y-1)^2\}^3}.$$

だから $u_{xx}+u_{yy}=0$, したがって $u$ は調和関数である．

コーシー＝リーマンの関係式 $v_y=u_x$ から

$$\begin{aligned}v&=\int u_x dy\\&=\int\frac{-x^2+(y-1)^2}{\{x^2+(y-1)^2\}^2}dy\\&=-\frac{y-1}{x^2+(y-1)^2}+\varphi(x).\end{aligned}$$

このとき $v_x=\dfrac{2x(y-1)}{\{x^2+(y-1)^2\}^2}+\varphi'(x)$ とコーシー＝リーマンの関係式 $u_y=-v_x$ より $\varphi'(x)=0$, $\varphi(x)=C$（定数）．よって求める正則関数 $f$ は

$$f(z)=\frac{x}{x^2+(y-1)^2}$$

$$+i\left\{\frac{-(y-1)}{x^2+(y-1)^2}+C\right\}$$

$$=\frac{\overline{z}+i}{|z-i|^2}+Ci$$

$$=\frac{1}{z-i}+Ci.$$

8 (1) $\frac{z}{z^2+1}$ は $Z^2+1=0$ をみたす点 $z=\pm i$ 以外では正則である．また点 $\pi i$ は円 $C:|z|=\frac{1}{2}$ の内部にはないから，この関数は $C$ の内部で正則である．よって $\int_C \frac{z}{z^2+1}dz=0.$

(2) 点 $z=0$ は円 $C:|z|=3$ の内部にあり，$f(z)=\sin^2 z$ は $C$ の内部で正則であるから

$$\frac{1}{2\pi i}\int_C \frac{\sin^2 z}{z}dz=f(0)=0$$

よって $\int_C \frac{z}{z^2+1}dz=0.$

(3) 円 $C:|z|=2$

$$\int_C \frac{\cos z}{z^2+1}dz=\int_C \frac{\cos z}{(z-i)(z+i)}dz$$

$$=\frac{1}{2i}\int_C\left(\frac{\cos z}{z-i}-\frac{\cos z}{z+i}\right)dz.$$

点 $z=\pm i$ は円 $C$ の内部にあり，$f(z)=\cos z$ は $C$ の内部で正則だから，

$$\int_C \frac{\cos z}{z-i}dz=2\pi i f(i)=2\pi i\cos i$$

$$=2\pi i\cdot\frac{1}{2}\left(e+\frac{1}{e}\right)$$

$$=\pi\left(e+\frac{1}{e}\right)i.$$

$$\int_C \frac{\cos z}{z+i}dz=2\pi i f(-i)=2\pi i\cos(-i)$$

$$=2\pi i\cdot\frac{1}{2}\left(e+\frac{1}{e}\right)$$

$$=\pi\left(e+\frac{1}{e}\right)i.$$

よって $\int_C \frac{\cos z}{z^2+1}dz=0$

(4) 点 $z=\frac{\pi}{3}$ は円 $C:|z|=4$ の内部にあり，$f(z)=\sin z$ は $C$ の内部で正則である．$f'(z)=\cos z$, $f''(z)=-\sin z$ だから

$$\int_C \frac{\sin z}{(3z-\pi)^3}dz=\int_C \frac{f(z)}{27(z-\frac{\pi}{3})^3}dz$$

$$=\frac{1}{27}\cdot\frac{2\pi i}{2!}f''\left(\frac{\pi}{3}\right)$$

$$=\frac{\pi}{27}i\cdot\left(-\frac{\sqrt{3}}{2}\right)$$

$$=-\frac{\sqrt{3}}{54}\pi i$$

(5) 円 $C:|z|=3$,

$$f(z)=\frac{z}{z^2-3iz-2}=\frac{z}{(z-2i)(z-i)}$$

$$=\frac{2}{z-2i}-\frac{1}{z-i}\quad\cdots①$$

となるので，2 点 $i, 2i$ で正則ではない．右図のように点 $z=i, 2i$ を中心とする小さい円 $C_1, C_2$ を交わらないように円 $C$ の内部に描く．関数①は $C$ と $C_1$，および $C_2$ で囲まれた領域で正則だから，

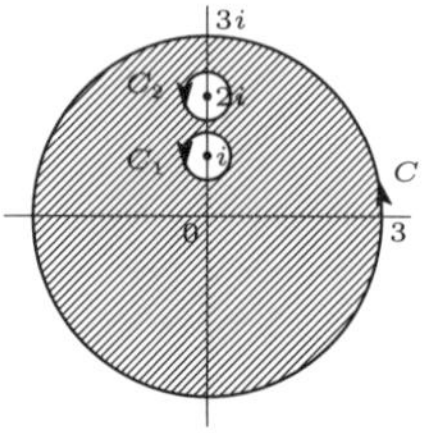


$$\int_C f(z)dz=\int_{C_1}f(z)dz+\int {}^{2}_{-}f(z)dz.$$

ここで

$$\int_{C_1}f(z)dz=2\int_{C_1}\frac{dz}{z-2i}-\int_{C_1}\frac{dz}{z-i}$$

$$=2\cdot 2\pi i-0=4\pi i,$$

$$\int_{C_2}f(z)dz=2\int_{C_2}\frac{dz}{z-2i}-\int_{C_2}\frac{dz}{z-i}$$

$$=2\cdot 0-2\pi i=-2\pi i.$$

$$\therefore\ \int_C f(z)dz=4\pi i-2\pi i=2\pi i.$$

(5)　円 $C:|z-i|=2$,

$$\int_C \frac{e^{\pi z}}{z^2-2iz}dz=\int_C \frac{e^{\pi z}}{z(z-2i)}dz$$

$$=\frac{1}{2i}\int_C\left(\frac{e^{\pi z}}{z-2i}-\frac{e^{\pi z}}{z}\right)dz.$$

点 $z=2i,0$ は $C$ の内部にあり，$f(z)=e^{\pi z}$ は $C$ の内部で正則であるから

$$与式=\frac{1}{2i}\int_C\frac{f(z)}{z-2i}dz-\frac{1}{2i}\int_C\frac{f(z)}{z}dz$$

$$=\frac{1}{2i}\cdot 2\pi i f(2i)-\frac{1}{2i}\cdot 2\pi i f(0)$$

$$=\pi e^{2\pi i}-\pi e^0$$

$$=\pi\cdot 1-\pi\cdot 1=0.$$

**9**　円 $|z-a|=R$ 上の点は

$$z=a+Re^{i\theta}\ (0\le\theta\le 2\pi)$$

とおける．関数 $f(z)$ の円の内部で正則であるから，コーシーの積分表示は

$$f(a)=\frac{1}{2\pi i}\int_C\frac{f(z)}{z-a}dz$$

$$=\frac{1}{2\pi i}\int_0^{2\pi}\frac{f(a+Re^{i\theta})}{Re^{i\theta}}\cdot\frac{dz}{d\theta}d\theta$$

$$=\frac{1}{2\pi i}\int_0^{2\pi}\frac{f(a+Re^{i\theta})}{Re^{i\theta}}\cdot Rie^{i\theta}d\theta$$

$$=\frac{1}{2\pi}\int_0^{2\pi}f(a+Re^{i\theta})d\theta.$$

よって題意は示された．

**10**　(1)　$D$ の 1 点 $c$ をとる．$D$ の任意の点 $z$ に対し，$c$ から $z$ への路 $\gamma$ をとるとき，$\int_\gamma f'(z)dz$ は $f'(z)$ の原始関数 $f(z)$ をによって $\int_\gamma f'(z)dz=f(z)-f(c)$ となるが，仮定 $f'(z)=0$ より $f(z)-f(c)=0$，したがって $f(z)=f(c)$ となり，よって $f(z)$ は一定値 $f(c)$ をとる．

(2)　例えば $D_1=\{\mathrm{Im}\,z>0\}$，$D_2=\{\mathrm{Im}\,z<0\}$，$D=D_1\cup D_2$ とすれば $D$ は領域ではない開集合となる．このとき $f(z)=1\ \ (z\in D_1)$，$0\ \ (z\in D_2)$ とすれば，$f'(z)=0$ となるが，$f(z)$ 自体は定数関数ではない（全域で一定値のときのみ定数関数という）．

**11**　$|f|^2=u^2+v^2$ より

$$(|f|^2)_{xx}+(|f|^2)_{yy}$$

$$=(u^2+v^2)_{xx}+(u^2+v^2)_{yy}$$

$$=(2uu_x+2vv_x)_x+(2uu_y+2vv_y)_y$$

$$=2(u_x)^2+2uu_{xx}+2(v_x)^2+2vv_{xx}$$

$$+2(u_y)^2+2uu_{yy}+2(v_y)^2+2vv_{yy}$$

$$=2(u_x)^2+2(-v_x)^2+2(v_x)^2+2(u_x)^2$$

$$+2u(u_{xx}+u_{yy})+2v(v_{xx}+v_{yy})$$

$u,v$ は調和関数だから $u_{xx}+u_{yy}$，$v_{xx}+v_{yy}=0$．また $f'(z)=u_x+iv_x$ より

$$|f|_{xx}+|f|_{yy}=4(u_x)^2+4(v_x)^2$$

$$=4|f'(z)|$$

$|f|$ が定数ならば $|f|_{xx}+|f|_yy=0$．上の等式より $f'(z)=0$．問題 10 より $f$ は定数となる．

**12**　(1) 最大値の原理より円周 $|z-1|=2$ 上で最大値をとる．円周上の点で原点より最も遠くなる点は $z=3$ だから

$$|z^2-z|=|z||z-1|\le 3\cdot 2=6$$

特に $z=3$ ならば $z^2-z=6$ となるから，$z^2-z=6\ \ (=3)$ が最大値となる．

(2) $1-|f(z)|^2$

$$=1-\frac{iaz+1}{z-ia}\frac{-ia\overline{z}+1}{\overline{z}+ia}$$
$$=\frac{(a^2-1)(1-|z|^2)}{|z-ia|^2}$$

より $|z|<1$ ならば $|f(z)|^2<1$, $|z|=1$ ならば $|f(z)|^2=1$ となる．したがって $|f(z)|$ は円 $|z|=1$ 上で最大値 1 に到達する．

13　題意の半円 $K_R$ は $Z=Re^{i\theta}$ $(0\leq\theta\leq\pi)$ とおける．このとき

$$|e^{ihz}|=|e^{ihR(\cos\theta+i\sin\theta)}|$$
$$=|e^{-hR\sin\theta}\cdot e^{ihR\cos\theta}|$$
$$=e^{-hR\sin\theta}$$

$(\because\ |e^{ihR\cos\theta}|=1)$．$R$ が十分大きいとき，条件から $|f(z)|\leq\dfrac{M}{|z|^2}=\dfrac{M}{R^2}$ が成り立つので

$$\left|\int_{K_R}e^{ihz}f(z)dz\right|$$
$$\leq\int_{K_R}|e^{ihz}||f(z)||dz|$$
$$\leq\int_{K_R}e^{-hR\sin\theta}\cdot\frac{M}{R^2}|Rie^{i\theta}||d\theta|$$
$$=\frac{M}{R}\int_0^{\pi}e^{-hR\sin\theta}d\theta$$
$$=\frac{2M}{R}\int_0^{\frac{\pi}{2}}e^{-hR\sin\theta}d\theta$$

($\sin\theta$ は $\theta=\dfrac{\pi}{2}$ に関して対称)．ここで $0\leq\theta\leq\dfrac{\pi}{2}$ のとき $\dfrac{2\theta}{\pi}\leq\sin\theta$ が成り立つので，$e^{-\sin\theta}\leq e^{-\frac{2\theta}{\pi}}$．

$$\therefore\ \left|\int_{K_R}e^{ihz}f(z)dz\right|$$
$$\leq\frac{2M}{R}\int_0^{\frac{\pi}{2}}e^{-\frac{2hR\theta}{\pi}}d\theta$$
$$=\frac{M\pi}{hR^2}(1-e^{-hR})\ \to\ 0\ (R\to\infty).$$

よって $\displaystyle\lim_{R\to\infty}\int_{K_R}e^{ihz}f(z)dz=0.$

14　(1) $1+\sqrt{3}i=2\left(\dfrac{1}{2}+\dfrac{\sqrt{3}}{2}i\right)$,

$2=e^{\log 2}$, および $\dfrac{1}{2}+\dfrac{\sqrt{3}}{2}i=e^{i\frac{\pi}{3}}$

より $\log(1+\sqrt{3})=\log 2+(\frac{\pi}{3}+2n\pi)i$ $(n\in\mathbb{Z})$

(2) $\cos z=3$ のとき $\dfrac{e^{iz}+e^{-iz}}{2}=3$,

$$(e^{iz})^2-6e^{iz}+1=0,\ e^{iz}=3\pm2\sqrt{2}$$

故に $iz=\log(3\pm2\sqrt{2})$.

$$\cos^{-1}3=z$$
$$=\frac{1}{i}(\log(3\pm2\sqrt{2})+2\pi ni)$$
$$=2\pi n-i\log(3\pm2\sqrt{2})\ (n \text{ は整数}).$$

(3) $\sin z=-2i$ のとき $\dfrac{e^{iz}-e^{-iz}}{2i}=-2i$,

$$(e^{iz})^2-4e^{iz}+1=0,\ e^{iz}=2\pm\sqrt{5}.$$

$iz=\log(2+\sqrt{5})$ のとき，

$$\sin^{-1}(-2i)=z$$
$$=\frac{1}{i}(\log(2+\sqrt{5})+2\pi ni)$$
$$=2\pi n-i\log(2+\sqrt{5})\ (n \text{ は整数}).$$

$iz=\log(2-\sqrt{5})$ のとき，

$$\sin^{-1}(-2i)=z$$
$$=\frac{1}{i}(\log(\sqrt{5}-2)+(\pi+2\pi n)i)$$
$$=(2n+1)\pi-i\log(\sqrt{5}-2)\ (n \text{ は整数}).$$

15　主値 $\mathrm{Log}\,z$ に関して

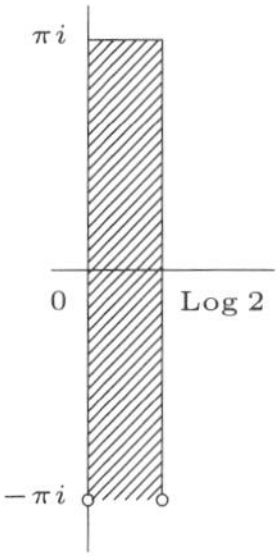


$$w = \mathrm{Log}\,z = \log|z| + i\arg z \quad (-\pi < \arg z \leq \pi).$$

$w = x+iy$ とおくと

$$\begin{cases} x = \log|z| \\ y = \arg z \end{cases}$$

したがって　$1 \leq |a| \leq 2$　のとき $\log 1 \leq x \leq \log 2$ すなわち $0 \leq x \log 2$, および $-\pi < y \leq \pi$. よって求める領域は右上図の網掛けの部分で，点線および白丸点は除く．

**Chapter 4**（p. 138〜p. 139）

1　$g(z) = \dfrac{z}{e^z - 1}$　$(z \neq 0)$, $g(0) = 1$ とおく．指数関数のマクローリン展開（問題 23）より $g(z) = \dfrac{1}{1+z/2!+\cdots}$ となり，$g(z)$ は 0 で正則，したがって $z=0$ の近くで $g(z) = \sum_{n=0}^{\infty} \dfrac{a_n}{n!} z^n$ と展開される．ここで $h(z) = g(z) + \dfrac{z}{2}$ とおくと $h(z) = \dfrac{z(e^z+1)}{2(e^z-1)}$ であり，

$$h(-z) = \frac{(-z)(e^{-z}+1)}{2(e^{-z}-1)} = \frac{(-z)(1+e^z)}{2(1-e^z)} = h(z).$$

よって $h(z)$ は偶関数であり，マクローリン展開に現れる単項式は偶数次のみ，すなわち $h(z)$ の奇数次の係数はすべて 0 になる．$g$ の係数の置き方と合わせて

$$a_1 = -\frac{1}{2}, \quad a_{2n+1} = 0 \quad (n \geq 1).$$

$$\therefore \quad g(z) = 1 - \frac{z}{2} + \sum_{k=1}^{\infty} \frac{a_{2n}}{(2n)!} z^{2n},$$

$$\frac{1}{e^z - 1} = \frac{1}{z} - \frac{1}{2} + \sum_{k=1}^{\infty} \frac{a_{2n}}{(2n)!} z^{2n-1}.$$

ここで $a_{2n} = (-1)^{n-1} B_n$ とおけばよい．

2　背理法による．

$$0 < |z_n - a| < \frac{1}{n}, \quad 0 < |f(z_n) - c| < \frac{1}{n}$$

をみたす点列 $\{z_n\}$ が存在しないと仮定すると，或る $n_0$ に対し

$$0 < |z-a| < \frac{1}{n_0} \ \Rightarrow \ |f(z) - c| \geq \frac{1}{n_0}$$

となる．ここで $g(z) = \dfrac{1}{f(z) - c}$ とおけば

$$0<|z-a|<\frac{1}{n_0} \Rightarrow |g(z)| \leq \frac{1}{n_0}$$

となり，よって $z=a$ が $g(z)$ の除去可能特異点となり（問題 51），したがって $f(z)$ の除去可能特異点にもなるが，これは $z=a$ が $f(z)$ の真性特異点であることに反する．

$\boxed{3}$ (1) $z$ の立体射影による像を $P_z\ (X,Y,Z)$ とする． 問題 53 より，特に $r=|z|$ とすれば $z$ 座標は

$$Z=\frac{r^2-1}{r^2+1}=1-\frac{2}{r^2+1}.$$

$0 \leq r<1$ のとき，

$$1 \leq r^2+1<2,\ \frac{1}{2}<\frac{1}{r^2+1} \leq 1,$$
$$-1 \leq 1-\frac{2}{r^2+1}=Z<0$$

となる． $r \to 0$ のとき $Z \to -1$，$r \to 1$ のとき $Z \to 0$ になるので，$U_1(1)$ の像は球面 $\mathbb{S}$ の南半球 $Z<0$ の部分になる．

(2) 実軸 $y=0$ の像は

$$(X,\ Y,\ Z)$$
$$=\left(\frac{2x}{x^2+1},0,\ \frac{x^2-1}{x^2+1}\right)$$

特に $X^2+Z^2=1$，$x=\pm 1$ ならば $X=\pm 1$，および $x \to \pm\infty$ ならば $x \to 0$ となる事が確かめられる． $X$ は $x$ に関し連続だから，立体射影による実軸の像は $\mathbb{S}$ と $xz$ 平面との交わりである大円 $X^2+Z^2=1$ （$N$ は除く）となる．

(3) $\frac{1}{2}<r<2$ のとき，(1) と同様の計算により $-\dfrac{3}{5}<Z<\dfrac{3}{5}$ となり，円環領域 $D$ の立体射影による像は球面 $\mathbb{S}$ の $-\dfrac{3}{5}<Z<\dfrac{3}{5}$ という範囲にある帯領域となる．

(4) 複素平面内の直線 $l$ の立体射影による像は，$l$ と北極点 $N$ を含む平面と $\mathbb{S}$ との共通部分，したがって $\mathbb{S}$ 内の $N$ を通る円（$N$ を除く）になる．

$\boxed{4}$ (1) 一般の円 $C$ の場合，$z$ の $C$ に関する鏡映点は $z^*=\dfrac{R^2}{\overline{z}-\overline{a}}+a$ で与えられる．

$0<k<1$ のとき，アポロニウスの円 $C$ の中心は $a=\dfrac{p-k^2q}{1-k^2}$，半径は $R=\dfrac{k|p-q|}{1-k^2}$ により与えられる． このとき $p$ の $C$ に関する鏡映点 $p^*$ は

$$p^*=\frac{\frac{k^2|p-q|^2}{(1-k^2)^2}}{\overline{p}-\frac{\overline{P}-k^2\overline{q}}{1-k^2}}+\frac{p-k^2q}{1-k^2}$$
$$=\frac{|p-q|^2}{(1-k^2)(\overline{q}-\overline{p})}+\frac{p-k^2q}{1-k^2}.$$

$|p-q|^2=(q-p)(\overline{q}-\overline{p})$ より $p^*=q$． $k=1$ の場合，$C$ は線分 $pq$ の二等分線だから，この場合も含めて $p^*=q$ となる．

(2) $f(p), f(q) \neq \infty$ のとき，

$$\left|\frac{f(z)-f(p)}{f(z)-f(q)}\right|=\left|\frac{cq+d}{cp+d}\right|\left|\frac{z-p}{z-q}\right|$$

より， 円周 $C$ がアポロニウスの円 $|z-p|=k|z-q|$ により与えられるならば，$f$ による像はアポロニウスの円

$$|z-f(p)|=k'|z-f(q)|$$
$$\left(k'=\left|\frac{cq+d}{cp+d}\right|k\right)$$

であり，$f(q)$ はこの円に関する $f(p)$ の鏡映点となる．

[5]　問題 58 の等式の両辺を微分（特に右辺を項別微分）すれば

$$(\text{左辺})' = \left(\pi \frac{\cos \pi z}{\sin \pi z}\right)'$$
$$= \pi \frac{\pi(-\sin^2 \pi z - \cos^2 \pi z)}{\sin^2 \pi z}$$
$$= -\frac{\pi^2}{\sin^2 \pi z},$$

$$(\text{右辺})' = -\frac{1}{z^2} + \sum_{n=1}^{\infty} \frac{-1}{(z-n)^2} + \sum_{n=1}^{\infty} \frac{-1}{(z+n)^2}$$
$$= -\sum_{n=-\infty}^{\infty} \frac{1}{(z+n)^2}.$$

したがって $\dfrac{\pi^2}{\sin^2 \pi z} = \displaystyle\sum_{n=-\infty}^{\infty} \frac{1}{(z+n)^2}$ となる.

[6]　問題 60 より

$$\sin 2z = 2z \prod_{n=1}^{\infty} \left(1 - \frac{4z^2}{(2n-1)^2\pi^2}\right) \times \left(1 - \frac{4z^2}{(2n)^2\pi^2}\right)$$
$$= \prod_{n=1}^{\infty} \left(1 - \frac{4z^2}{(2n-1)^2\pi^2}\right) \times 2z \prod_{n=1}^{\infty} \left(1 - \frac{z^2}{n^2\pi^2}\right)$$

$2z \displaystyle\prod_{n=1}^{\infty} \left(1 - \frac{z^2}{n^2\pi^2}\right) = 2 \sin z$ と倍角の公式 $\sin 2z = 2 \sin z \cos z$ より問題の等式を得る.

**Chapter 5**（p. 164〜p. 165）

[1]　(1) $f(z) = \dfrac{z}{(1-iz)(1+iz)}$

$$= \frac{1}{2i}\left(\frac{1}{1-iz} - \frac{1}{1+iz}\right)$$

$$\frac{1}{1-iz}$$
$$= 1 + iz + (iz)^2 + (iz)^3 + (iz)^4 + \cdots$$
$$= 1 + iz - z^2 - iz^3 + z^4 + \cdots,$$

$$\frac{1}{1+iz}$$
$$= 1 - iz + (iz)^2 - (iz)^3 + (iz)^4 - \cdots$$
$$= 1 - iz - z^2 + iz^3 + z^4 - \cdots.$$

したがって $f(z)$ のマクローリン展開は

$$f(z) = \frac{1}{2i}(2iz - 2iz^3 + 2iz^5 - \cdots)$$
$$= z - z^3 + z^5 - \cdots$$

(2)　$f(z)$ の点 $z = i$ を中心とするローラン展開は, $u = z - i$ とおくと, $z = u + i$.

$$\therefore\ f(z) = \frac{u+i}{1+(u+i)^2} = \frac{u+i}{u^2+2iu}$$
$$= \frac{u+i}{(u+2i)u}$$
$$= \frac{u+i}{2iu} \cdot \frac{1}{1-i\frac{u}{2}}$$
$$= \frac{u+i}{2iu}\left\{1 + i\frac{u}{2} - \left(\frac{u}{2}\right)^2 - i\left(\frac{u}{2}\right)^3 + \left(\frac{u}{2}\right)^4 + \cdots\right\}$$
$$= \frac{1}{2iu}\left(i + \frac{u}{2} + \frac{i}{4}u^2 - \frac{u^3}{8} - \frac{iu^4}{16} + \frac{u^5}{32} + \cdots\right)$$
$$= \frac{1}{2u} - \frac{i}{4} + \frac{u}{8} + \frac{iu^2}{16} - \frac{u^3}{32} - \frac{iu^4}{64} + \cdots$$

$$=\frac{1}{2u}+\sum_{n=0}^{\infty}\left\{-\frac{i}{4}\left(\frac{iu}{2}\right)^{n}\right\}$$
$$=\frac{1}{2(z-i)}-\frac{i}{4}\sum_{n=0}^{\infty}\left(\frac{iz+1}{2}\right)^{n}$$

(3) 求める複素積分は

$$\int_C f(z)dz=\int_C\frac{z}{1+z^2}dz$$
$$=\int_C\frac{1}{2}\left(\frac{1}{z-i}+\frac{1}{z+i}\right)dz.$$

ここに $c:|z-i|=1$. 点 $z=i$ は $C$ の内部にあり，点 $z=-i$ は $C$ の内部にはないから

$$\int_C f(z)dz=\frac{1}{2}\int_C\frac{1}{z-i}dz$$
$$=\frac{1}{2}\cdot 2\pi i=\pi i$$

[2] (1) $f(z)=\dfrac{e^{2iz}}{z^2+1}$ とおくと，$f(z)$ の特異点は $z=\pm i$ のみで，いずれも 1 位の極である．$z=i$ は経路 $C$ の内部にあり，$z=-i$ は $C$ の内部にはない．$z=i$ における留数は

$$\operatorname*{Res}_{z=i}f(z)=\lim_{z\to i}(z-i)f(z)$$
$$=\lim_{z\to i}\frac{e^{2iz}}{z+i}=\frac{e^{-2}}{2i}.$$

よって留数定理により

$$\int_C f(z)dz=2\pi i\operatorname*{Res}_{z=i}f(z)=\frac{\pi}{e^2}$$

(2) 複素関数 $f(z)$ を (1) と同じにとる．$R$ を 1 より大きい実数とし，中心が原点，半径が $R$ の円周上を反時計回りに $R$ から $-R$ に進む経路を $C_1$ とする．(1) と同様にして，留数定理より

$$\int_{-R}^{R}f(z)dz+\int_{C_1}f(z)dz=\frac{\pi}{e^2}\ \cdots ①$$

ここに $\displaystyle\int_{-R}^{R}f(z)dz=\int_{-R}^{R}f(x)dx$

$$=\int_{-R}^{R}\left(\frac{\cos 2x}{x^2+1}+i\frac{\sin 2x}{x^2+1}\right)dx$$
$$=2\int_0^R\frac{\cos 2x}{x^2+1}\ \cdots ②$$

($\because$ $\cos 2x, x^2+1$ は偶関数，$\sin 2x$ は奇関数) また経路 $C_1$ の形から

$$0\leq\left|\int_{C_1}f(z)dz\right|\leq\int_{C_1}|f(z)||dz|$$
$$=\int_{C_1}\frac{|e^{2iz}|}{|z^2+1|}|dz|$$
$$\leq\int_{C_1}\frac{1}{||z|^2+1|}|dz|$$
$$=\frac{1}{R^2-1}\int_{C_1}|dz|=\frac{2\pi R}{R^2-1}$$

であるから，$R\to\infty$ とすると，はさみうちの原理により

$$\int_{C_1}f(z)dz\to 0\ \cdots ③$$

よって①, ②, ③ の結果から，$R\to\infty$ で

$$2\int_0^R\frac{\cos 2x}{x^2+1}dx\to\frac{\pi}{e^2}.$$
$$\therefore\ \int_0^{\infty}\frac{\cos 2x}{x^2+1}dx=\frac{\pi}{2e^2}$$

[3] (1) $f(z)=\dfrac{e^{az}}{1+e^z}$ とおくと，$1+e^z=0$ を満たす $z$ は $e^z=-1=\cos\pi+i\sin\pi$. $\therefore\ z=\pi i$. よって $C$ で囲まれた領域内にある特異点は $z=\pi i$. これは 1 位の極であるから，留数は

$$\operatorname*{Res}_{z=\pi i}f(z)=\lim_{z\to\pi i}(z-\pi i)f(z)$$
$$=\lim_{z\to\pi i}\frac{e^{az}}{1+e^z}$$

ロピタルの定理により

$$\operatorname*{Res}_{z=\pi i}f(z)$$
$$=\lim_{z\to\pi i}\frac{e^{az}+(z-\pi i)ae^{az}}{e^z}$$

$$=\frac{e^{\pi ai}}{e^{\pi i}}=-e^{\pi ia}$$

(2) 右図のように長方形の4辺の経路をそれぞれ $C_1, C_2, C_3, C_4$ とすると，(1) から

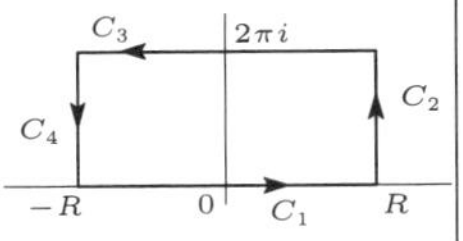


$$\int_C f(z)dz$$

$$=\left(\int_{C_1}+\cdots+\int_{C_4}\right)f(z)dz$$

$$=-2\pi ie^{\pi ia}.$$

ここで求める実数の積分を $I$ とおく．$0<a<1$ であるから，$R\to\infty$ のとき

$$\int_{C_1}f(z)dz=\int_{-R}^{R}f(x)dx\to I$$

$$\int_{C_3}f(z)dz=\int_{R}^{-R}\frac{e^{a(x+2\pi i)}}{1+e^{x+2\pi i}}dx$$

$$=-e^{2\pi ia}\int_{-R}^{R}\frac{e^{ax}}{1+e^{x}}dx$$

$$\to -e^{2\pi ia}I$$

$$\left|\int_{C_2}f(z)dz\right|$$

$$=\left|\int_0^{2\pi}\frac{e^{a(R+iy)}}{1+e^{R+iy}}\cdot(R+iy)'dy\right|$$

$$=\left|\int_0^{2\pi}\frac{e^{aR}\cdot e^{iay}}{1+e^{R}\cdot e^{iy}}\cdot idy\right|$$

$$\leq\int_0^{2\pi}\frac{e^{aR}|e^{iay}|}{|1+e^{R}e^{iay}|}dy$$

$$\leq\int_0^{2\pi}\frac{e^{aR}}{||e^{R}e^{iay}|-1|}dy$$

$$=\frac{e^{aR}}{|e^{R}-1|}\cdot 2\pi\to 0$$

$$\therefore\ \int_{C_2}f(z)dz\to 0.$$

同様に $\int_{C_4}f(z)dz\to 0$．したがって

$$I-e^{2\pi ia}I=-2\pi ie^{\pi ia}$$

$$\therefore\ I=\frac{2\pi ie^{\pi ia}}{e^{2\pi ia}-1}=\frac{2\pi i}{e^{\pi ia}-e^{-\pi ia}}$$

$$=\frac{2\pi i}{2i\sin\pi a}=\frac{\pi}{\sin\pi a}$$

④　(1)　$z=\cos\theta+i\sin\theta$ とおくと

$$\cos\theta=\frac{1}{2}\left(z+\frac{1}{z}\right),\ \sin\theta=\frac{1}{2i}\left(z-\frac{1}{z}\right)$$

したがって与式 $I$ は

$$I=\int_{|z|=1}\frac{-\frac{1}{4}\left(z-\frac{1}{z}\right)^2}{1-a\left(z+\frac{1}{z}\right)+a^2}\cdot\frac{dz}{iz}$$

$(\because\ dz=(-\sin\theta+i\cos\theta)d\theta=izd\theta)$

$$=\frac{1}{4ia}\int_{|z|=1}\frac{(z^2-1)^2}{z^2\left(z-\frac{1}{a}\right)(z-a)}$$

$0<a<1$ だから，円 $|z|=1$ の内部にある特異点は $z=0$（2位の極）と $z=a$（1位の極）である．よって留数は

$$\operatorname*{Res}_{z=0}f(z)$$

$$=\lim_{z\to 0}\left\{z^2\cdot\frac{(z^2-1)^2}{z^2(z-\frac{1}{z})(z-a)}\right\}'$$

$$=\lim_{z\to 0}\left\{\frac{(z^2-1)^2}{(z-\frac{1}{z})(z-a)}\right\}'$$

すなわち

$$\operatorname*{Res}_{z=0}f(z)$$

$$=\lim_{z\to 0}\frac{4(z^2-1)z(z-\frac{1}{a})(z-a)-(z^2-1)^2\left\{2z-(a+\frac{1}{a})\right\}}{(z-\frac{1}{a})^2(z-a)^2}$$

$$=a+\frac{1}{a}$$

また

$$\operatorname*{Res}_{z=a}f(z)$$

$$= \lim_{z\to a}\left\{(z-a)\cdot\frac{(z^2-1)^2}{z^2(z-\frac{1}{z})(z-a)}\right\}$$

$$= \lim_{z\to a}\frac{(z^2-1)^2}{z^2(z-\frac{1}{z})}$$

$$=\frac{(a^2-1)^2}{a^2(a-\frac{1}{a})} = a-\frac{1}{a}$$

$$\therefore\ I = \frac{1}{4ia}\cdot 2\pi i(a+\frac{1}{a}+a-\frac{1}{a}) = \pi$$

(2) $1-2a\cos\theta+a^2$ は $\theta=\pi$ に関して対称であるから，与式 $I$ は

$$I = \int_0^{\pi}\frac{d\theta}{1-2a\cos\theta+a^2}$$
$$= \int_{\pi}^{2\pi}\frac{d\theta}{1-2a\cos\theta+a^2}.$$

したがって

$$I = \frac{1}{2}\int_0^{2\pi}\frac{d\theta}{1-2a\cos\theta+a^2}.$$

(1) と同様に，$z = \cos\theta+i\sin\theta$ とおくと

$$I =\frac{1}{2}\int_{|Z|=1}\frac{1}{1-a\left(z+\frac{1}{z}\right)+a^2}\frac{dz}{iz}$$
$$=\frac{1}{2i}\int_{|Z|=1}\frac{dz}{(1-az)(z-a)}.$$

$0<a<1$ だから，円 $|z|=1$ の内部にある特異点は $z=a$（1 位の極）である．よって留数は

$$\operatorname*{Res}_{z=a} f(z)$$
$$= \lim_{z\to a}(z-a)\cdot\frac{1}{(1-az)(z-a)}$$
$$= \lim_{z\to a}\frac{1}{1-az} = \frac{1}{1-a^2}.$$

$$\therefore\ I = \frac{1}{2i}\cdot 2\pi i\cdot\frac{1}{1-a^2} = \frac{\pi}{1-a^2}$$

[5] $g(z_0) \neq 0$ より $g(z) \neq 0$ $(z\in U_r(z_0))$ となる正数 $r>0$ がとれる（第 2 章練習問題 2 参照）．さらに $0<\delta<r$ となる $\delta$ をとれば，$f(z)\neq\omega$ $(0<|z-z_0|\leq\delta)$ となる．

$$\rho = \min\{|f(z)-\omega| : |z-z_0| = \delta\}$$

とすれば $\rho>0$ であり，$|w-\omega|<\rho$ となる $w$ に対し

$$|\omega-w| < \rho \leq |f(z)-\omega|\ (|z-z_0|=\delta)$$

となるから，ルーシェの定理 (問題 69) より $f(z)-w = (f(z)-\omega)+(\omega-w)$ の $U_\delta(z_0)$ における零点の個数は $f(z)-\omega$ の $U_\delta(z_0)$ における零点の個数に等しい．$U_\delta(z_0)$ での $f(z)-\omega$ の零点の個数は $k$ 個だから，$|w\omega|<\rho$ となる $w$ に対し，$f(z) = w$ となる $U_\delta(z_0)$ 内の $z$ の個数は $k$ 個である．

[6] $D$ が開集合のとき，$\Delta = f(D)$ が開集合であることを示す．$\omega\in\Delta$ のとき，$f(z_0) = \omega$ となる $z\in D$ がとれる．$z_0, \omega$ に対し，前問より

$$U_\delta(z_0) \subset D,\quad U_\rho(\omega) \subset f(U_\delta(z_0))$$

となる正数 $\rho,\delta$ がとれる． 特に $U_\rho(\omega) \subset f(D) = \Delta$ となるから，$\Delta$ は開集合である．
次に $D$ が領域だとする．$\Delta$ の二点 $w_1$, $w_2$ に対し，$w_1 = f(z_1), w_2 = f(z_2)$ となる $z_1, z_2\in D$ をとるとき，$D$ は領域だから，$z_1$ と $z_2$ をつなぐ曲線 $c$ がとれる．このとき $c$ の $f$ による像 $\gamma = f(c)$ は $w_1, w_2$ をつなぐ $\Delta$ 内の曲線となるから，$\Delta$ も領域となる．

[7] $\omega$ を $\Gamma$ 上にない点だとする．偏角の原理より，$D$ 内にある $f(z) = w$ となる点 $z$ の個数は

$$\frac{1}{2\pi i}\int_C\frac{(f(z)-\omega)'}{f(z)-\omega}dz$$

$$
\begin{aligned}
&= \frac{1}{2\pi i}\int_{t_0}^{t_1} \frac{f'(z)}{f(z)-\omega}\frac{dz}{dt}dt \\
&= \frac{1}{2\pi i}\int_{t_0}^{t_1} \frac{1}{w-\omega}\frac{dw}{dt}dt \\
&= \frac{1}{2\pi i}\int_{\Gamma} \frac{dw}{w-\omega} \\
&= \begin{cases} 1 & (\omega \in \Delta), \\ 0 & (\omega \notin \Delta). \end{cases}
\end{aligned}
$$

したがって $f(z)$ は $\Delta$ に属する各値を $D$ において 1 回ずつとり，$\Gamma$ の外側の値を取らない．また $f$ が $D$ 上で $\Gamma$ の値 $\omega$ を取るとすると，前問より $f(D)$ は領域，したがって $\omega$ は $f(D)$ の内点になり，$\omega$ の近傍で $\Gamma$ の外側の点を含む事になり，矛盾している．よって $f(D) = \Delta$ となる．

# 索 引


**D**

$D$ 上解析的 54

**K**

$k$ 位の極 118

あ

アポロニウスの円 31

い

1 価関数 62
一次分数変換 126
一様収束 64
一致の定理 98

え

n 乗根 22
円円対応 130
円環領域 26
円盤 12, 26

お

オイラーの公式 38

か

開円盤 12, 26
開集合 26
解析関数 168
解析的 54
回転 16
回転数 86
ガウス平面 10
拡大複素平面 122, 124, 126
カソラチ・ワイエルシュトラスの定理 120
関数項級数 96
ガンマ関数の関数等式 180
ガンマ関数の別定義 182

き

逆三角関数 106
逆正弦関数 106
逆正接関数 106
逆双曲線関数 106
逆余弦関数 106
逆ラプラス変換 162
鏡映 171
境界 26
鏡像点 138, 171
共役 2
共役な調和関数 76
極 118, 124
極が 1 位となる有理型関数 132
極限 24
虚軸 10
虚数単位 2
虚部 2, 34
距離 12

く

区分的に滑らか 58
グリーンの定理 80

け

原始関数 84

こ

広義一様収束 64
コーシー=アダマールの定理 50
コーシー=リーマンの関係式 74
コーシーの積分定理 80, 102
コーシーの積分表示 88
コーシーの不等式 94
合成 34
合成関数 72
極形式 14
孤立特異点 114

さ

最大値の原理 100
三角不等式 10

し

指数関数 38
指数法則 38
実軸 10
実部 2, 34

始点 56
ジューコフスキー関数 174
収束する 24
収束半径 50
従属変数 34
終点 56
主値 104
主要項 114
シュワルツ・クリストッフェルの公式 176
シュワルツの鏡像の原理 170
シュワルツの補題 101
純虚数 2
上半平面 26
除去可能特異点 118, 124
ジョルダン曲線 80
ジョルダンの不等式 102
ジョルダンの補助定理 162
真性特異点 118, 120, 124

す

数列 24

せ

整級数 50
正弦関数 40
正則関数 72
正則である 72
積分路の変更 82
絶対収束 134
絶対値 10
線積分 60

そ

双曲線正弦関数 42
双曲線正接関数 42
双曲線的正弦関数 42
双曲線的余弦関数 42
双曲線余弦関数 42
速度ポテンシャル 172

た

対称移動 16
代数学の基本定理 8, 94
対数関数 62
多価関数 62
多価関数のリーマン面 178
多重連結領域 82
ダランベールの公式 50
ダルブーの定理 165
単一曲線 80
単一閉曲線 80
単連結領域 82

ち

値域 34
調和関数 76

て

定義域 34
テイラー展開 92

と

ド・モアブルの定理 20
等角 172
等角写像 172
等ポテンシャル線 172
独立変数 34
留数 142
留数定理 144

な

内点 26
内部 26
流れ関数 172
滑らか 58

に

2 価関数 62
2 次方程式の解の求め方 6

ね

熱方程式 76

は

発散する 24
半平面 26

ひ

ピカールの定理 121
非調和比 128
微分可能 72
微分係数 72

ふ

フーリエ級数展開 184

フーリエ変換 150
複素 38, 40, 42
複素関数 34
複素関数の合成 34
複素共役 2
複素数 2
複素数列 24
複素線積分 56
(複素) 微分可能 72
(複素) 微分係数 72
複素平面 10
複素ポテンシャル 172
複比 128
複比の不変性 128
部分積 134
ブロムウィッチ積分 162
分枝 104, 168

へ

閉円盤 26
閉曲線 56, 86
平均定理 88
平行移動 16
閉集合 26
閉包 26
平方根 4, 22
べき関数 62
べき級数 50
べき級数の導関数 78
べき級数の積分 78
ベクトル 12
偏角 14
偏角の原理 156

ほ

ポアソン核 184
ポアソン積分 184
星状領域 84
北極点 122

ま

マクローリン展開 92

む

無限級数 24
無限乗積 134
$\infty$ 微分可能 124
無限遠点 122
無限遠点での留数 142, 144

も

モレラの定理 84

ゆ

有界 94
有理関数の部分分数展開 124

よ

余弦関数 40

ら

ラプラス方程式 76
ラプラス方程式に対する境界値問題 184

り

リーマン球面 122
リーマン面 178
立体射影 122
立方根 22
流線 172
リュービルの定理 94
領域 98
領域保存の法則 165

る

ルーシェの定理 158

れ

連結 98
連続関数 36

ろ

ローラン展開 114

わ

ワイエルシュトラスの因数分解定理 136
ワイエルシュトラスの定理 96
ワイエルシュトラスの判定法 96
ワイエルシュトラスの素因子 136

## ■著者紹介

### 江《え》川《がわ》 博康《ひろやす》

横浜市立大学文理学部数学科卒業．
1976 年より予備校講師となる．
両国予備校を経て，現在は，中央ゼミナール，一橋学院で教えている．
ミスのない，確実な計算力をもとにした模範解答作りには定評がある．
数学全般に精通している実力派人気講師．
著書に
『改訂版　大学 1・2 年生のためのすぐわかる数学』
『弱点克服　大学生の微積分』
『弱点克服　大学生の線形代数　改訂版』
『弱点克服　大学生の微分方程式』
『合格ナビ！ 数学検定 1 級 1 次 解析・確率統計』
『合格ナビ！ 数学検定 1 級 1 次 線形代数』
（以上，東京図書）
などがある．

### 本《ほん》田《だ》 龍央《たつお》

東京大学大学院数理科学研究科修了．
博士（数理科学）．
青山学院大学理工学部，城西大学理学部数学科，拓殖大学工学部等で数学を教える．
著書に
『詳解 大学院への数学——微分積分編』
『詳解 大学院への数学——線形代数編』
（以上，共著，東京図書）
などがある。

弱点克服《じゃくてんこくふく》 大学生《だいがくせい》の複素《ふくそ》関数《かんすう》



2022 年 7 月25日　第 1 刷発行　　Printed in Japan

著者　江川博康・本田龍央

発行所　**東京図書株式会社**

〒 102-0072 東京都千代田区飯田橋 3-11-19

振替 00140-4-13803 電話 03(3288)9461

http://www.tokyo-tosho.co.jp

ISBN 978-4-489-02334-7